"十二五"普通高等教育本科国家级规划教材配套用书

iCourse · 教材

高等学校电气名师大讲堂推荐教材

电子技术（第4版）学习辅导与习题解答

主编　史仪凯

副主编　赵敏玲　张华　王玲

中国教育出版传媒集团

高等教育出版社 · 北京

内容简介

本书是教育部"十二五"普通高等教育本科国家级规划教材、高等学校电气名师大讲堂推荐教材、iCourse 教材——《电子技术》(第 4 版)的配套辅助教材。本书各章编写体系、练习与思考题和习题均与主教材一致,主要内容有学习要求、学习辅导、重点和难点、练习与思考题解答、习题解答、补充拓展题和解答,以及"电子技术"课程模拟考试题及解答、硕士研究生招生考试模拟题及解答。

全书编写条理清晰,注重逻辑思维,便于阅读和自学,对提高学生分析和解题能力、课程学习效率具有一定的指导作用。

本书可供高等学校本科非电类专业学生、考研学生和社会读者学习参考,也可供从事电子技术课程的教师教学参考。

图书在版编目(CIP)数据

电子技术(第 4 版)学习辅导与习题解答/史仪凯主编. --北京:高等教育出版社,2024.1

ISBN 978-7-04-061170-0

Ⅰ. ①电… Ⅱ. ①史… Ⅲ. ①电工技术-高等学校-教学参考资料②电子技术-高等学校-教学参考资料 Ⅳ. ①TM②TN

中国国家版本馆 CIP 数据核字(2023)第 174112 号

Dianzi Jishu(Disi Ban)Xuexi Fudao yu Xiti Jieda

策划编辑 孙 琳　　责任编辑 孙 琳　　封面设计 张 楠　　版式设计 李彩丽
责任绘图 邓 超　　责任校对 王 雨　　责任印制 朱 琦

出版发行 高等教育出版社
社 址 北京市西城区德外大街 4 号
邮政编码 100120
印 刷 大厂益利印刷有限公司
开 本 787mm×1092mm 1/16
印 张 14.5
字 数 370 千字
购书热线 010-58581118
咨询电话 400-810-0598

网 址 http://www.hep.edu.cn
http://www.hep.com.cn
网上订购 http://www.hepmall.com.cn
http://www.hepmall.com
http://www.hepmall.cn

版 次 2024 年 1 月第 1 版
印 次 2024 年 1 月第 1 次印刷
定 价 30.80 元

物 料 号 61170-00

电子技术

（第4版）

学习辅导与习题解答

史仪凯

1 计算机访问http://abook.hep.com.cn/1260087，或手机扫描二维码、下载并安装Abook应用。

2 注册并登录，进入“我的课程”。

3 输入封底数字课程账号（20位密码，刮开涂层可见），或通过Abook应用扫描封底数字课程账号二维码，完成课程绑定。

4 单击“进入课程”按钮，开始本数字课程的学习。

课程绑定后一年为数字课程使用有效期。受硬件限制，部分内容无法在手机端显示，请按提示通过计算机访问学习。

如有使用问题，请发邮件至abook@hep.com.cn。

http://abook.hep.com.cn/1260087

前言

本书为史仪凯主编教育部“十二五”普通高等教育本科国家级规划教材《电子技术》(第4版)的配套用书,可供本科非电类学生、考研和广大读者自学课程指导,也可供从事电子技术课程的教师的教学参考。

为了便于学生和广大读者阅读,本书各章内容体系、练习与思考题和习题均与主教材保持一致,在解题过程中新增加的电路图采用“解图+原图号”标注。本书各章均按学习要求、学习辅导、重点和难点、练习与思考题解答、习题解答、补充拓展题和解答。分别给出各章要求理解和掌握的知识点、主要学习内容的总结和归纳、学习内容的重点和难点、教材中练习与思考题的分析解答、习题的分析解答。另外,在每章后增加了“补充拓展题和解答”,补充拓展题主要选择部分课程结业考试题,以及电子技术考研模拟题,并对每题进行了详细解答。为了拓宽学生和广大读者的解题思路,提高分析和解题能力,拓宽学生的知识面,在部分题解题前增加有“分析”,给出解题思路和方法;在解题后增加有“注意”,给出解题过程中注意的问题。还对部分题给出几种不同方法分析解答,以便读者对各种分析解答方法特点进行比较和掌握。

本书第1、2、7、8章和附录由史仪凯编写,第3、4章由赵敏玲编写,第5、10章由张华编写,第6、9章由王玲编写。全书由史仪凯主编。

由于编者水平有限,书中难免有不足之处,恳请读者不吝批评指正,以便不断修改完善。电子邮箱:ykshi@ nwpu.edu.cn。

编者

2023年10月

目录

第1章　常用半导体器件

§1.1　学习要求

1. 了解半导体的导电特性、本征半导体和掺杂半导体性能。
2. 理解 PN 结的单向导电性。
3. 了解二极管的结构、工作原理、特性曲线和主要参数意义。
4. 了解稳压二极管的结构、工作原理和伏安特性。
5. 了解晶体管的结构、电流放大作用、伏安特性和主要参数。
6. 理解晶体管在放大区、截止区和饱和区的工作条件和特点。
7. 了解光电器件和场效应管的工作原理和作用。

§1.2　学习辅导

1. 半导体的导电特性

（1）本征半导体。所谓的本征半导体就是指完全纯净的、具有晶体结构的半导体。

（2）杂质半导体。所谓的杂质半导体是指 P 型半导体和 N 型半导体。在纯净的四价元素硅、锗等本征半导体中掺入适量的三价或五价元素，形成掺杂半导体。如果在本征半导体中掺入适量的三价元素，则形成 P 型半导体，其中空穴为多数载流子，自由电子为少数载流子；如果在本征半导体中掺入适量的五价元素，则形成 N 型半导体，其中自由电子为多数载流子，空穴为少数载流子。

2. PN 结及其单向导电性

（1）将 P 型半导体和 N 型半导体结合在一起，在交界面形成一个空间电荷区阻止多数载流子移动，称为 PN 结。

（2）在 PN 结上加正向电压，P 区的多数载流子（空穴）和 N 区的多数载流子（自由电子）在电场作用下通过 PN 结进入对方区域，形成较大的正向电流，此时 PN 结处于导通状态。如果在 PN 结上加反向电压，则 PN 结处于截止状态。

（3）PN 结正向导通，反向截止，称为 PN 结的单向导电性。

3. 二极管及其应用

（1）二极管的伏安特性。二极管加正向电压（正向工作）时，导通电阻很小，存在一定的死区现象（死区电压，硅管 0.5 V，锗管 0.2 V）。二极管加反向电压（反向工作）时，由于反向电阻很大，二极管基本处于反向截止状态。如果增加反向电压至击穿电压，反向电流陡增，就会使二极管反向击穿，一般会烧坏二极管。

（2）二极管的单向导电性在电子技术领域被广泛应用，如整流、限幅、检波和续流等。工程上通常认为二极管反向(偏置)截止时电流为零,正向(偏置)导通时,可以忽略二极管本身导通压降,或者按硅管 0.6~0.7 V、锗管 0.2~0.3 V 估算。

4. 稳压二极管及其应用

(1) 稳压二极管是一种特殊的半导体二极管,与普通二极管相比,反向击穿电压低,反向击穿特性陡,可以反复击穿。

(2) 稳压二极管工作在反向击穿区,有较大的电流变化、较小的电压变化,这种现象称为稳压。

(3) 稳压二极管的稳压电路工作原理是利用稳压管两端电压较小的变化使输出电流有较大变化。应注意的是稳压管稳压电路中的限流电阻 R 必不可少,且阻值要适当。

(4) 稳压二极管和普通二极管的区别在于,稳压二极管的特点是工作于反向击穿状态,具有稳定的端电压,工作电流是从负极流向正极,只要反向电流不超过其最大工作电流,稳压二极管不会损坏。普通二极管处于正偏时只允许电流单一方向通过,反偏时阻断,如果反向击穿时易造成二极管一次性损坏。

5. 晶体管

(1) 晶体管由两个 PN 结组合而成,按不同的组合方式可分为 NPN 和 PNP 两种类型。

(2) 晶体管放大的外部条件是发射结正向偏置,集电结反向偏置。所谓的发射结正向偏置和集电结反向偏置,从电位的角度理解,对于 NPN 型的晶体管有:

发射结正向偏置,即 $V_B>V_E$;

集电结反向偏置,即 $V_C>V_B$。

对于 PNP 型的晶体管有:

发射结正向偏置,即 $V_B<V_E$;

集电结反向偏置,即 $V_C<V_B$。

(3) 晶体管的电流放大关系为

$$I_E=I_B+I_C$$

$$I_C\approx\beta I_B$$

(4) 晶体管除放大作用外,还可工作在饱和与截止两种工作状态。晶体管处于饱和与截止工作状态是指其开关作用。晶体管的工作状态、条件和特点如表 1.01 所示。

表 1.01　晶体管的工作状态、条件和特点

工作状态		截止	放大	饱和
条件		$I_B\leqslant 0$	$0<I_B<\dfrac{I_{Csat}}{\beta}$	$I_B>\dfrac{I_{Csat}}{\beta}$
特点(NPN)	电压与电流关系	$U_{BE}\leqslant 0, U_{CE}\approx U_{CC}$ $I_C=I_{CEO}\approx 0$ $I_B\approx 0$	$U_{BE}=0.6\sim 0.7\text{V}$ $U_{CC}>U_{CE}>U_{BE}$ $I_C\approx\beta I_B$	$U_{BE}=0.6\sim 0.7\text{V}$ $U_{CE}\approx 0.2\sim 0.3\text{V}$ $I_C=I_{CS}$ $I_B\geqslant I_{BS}=\dfrac{I_{CS}}{\beta}$
	偏置	发射结反偏 集电结反偏	发射结正偏 集电结反偏	发射结正偏 集电结正偏

注意:表中 $I_{Csat}\approx\dfrac{U_{CC}}{R_C}$ 为集电极饱和电流;$I_{CEO}=I_{CBO}+\beta I_{CBO}$ 为集-射极反向穿透电流;I_{CBO} 为集-基极反向饱和电流。

6. 场效应管

（1）场效应管与晶体管的区别在于：晶体管是电流控制器件，场效应管则是电压控制器件；晶体管的基极处于导通状态，需要向基极注入信号电流，故输入电阻小，向信号源索取功率。场效应管仅受输入栅极电压电场效应控制，故输入电阻高，基本上不需要信号源提供功率。

（2）场效应管放大电路与晶体管放大电路在电路结构、偏置电路、电压极性、电压放大倍数、输入电阻和输出电阻等均有对应之处。要注意的是绝缘栅场效应管的栅极不能开路。

7. 光电器件

（1）半导体光电器件种类较多，如发光二极管（LED）、光电二极管和光电晶体管等。

（2）发光二极管（简称为 LED）是一种常用的发光器件，通过电子与空穴复合释放能量发光，可高效地将电能转化为光能，在日常生活被广泛应用，如照明灯、平板显示器、医疗器件等。

（3）光电二极管（photo-diode）和普通二极管一样，由一个 PN 结组成的半导体器件，也具有单方向导电特性。但在电路中它不是作整流元件，而是把光信号转换成电信号的光电传感器件。

（4）光电晶体管是利用光电转化功能的器件，它的作用是接受光信号，并转换为电信号。

§1.3　重点和难点

1. 重点

（1）了解半导体的单向导电性。

（2）掌握二极管、稳压二极管、晶体管等器件的工作原理、伏安特性、技术参数。

（3）了解半导体器件的简单应用。

2. 难点

（1）理解二极管、晶体管的工作原理、技术参数。

（2）掌握二极管的钳位、限幅等作用。

（3）理解晶体管放大、开关作用的条件。

§1.4　练习与思考题解答

1.3.1　用万用表测量二极管的正向电阻时，用 $R\times100\ \Omega$ 挡测出的电阻值小，而用 $R\times1\ \text{k}\Omega$ 挡测出的电阻值大，为什么？

解：二极管是典型的非线性电阻，其正向伏安特性曲线是弯曲的，如解图 1.3.1 所示。万用表这两挡（100 Ω、1 kΩ）的内部电池均为 1.5 V，但 1 kΩ 挡的内阻要比 100 Ω 挡的内阻要大 10 倍，故测量时前者的电流比后者小。电流小时电阻大，而电流大时电阻小。在解图 1.3.1 所示伏安特性曲线中可得，$R_1=\dfrac{U_1}{I_1}$，$R_2=\dfrac{U_2}{I_2}$，可见 $R_1<R_2$。所以，用小电阻挡测得的二极管正向电阻值小，而用大电阻挡测得的二极管正向电阻

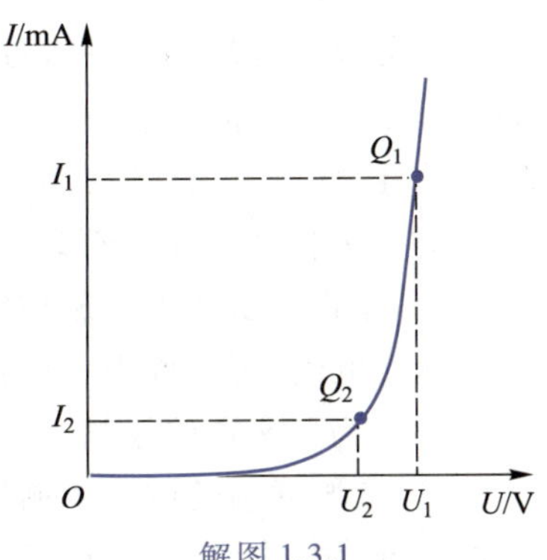

解图 1.3.1

值大。

1.3.2　稳压二极管与半导体二极管的主要区别是什么?

解:稳压二极管与半导体二极管的主要区别是稳压二极管的反向特性曲线比较陡,且稳压二极管工作在反向击穿区,其反向击穿是可逆的;普通二极管的反向击穿是不可逆的,即二极管一次性损坏。

1.4.1　什么是晶体管的电流放大作用?实现电流放大的内部条件和外部条件分别是什么?

解:晶体管的电流放大作用主要是依靠发射区扩散基区的大多数载流子不被基区的多数载流子复合,继续扩散到集电结附近,被集电区收集,从而形成较大集电极电流。实现电流放大的内部条件是基区掺杂浓度低,使发射区多数载流子的浓度远大于基区多数载流子的浓度,而且基区要制作的很薄;其外部条件是发射结正偏,集电结反偏。

1.4.2　晶体管发射极和集电极是否可以调换使用?为什么?

解:不可以。首先,晶体管的发射区掺杂浓度远远高于集电区,如果将发射极和集电极调换,作为发射区使用的集电区发射的多数载流子数量太少,无法形成较大的集电极电流,无放大作用。其次,由于晶体管的发射结反向击穿电压比较低,极易造成发射结反向击穿。

1.4.3　测得某晶体管的电流为 $I_C=5.202\ \mathrm{mA}$,$I_B=50\ \mu\mathrm{A}$,$I_{CBO}=2\ \mu\mathrm{A}$。试求发射极电流 I_E 和电流放大系数。

解:发射极电流为

$$I_E=I_B+I_C=(0.05+5.202)\ \mathrm{mA}=5.252\ \mathrm{mA}$$

因为有

$$I_C=\bar{\beta}I_B+I_{CEO}=\bar{\beta}I_B+(1+\bar{\beta})I_{CBO}$$

故电流放大系数为

$$\bar{\beta}=\frac{I_C-I_{CBO}}{I_B+I_{CBO}}=\frac{5\ 202-2}{50+2}=100$$

1.5.1　场效应管与晶体管比较有什么特点?

解:场效应管与晶体管比较有两个主要特点:

(1) 场效应管是电压控制型元件,栅极电压控制漏极电流;而晶体管是电流控制型元件,基极电流控制集电极电流。由于栅极电流几乎为零,场效应管具有很高的输入电阻($10^7\sim10^{12}\ \Omega$),而晶体管的输入电阻较低($10^2\sim10^4\ \Omega$)。

(2) 场效应管只有一种极性的载流子(电子或空穴)参与导电,因而也称为单极型晶体管;而晶体管是多数载流子和少数载流子均参与导电,所以称为双极型晶体管。场效应管噪声低、热稳定性好、耗电省,且结构简单,易于集成。

1.5.2　为什么说晶体管是受电流控制元件,而场效应管是受电压控制元件?

解:晶体管是由基极电流控制集电极电流,所以称为电流控制元件;而场效应管是由栅极电压控制漏极电流,所以称为电压控制元件。

1.5.3　为什么说绝缘栅型场效应管的栅极不能断开?

解:绝缘栅型场效应管的栅极是绝缘的,感应电荷不易泄放,且绝缘层很薄,容易造成击穿,所以存放时,应将绝缘栅型场效应管三个电极短接,即栅极不能开路。

§1.5 习题解答

1.1 如图 1.01 所示的电路,已知 $u_i=20\sin\omega t$V,$U_1=U_2=10$ V,$R=1$ kΩ。要求:

(1) 说明电路的工作情况,绘出 u_i 和 u_O 的波形图;

(2) 求 D_1、D_2 的正向最大电流值(D_1、D_2 的正向压降可忽略不计)。

分析:当 $u_i \geq 10$ V 时,D_1 导通,D_2 截止,输出电压 $u_O=10$ V;当 $u_i \leq -10$ V 时,D_2 导通,D_1 截止,输出电压 $u_O=-10$ V;当 $-10\ \text{V}<u_i<10$ V 时,D_1、D_2 均截止,输出电压 $u_O=u_i$。

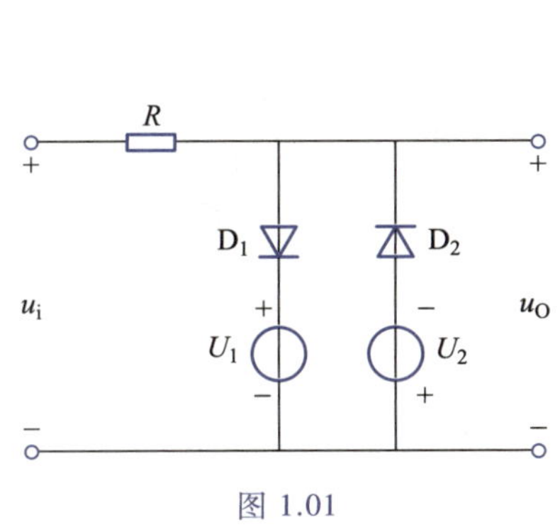

图 1.01

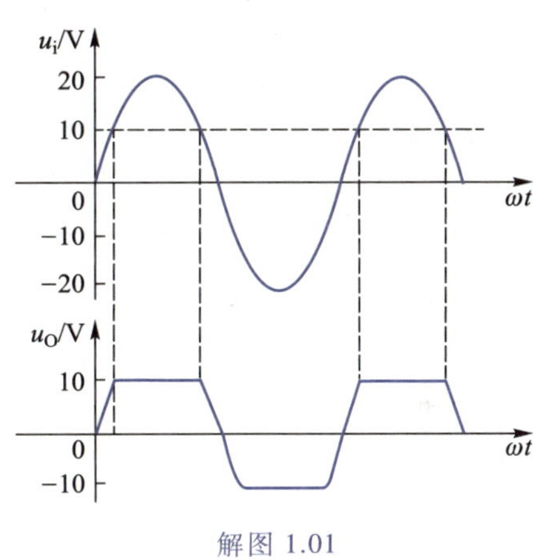

解图 1.01

解:(1) u_i 和 u_O 的波形如解图 1.01 所示。

(2) 因为 u_i 的最大值 $U_m=20$ V,则流过 D_1、D_2 的正向最大电流为

$$I_m=\frac{U_m-U_1}{R}=\frac{20-10}{1\times10^3}\text{A}=10\ \text{mA}$$

1.2 如图 1.02 所示各电路,已知 $U=5$ V,$u_i=10\sin\omega t$ V,二极管的正向压降可忽略不计。试分别画出输出电压 u_O 的波形。

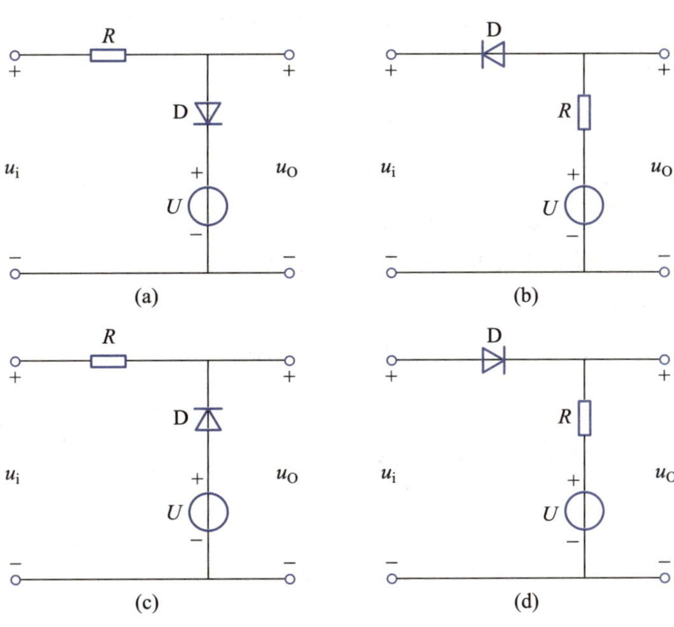

图 1.02

解：对于图 1.02(a)所示电路有

$$u_O = u_i - u_R = u_D + U$$

在 u_i 为正半周时，$u_i>U$，D 导通；$u_i<U$，D 截止。在 u_i 为负半周时，D 截止。D 导通时，$u_O = U$；D 截止时，$u_O = u_i$。输出波形如解图 1.02(a)所示。

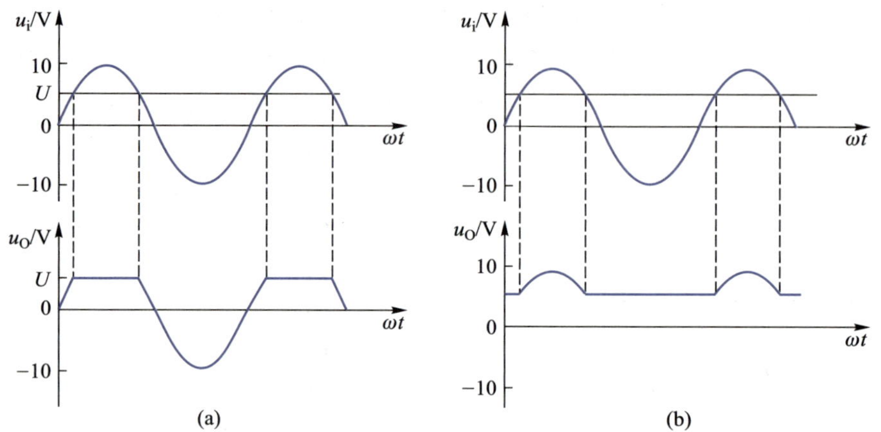

解图 1.02

如图 1.02(b)所示电路有

$$u_O = u_i + u_D = u_R + U$$

在 u_i 为正半周时，$u_i>U$，D 导通；$u_i<U$，D 截止。在 u_i 为负半周时，D 截止。D 导通时，$u_O = u_i$；D 截止时，$u_O = U$。输出波形如解图 1.02(a)所示。

如图 1.02(c)所示电路有

$$u_O = u_i - u_R = U - u_D$$

在 u_i 为正半周时，$u_i \geqslant U$，D 截止，$u_O = u_i$；$u_i<U$，D 导通，$u_O = U$。在 u_i 为负半周时，D 导通。D 导通时，$u_O = u_i$；D 截止时，$u_O = U$。输出波形如解图 1.02(b)所示。

如图 1.02(d)所示电路有

$$u_O = u_i - u_D = u_R + U$$

在 u_i 为正半周时，$u_i \geqslant U$，D 导通；$u_i<U$，D 截止。在 u_i 为负半周时，D 截止。D 导通时，$u_O = u_i$；D 截止时，$u_O = U$。输出波形如解图 1.02(b)所示。

1.3 图 1.03 所示各电路，已知 $U_I = 12$ V，各二极管的正向压降 $U_D = 0.6$ V，反向电流为零。求各电路的输出电压 U_O 的值。

解：(1) 电路如图 1.03(a)所示。二极管 D 导通，则输出电压为

$$U_O = U_I - U_D = (12-0.6)\ \text{V} = 11.4\ \text{V}$$

(2) 电路如图 1.03(b)所示。二极管 D 截止，故输出电压为

$$U_O = 0\ \text{V}$$

(3) 电路如图 1.03(c)所示。二极管 D 截止，则输出电压为

$$U_O = U_I = 12\ \text{V}$$

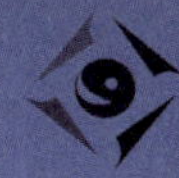

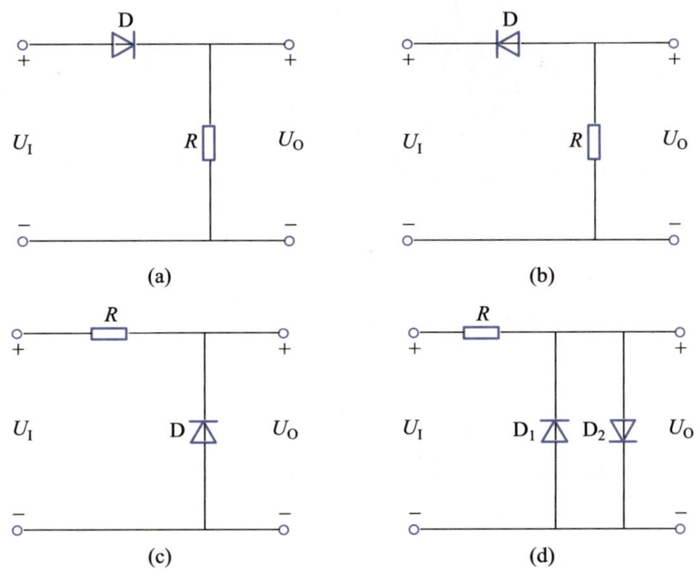

图 1.03

(4) 电路如图 1.03(d)所示。二极管 D_1 截止,D_2 导通,故输出电压为

$$U_O = U_D = 0.6\ \text{V}$$

1.4 图 1.04 所示电路,设二极管的正向电阻为零,反向电阻为无穷大。试求以下几种情况下输出端电位 V_F 及各元件中通过的电流:

(1) $V_A = +10\ \text{V}, V_B = 0\ \text{V}$;

(2) $V_A = +6\ \text{V}, V_B = +5.8\ \text{V}$;

(3) $V_A = V_B = +5\ \text{V}$。

分析: 在图 1.04 所示电路中标出各电流的参考方向,如解图 1.04 所示。

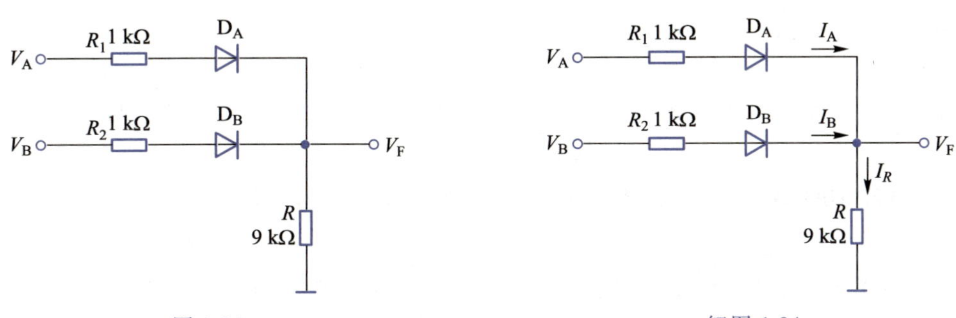

图 1.04　　　　解图 1.04

解: (1) 当 $V_A = +10\ \text{V}, V_B = 0\ \text{V}$ 时,D_A 导通,D_B 截止,则输出电位和各元件电流分别为

$$V_F = \frac{R}{R_1 + R} V_A = \frac{9\times10^3}{1\times10^3 + 9\times10^3}\times10\ \text{V} = 9\ \text{V}$$

$$I_A = I_R = \frac{V_A}{R_1 + R} = \frac{10}{(1+9)\times10^3}\ \text{A} = 1\ \text{mA}$$

$$I_B = 0\ \text{mA}$$

(2) 当 $V_A = +6\ \text{V}, V_B = +5.8\ \text{V}$ 时,设 D_A、D_B 导通,由节点电压法求得输出电位,有

$$V_F=\frac{\frac{V_A}{R_1}+\frac{V_B}{R_2}}{\frac{1}{R_1}+\frac{1}{R_2}+\frac{1}{R}}=\frac{\frac{6}{1}+\frac{5.8}{1}}{\frac{1}{1}+\frac{1}{1}+\frac{1}{9}}\ \text{V}=5.59\ \text{V}$$

故二极管 D_A、D_B 均正偏,假设 D_A、D_B 导通成立。故各元件的电流分别为

$$I_R=\frac{V_F}{R}=\frac{5.59}{9\times10^3}\text{A}=0.62\ \text{mA}$$

$$I_A=\frac{V_A-V_F}{R_1}=\frac{6-5.59}{1\times10^3}\text{A}=0.41\ \text{mA}$$

$$I_B=\frac{V_B-V_F}{R_2}=\frac{5.8-5.59}{1\times10^3}\text{A}=0.21\ \text{mA}$$

(3) 当 $V_A=V_B=+5$ V 时,D_A、D_B 同时导通,则输出电位为

$$V_F=\frac{\frac{V_A}{R_1}+\frac{V_B}{R_2}}{\frac{1}{R_1}+\frac{1}{R_2}+\frac{1}{R}}=\frac{\frac{5}{1}+\frac{5}{1}}{\frac{1}{1}+\frac{1}{1}+\frac{1}{9}}\ \text{V}=4.74\ \text{V}$$

各元件电流分别为

$$I_R=\frac{V_F}{R}=\frac{4.74}{9\times10^3}\ \text{A}=0.526\ \text{mA}$$

$$I_A=I_B=\frac{I_R}{2}=\frac{0.526}{2}\ \text{mA}=0.263\ \text{mA}$$

1.5 图 1.05 所示的电路中,已知 $U_I=30$ V,2CW4 型稳压管的参数为:稳定电压 $U_Z=12$ V,最大稳定电流 $I_{ZM}=20$ mA。若电压表中的电流可以忽略不计,试问:

(1) 开关 S 闭合,电压表 V 和电流表 A_1、A_2 的读数各为多少?流过稳压管的电流又是多少?

(2) 开关 S 闭合,且 U_I 升高 10%,图中各个量又有何变化?

(3) $U_I=30$ V 时将开关 S 断开,流过稳压管的电流是多少?

(4) U_I 升高 10%时将 S 断开,稳压管工作状态是否正常?

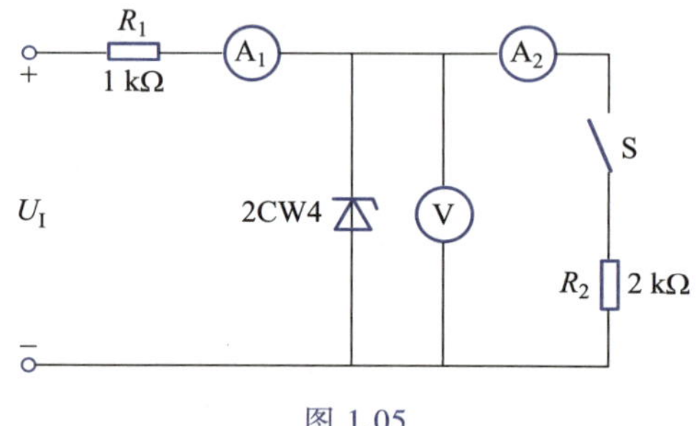

图 1.05

解:(1) 开关 S 闭合后,稳压管具有稳压作用,此时电压表 V 的读数为 $U_Z=12$ V;电流表 A_1 的读数为

$$I_1=\frac{U_I-U_Z}{R_1}=\frac{30-12}{1\times10^3}\ \text{A}=18\ \text{mA}$$

电流表 A_2 的读数为

$$I_2=\frac{U_Z}{R_2}=\frac{12}{2\times10^3}\ \text{A}=6\ \text{mA}$$

稳压管的电流为

$$I_Z=I_1-I_2=(18-6)\ \text{A}=12\ \text{mA}$$

（2）开关闭合 U_I 升高 10%时，稳压管的稳定电压不变，故电压表 V 的读数不变，即 $U_Z=12$ V；电流表 A_2 的读数不变，即 $I_2=6$ mA。

电流表 A_1 的读数为

$$I_1=\frac{U_I(1+10\%)-U_Z}{R_1}=\frac{30\times1.1-12}{1\times10^3}\text{ A}=21\text{ mA}$$

稳压管的电流为

$$I_Z=I_1-I_2=(21-6)\text{ mA}=15\text{ mA}$$

（3）$U_I=30$ V 时，S 断开，流过稳压管的电流为

$$I_Z=I_1=\frac{U_I-U_Z}{R_1}=\frac{30-12}{1\times10^3}\text{ A}=18\text{ mA}$$

（4）U_I 升高 10%时，S 断开，稳压管的电流为

$$I_Z=I_1=\frac{U_I(1+10\%)-U_Z}{R_1}=\frac{30\times1.1-12}{1\times10^3}\text{ A}=21\text{ mA}$$

此时有，I_Z(21 mA)>I_{ZM}(20 mA)，故稳压管工作状态不正常。

1.6　测得晶体管的三个管脚电位分别为−9 V、−6 V、−6.2 V。试判别该晶体管的类型（NPN 或 PNP）及各电极。

解：晶体管管脚−6 V 和−6.2 V，则两个管脚的电位差为−0.2 V，可判定该晶体管为锗管，$U_{BE}=-0.2$ V。−9 V 的管脚电位最低，应为集电极 C；−6 V 的管脚电位最高，应为发射极 E；故−6.2 V 的管脚为基极 B。当 BE 结为正向偏置时，E 为正、B 为负，即 E 为 P 型，B 为 N 型。BC 结为反向偏置（$U_{BC}=+2.8$ V），即 B 为 N 型，C 为 P 型。可见，该晶体管为 PNP 型。

1.7　已知某晶体管的 $P_{CM}=100$ mW，$I_{CM}=20$ mA，$U_{(BR)CEO}=15$ V。试问在下列情况时，哪种是正常工作状态？

（1）$U_{CE}=6$ V，$I_C=20$ mA；

（2）$U_{CE}=2$ V，$I_C=40$ mA；

（3）$U_{CE}=3$ V，$I_C=10$ mA。

解：（1）当 $U_{CE}=6$ V，$I_C=20$ mA 时，因 $I_C=I_{CM}$，$U_{CE}<U_{(BR)CEO}$，故

$$P_C=I_CU_{CE}=20\times6\text{ mW}=120\text{ mW}>P_{CM}$$

晶体管的 PN 结烧坏，故不能正常工作。

（2）当 $U_{CE}=2$ V，$I_C=40$ mA 时，因 $I_C>I_{CM}$。故放大倍数 β 下降很大，晶体管不能正常工作。

（3）当 $U_{CE}=3$ V，$I_C=10$ mA 时，因 $I_C<I_{CM}$，$U_{CE}<U_{(BR)CEO}$，则有

$$P_C=I_CU_{CE}=10\times3\text{ mW}=30\text{ mW}$$

故晶体管可以正常工作。

§1.6　补充拓展题和解答

1.8　图 1.06 所示电路中输入电压 $u_i=(10+30\sin\omega t)$ V。试画出二极管输出电压 u_O 的波形。

分析：输入电压为非正弦周期电压，即 $u_i=U+u_1=(10+30\sin\omega t)$ V，且有 $u_O=u_i-u_R$。

解：当 $u_i=U+u_1=(10+30\sin\omega t)\text{ V}\geqslant0.7$ V 时，二极管 D 正向导通，$u_O=0.7$ V；当 $u_i=U+u_1=(10+30\sin\omega t)\text{ V}<0.7$ V 时，二极管 D 反向截止，$u_O=u_i$。输出电压 u_O 的波形，如解图 1.06 所示。

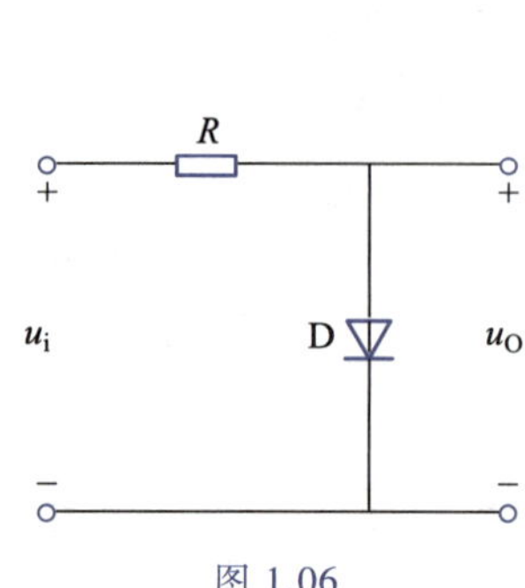

图 1.06

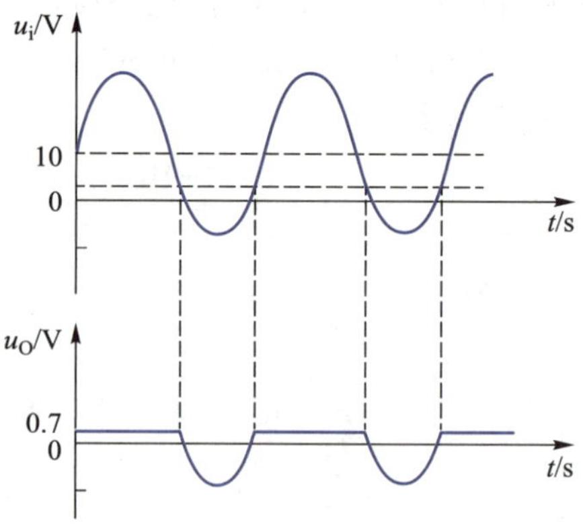

解图 1.06

1.9　图 1.07 所示电路,已知 $U=20\ \text{V}$,$R_1=900\ \Omega$,$R_2=1\ 100\ \Omega$,稳压管的稳定电压 $U_Z=10\ \text{V}$,最大稳定电流 $I_{ZM}=8\ \text{mA}$。试问:

(1) 稳压管中的电流 I_Z 是否超过 I_{ZM}?

(2) 如果超过,应如何处理?

分析:该题可先求得稳压管电流 I_Z。而电流 I_Z 可采用几种不同方法求解。这里选用基尔霍夫电流定律和戴维南定理两种方法求解。

解:方法 1　基尔霍夫电流定律。

根据题意列方程,则有

$$\begin{cases} U=U_Z+R_1I_{R_1} \\ I_{R_1}=I_{R_2}+I_Z \\ U_Z=R_2I_{R_2} \end{cases}$$

代入数据求解,可得

$$I_Z=2.02\ \text{mA}$$

方法 2　戴维南定理。

对图 1.07 所示电路进行等效变换,等效电路如解图 1.07 所示。等效电压和等效电阻分别为

$$U'=\frac{R_2}{R_1+R_2}U=\frac{1\ 100}{1\ 100+900}\times 20\ \text{V}=11\ \text{V}$$

$$R'=R_1/\!/R_2=\frac{1\ 100\times 900}{1\ 100+900}\ \Omega=495\ \Omega$$

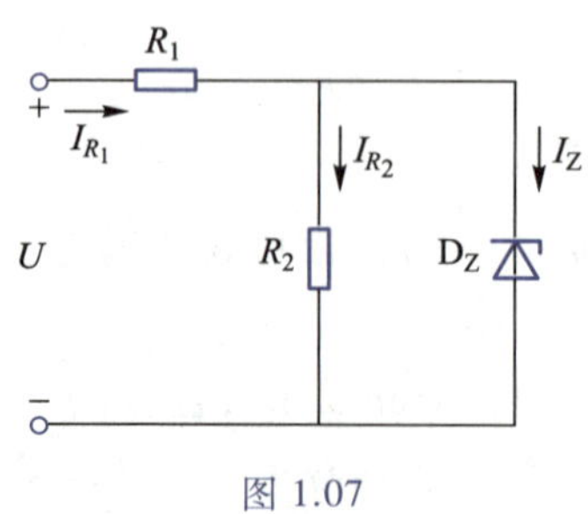

图 1.07

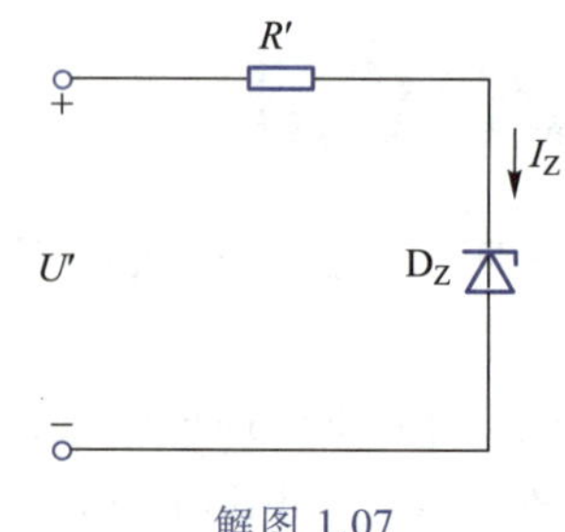

解图 1.07

故稳压管电流

$$I_Z=\frac{U'-U_Z}{R'}=\frac{11-10}{495}\ \text{A}=2.02\ \text{mA}$$

经过上述两种方法分析求解，可见 $I_Z<I_{ZM}$。

如果 I_Z 超过 I_{ZM}，应适当增大 R_1，使电流 I_{R_1}减小，从而使 I_Z 减小。R_1 的选择可按下式进行

$$\frac{U_{\max}-U_Z}{I_{Z\max}+I_{L\max}}\leqslant R_1\leqslant\frac{U_{\min}-U_Z}{I_{Z\min}+I_{L\max}}$$

1.10　在图 1.08 所示电路中设 $U_{BE}=0.6$ V。试问各种晶体管分别处于何种工作状态？

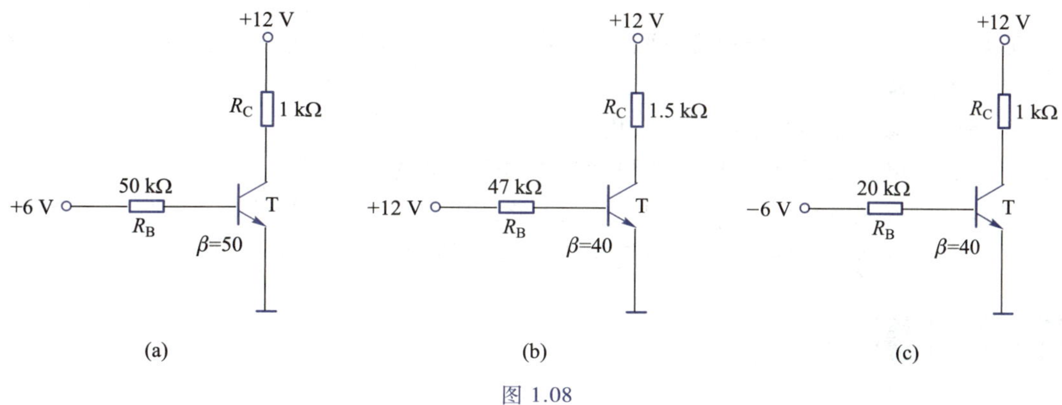

图 1.08

分析：晶体管的工作状态可根据 $I_C\approx\frac{U_{CC}}{R_C}$，临界饱和电流 $I'_B\approx\frac{I_C}{\beta}$和基极电流 $I_B=\frac{U_B-U_{BE}}{R_B}$进行判别。

解：(1) 图 1.08(a)所示电路中，分别有

$$I_B=\frac{U_B-U_{BE}}{R_B}=\frac{6-0.6}{50\times10^3}\text{A}=0.11\ \text{mA}$$

$$I_C=\beta I_B=50\times0.11\ \text{mA}=5.5\ \text{mA}$$

$$U_{CE}=U_{CC}-R_CI_C=12\ \text{V}-1\times10^3\times5.5\ \text{mV}=6.5\ \text{V}$$

晶体管的发射结正偏，集电结反偏。故晶体管工作在放大状态。

(2) 图 1.08(b)所示电路中，分别有

$$I_B=\frac{U_B-U_{BE}}{R_B}=\frac{12-0.6}{47\times10^3}\ \text{A}=0.24\ \text{mA}$$

$$I_{CS}\approx\frac{U_{CC}}{R_C}=\frac{12}{1.5\times10^3}\text{A}=8\ \text{mA}$$

临界饱和电流为

$$I_{BS}\approx\frac{I_C}{\beta}=\frac{8}{40}\ \text{mA}=0.2\ \text{mA}$$

故有 $I_B>I_{BS}$，则晶体管工作在饱和状态。

(3) 图 1.08(c)所示电路中，$U_{BE}=-6$ V，$i_B=0$，$i_C=0$，所以晶体管工作在截止状态。

第2章 基本放大电路

§2.1 学习要求

1. 理解基本放大电路工作原理，静态工作点估算，掌握微变等效电路的分析方法、输入电阻和输出电阻的计算。

2. 掌握射极输出器的基本特点和应用。

3. 了解放大电路的频率特性、频率失真和通频带的概念。

4. 理解差分放大电路、互补对称功率放大电路的工作原理和分析计算。

5. 了解 MOS 场效应管放大电路的基本结构、工作原理和主要特点。

§2.2 学习辅导

1. 晶体管放大电路的组成

(1) 放大电路是以晶体管为核心组件(控制组件)，使处于放大区的晶体管发射结正偏、集电结反偏，利用基极电流对集电极电流的控制能力，将较小的输入信号转化为较大的输出信号。

(2) 由于放大电路工作时是由直流电源(U_{CC})和交流信号(u_S 或 u_i)叠加而成的，故放大电路的分析计算分为静态和动态。

2. 放大电路的静态分析

(1) 静态是指放大电路交流输入信号为零($u_i=0$)时的工作状态。静态分析就是确定放大电路静态工作点(Q 点)的参数，即 I_C、U_{CE}和 U_{BE}。合适的静态工作点是保证放大电路“放得大”和“放得像”的基本条件。

(2) 静态分析(确定静态工作点)是分析计算放大电路在 U_{CC}作用时的直流通路，具体的方法有估算法和图解法，实际中采用较多的是估算法。估算法的具体思路：对固定偏置电路，有 $I_B \to I_C \to U_{CE}$；对分压偏置电路，有 $V_B \to U_{BE} \to V_E \to I_E \to U_{CE}$。

(3) 静态工作点的图解法是由输入特性 $i_B=f(u_{BE})$ 确定 I_C、U_{CE}。输入特性可在手册中查找。图解法的关键是作直流负载线，图解法比较直观现象，但存在有一定的误差。

(4) 电路参数 R_B、R_C 和 U_{CC}对静态工作点有影响，通常改变 R_B 的阻值可调节静态工作点。

3. 放大电路的动态分析

(1) 动态是指放大电路有输入信号($u_i \neq 0$)时的工作状态。动态分析目的就是确定放大电路的输入电阻 r_i、输出电阻 r_o 和电压放大倍数 A_u。

(2) 动态分析方法有图解法和微变等效电路法，要求重点掌握微变等效电路法。

(3) 图解法是在静态 U_{BE}上叠加 u_i 得到 u_{BE}波形，再由输入特性曲线的特定点(I_{B1}、I_B、I_{B2})

在输出特性得到三个对应（Q_1、Q、Q_2）点，三点的连接线即为直流负载线，经过 Q 点，且斜率为 $\arctan\left(-\frac{1}{R'_L}\right)$，即为交流负载线（$i_C=f(u_{CE})$），由此可得到 i_C、u_{CE} 的波形。图解法可用于分析动态范围和失真等，关键是做交流负载线。

（4）微变等效电路法是在小信号的条件下，将晶体管等效为一个线性组件，对放大电路进行近似地线性分析。对放大电路分析计算的关键是画微变等效电路。电路中耦合电容和直流电源（内阻很小可忽略不计）可视为短接。具体画法是先画出晶体管的微变等效电路，再将电路中电阻分别连接到交流通路（或晶体管）所对应的位置（或各极间）。

（5）输入电阻 r_i 是从输入端求得的等效交流电阻，其中不包括信号源内阻 R_S；输出电阻 r_o 是从输出端求得的等效交流电阻，其中不包括负载电阻 R_L。

（6）电压放大倍数为

$$A_u=\frac{\dot{U}_o}{\dot{U}_i}$$

需要注意的是晶体管的等效输入电阻为

$$r_{be}=200\ \Omega+(1+\beta)\frac{26(\text{mV})}{I_E(\text{mA})}$$

4. 静态工作点的稳定

（1）静态工作点的稳定是保证放大电路既“放得大”又“放得像”的先决条件。放大电路之所以会出现静态工作点的不稳定是因为晶体管（I_{CBO}、$\bar{\beta}$、U_{BE}）极易受到温度的影响。

（2）为稳定静态工作点常采用分压式偏置电路，只要采用合适的发射极电阻 R_E，使其对直流信号产生适当的负反馈，则可获得较稳定的静态工作点。

5. 频率特性

（1）由于放大电路中各容抗的影响，放大电路对不同频率信号放大时，其幅值和相位不同，故放大倍数是频率的函数，称这种频率响应为频率特性，即 $A_u(f)=|A_u|(f)\angle\varphi(f)$。

（2）幅频特性 $|A_u(f)|$ 是放大倍数的幅值随频率变化而变化的规律；相频特性 $\angle\varphi(f)$ 是输出信号与输入信号之间相位差随频率变化而变化的规律。

（3）输入信号频率不同时，输出电压相对于输入电压的幅值和相位都将发生变化，引起信号失真（频率失真）。为了减小频率失真，通常希望通频带适当宽些，让非正弦信号中幅值较大的各次谐波频率均在通频带的范围内。

6. 射极输出器

（1）射极输出器特点：电压放大倍数近似 1；输入电阻高，为几十千欧到几百千欧；输出电阻低，为几十欧。

（2）射极输出器用途：因输入电阻高，射极输出器用在多级放大电路的输入级，以减轻信号源的负担；因输出电阻低，射极输出器用在多级放大电路的输出级，以增强带负载能力；因射极输出器有阻抗变换作用，用在两个共发射极放大电路之间的中间级，以改善放大电路的工作性能。

7. 多级放大电路

(1) 多级阻容耦合放大电路中静态工作点彼此独立,互不影响;而直接耦合多级放大电路静态工作点相互沟通,相互影响。因此,在静态分析计算时应充分注意。

(2) 动态分析(以两级放大电路为例),其电压放大倍数为 $A_u = A_{u1} \cdot A_{u2}$。在分析计算 A_{u1} 时,要将第二级的输入电阻视为第一级的负载电阻,即 $R_{L1} = r_{i2}$;第一级的等效负载电阻为 $R'_{L1} = R_{C1} /\!/ r_{i2}$。

8. 差分放大电路

(1) 差分放大电路是利用电路的互补对称性,抑制直接耦合放大电路零点漂移最有效的电路。抑制零点漂移的水平用电路抑制共模信号的能力衡量。

(2) 电路通常较难以做到完全对称和单端输出(即使电路对称),且均无法完全抑制零点漂移。因此,常在放大电路的发射极引入 R_P、R_E 和负电源 $-U_{EE}$。R_E 越大抑制效果越好,但要相应增大负电源 $-U_{EE}$。比较理想的是晶体管恒流源替代 R_E。值得注意的是 R_E 电阻对差模信号不起作用。

(3) 差分放大电路分析计算

① 电压放大倍数

双端输出为

$$A_d = -\beta \frac{R'_L}{R_B + r_{be}}, R'_L = R_C /\!/ \frac{1}{2} R_L$$

单端输出为

$$A_d = -\frac{1}{2} \frac{\beta R'_L}{R_B + r_{be}}, R'_L = R_C /\!/ R_L$$

② 输入电阻

$$r_i = 2(R_B + r_{be})$$

③ 输出电阻

双端输出为

$$r_o = 2R_C$$

单端输出为

$$r_o = R_C$$

9. 功率放大电路(互补对称功率放大电路)

(1) 对于功率放大电路,要求是在不失真的情况下,尽可能获得较大输出功率,要获得较大的输出功率,晶体管应工作在极限状态。

(2) 功率放大电路在较大功率时应有较高的效率,为获得较高效率,晶体管应工作在甲乙类或乙类状态。

(3) 为尽可能消除失真,功率放大电路通常采用互补对称电路,互补对称电路主要有 OCL 和 OTL 两种,它们的工作原理基本相同。

(4) 功率放大电路分析计算

① 输出最大功率

OTL 电路

$$P_{om}=\frac{U_{om}^2}{2R_L}\approx\frac{U_{CC}^2}{2R_L}$$

OCL 电路

$$P_{om}=\frac{U_{CC}^2}{2R_L}$$

② OTL 电路效率

$$\eta_m=\frac{P_{om}}{P_E}\times 100\%=\left(\frac{U_{CC}^2}{2R_L}\Big/\frac{2U_{CC}^2}{\pi R_L}\right)\times 100\%$$

$$=\frac{\pi}{4}\times 100\%\approx 78.5\%$$

10. 场效应管放大电路

(1) 场效应管与晶体管的区别在于:晶体管是电流控制器件,场效应管则是电压控制器件;晶体管的基极处于导通状态,需要向基极注入信号电流,故输入电阻小,向信号源索取功率,场效应管仅受输入栅极电压电场效应的控制,故输入电阻高,基本上不需要信号源提供功率。

(2) 场效应管放大电路与晶体管放大电路在电路结构、偏置电路、电压极性、电压放大倍数、输入电阻和输出电阻等均有对应之处。要注意的是绝缘栅场效应管的栅极不能开路。

11. 基本放大电路的分析计算

几种常见基本放大电路的静态与动态参数分析计算,如表 2.01 所示。

表 2.01

	基本电路	微变等效电路	静态参数	动态参数
固定偏置电路	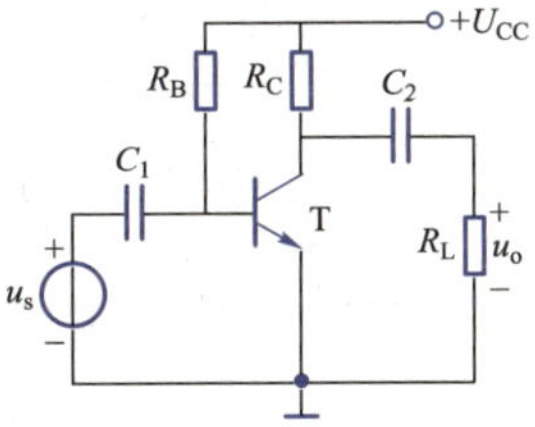	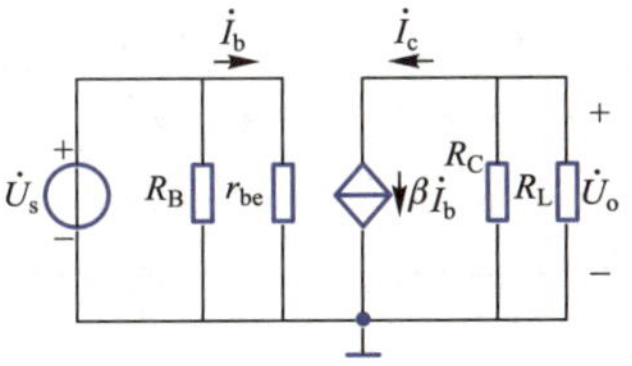	$I_B\approx\frac{U_{CC}}{R_B}$ $I_L=\beta I_R$ $U_{CE}=U_{CC}-R_CI_C$	$A_u=-\beta\frac{R_L'}{r_{be}}$ $r_i=R_B/\!/r_{be}$ $r_o\approx R_C$
分压式偏置电路	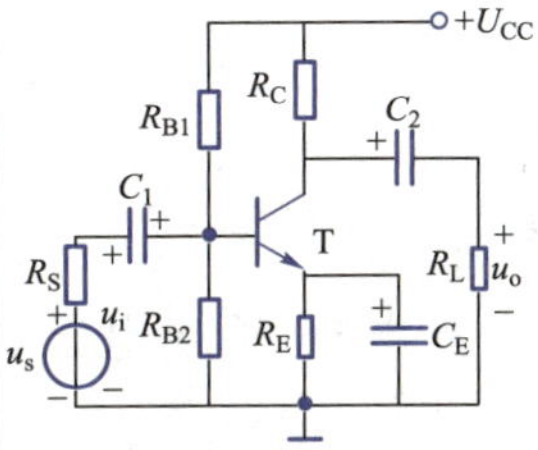	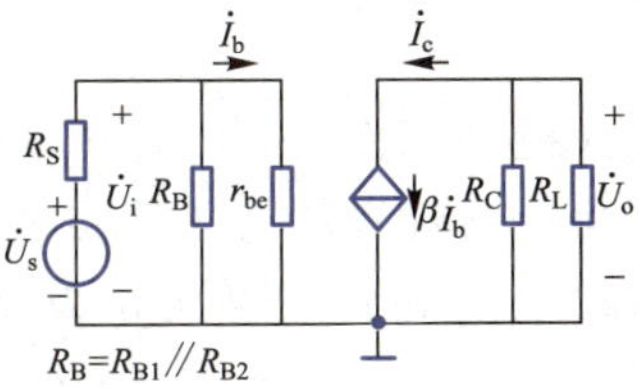 $R_B=R_{B1}/\!/R_{B2}$	$V_B=\frac{R_{B2}}{R_{B1}+R_{B2}}U_{CC}$ $I_C\approx I_E=\frac{V_B-U_{BE}}{R_E}$ $I_B\approx\frac{I_C}{\beta}$ $U_{CE}\approx$ $U_{CC}-(R_C+R_E)I$	$A_u=-\beta\frac{R_L'}{r_{be}}$ $r_i=R_{B1}/\!/R_{B2}/\!/r_{be}$ $r_o\approx R_C$

续表

	基本电路	微变等效电路	静态参数	动态参数
分压式偏置电路	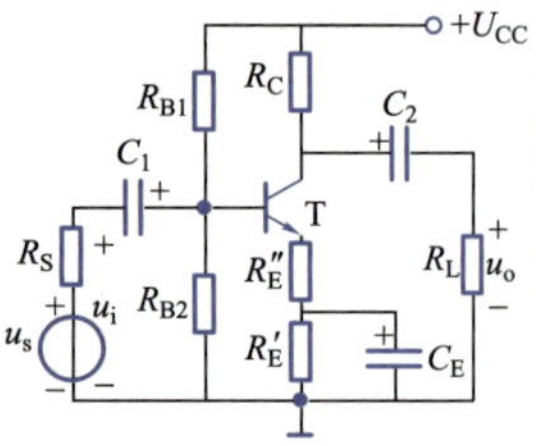	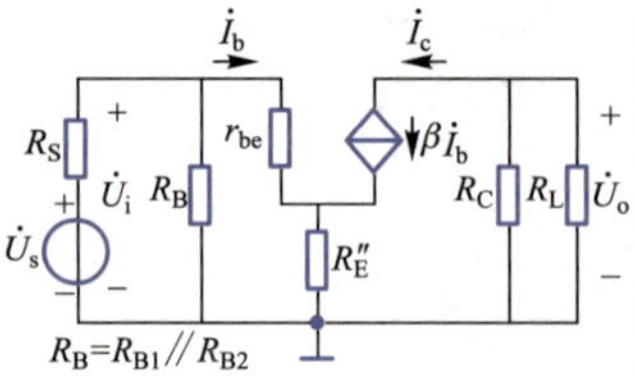 $R_B=R_{B1}//R_{B2}$	$V_B=\dfrac{R_{B2}}{R_{B1}+R_{B2}}U_{CC}$ $I_C\approx I_E=\dfrac{V_B-U_{BE}}{R'_E+R''_E}$ $I_B\approx\dfrac{I_C}{\beta}$ $U_{CE}=U_{CC}-(R_C+R'_E+R''_E)I_C$	$A_u=-\beta\dfrac{R'_L}{r_{be}+(1+\beta)R''_E}$ $r_i=R_{B1}//R_{B2}//$ $[r_{be}+(1+\beta)R''_E]$ $r_o\approx R_C$
射极输出器	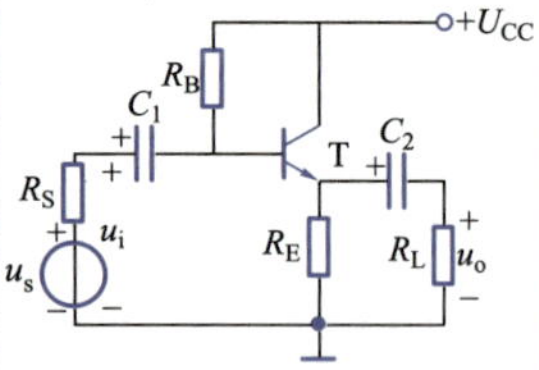	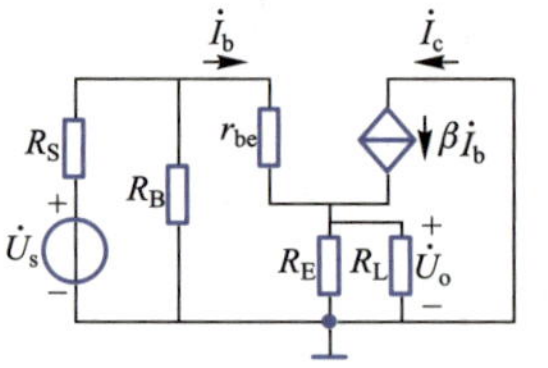	$I_B=\dfrac{U_{CE}}{R_B+(1+\beta)R_E}$ $I_C=\beta l_B$ $U_{CE}=U_{CC}-R_EI_C$	$A_u=\dfrac{(1+\beta)R_E}{r_{be}+(1+\beta)R_E}\approx1$ $r_i=R_B//[r_{be}+(1+\beta)R_E]$ $r_o\approx\dfrac{r_{be}+R_s}{\beta}$
分压式偏置电路	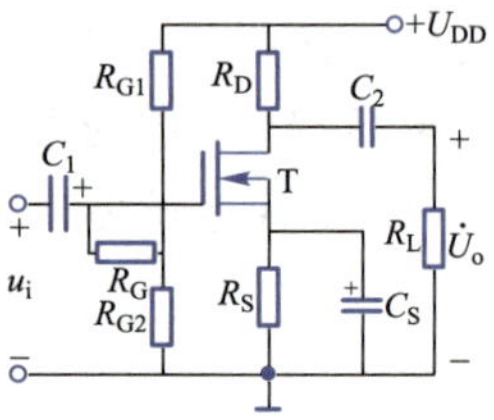	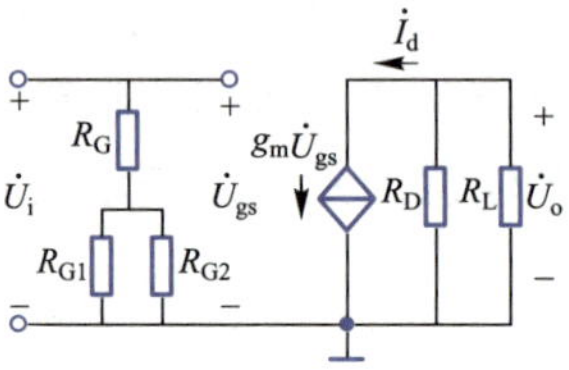	$V_G=\dfrac{R_{G2}}{R_{G1}+R_{G2}}U_{DD}$ $I_D=\dfrac{U_S}{R_S}=\dfrac{V_G}{R_S}$ $U_{DE}=U_{DO}-(R_D+R_S)I_D$	$r_i=R_G+(R_{G1}//R_{G2})$ $r_o\approx R_D(r_{ob}\gg R_D)$ $A_u=-g_mR'_L$ $(R''_L=R_D//R_L)$
源极输出器	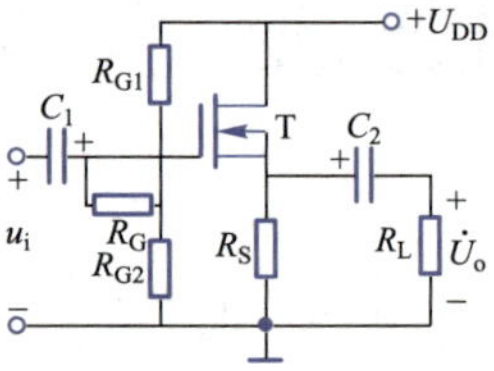	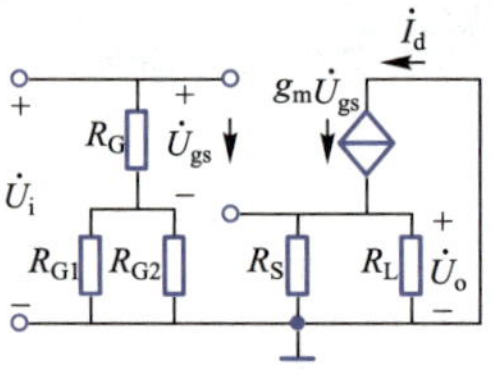	$V_G=\dfrac{R_{G2}}{R_{G1}+R_{G2}}U_{DC}$ $I_D=\dfrac{U_S}{R_S}=\dfrac{V_G}{R_S}$ $U_{DS}=U_{DO}-R_SI_D$	$r_i=R_G+(R_{G1}//R_{G2})$ $r_o\approx R_S//\left(\dfrac{1}{g_m}\right)$ $A_u=\dfrac{g_mR'_L}{1+g_mR'_L}$ $(R'_t=R_D//R_L)$

§2.3 重点和难点

1. 重点

(1) 理解静态工作点的意义,以及对放大电路工作的影响。

(2) 掌握放大电路的直流通路,用估算法分析计算静态工作点各参数。

(3) 掌握放大电路的微变等效电路的画法,分析计算放大电路的输入电阻、输出电阻和放大倍数。

(4) 理解和掌握射极输出器(电路)的分析计算、特点和应用。

2. 难点

(1) 掌握静态工作点的稳定与非线性失真。

(2) 了解放大电路的静态和动态的图解法。

(3) 理解放大电路的饱和失真、截止失真、交越失真的抑制措施。

(4) 多级放大电路的放大倍数分析计算。

(5) 简单差分放大电路、功率放大电路的分析计算。

§2.4 练习与思考题解答

2.1.1 组成晶体管放大电路的最基本原则是什么？

解：组成晶体管放大电路的最基本原则有：

(1) 应有适合晶体管类型的直流电源，既要保证放大电路有合适的静态工作点，又要为放大电路输出提供能源。对于晶体管放大电路，电源的极性和大小应使晶体管发射结处于正向偏置，集电结处于反向偏置，以保证晶体管工作在放大区。

(2) 放大电路中的各电阻取值要得当，使其与电源配合，以保证放大电路有合适的静态工作点、输出信号的不失真。

(3) 输入信号必能够作用于晶体管的输入回路。对于晶体管的输入信号能够改变基极与发射极间的电压(u_{BE})，以改变基极或发射极电流(i_B、i_E)，达到改变晶体管输出回路的电流，使输入信号得以放大。

(4) 接入负载时，应保证晶体管输出回路的动态电流能够作用于负载，从而使负载获得比输入信号大得多的信号(电流或电压)。

2.1.2 共发射极放大电路中各个元件的作用是什么？

解：共发射极放大电路中各个元件的作用如下：

晶体管 T 是放大电路的控制元件(核心元件)，其作用是利用基极电流 i_B 的微小变化，控制集电极电流 i_C 产生较大变化。

直流电源 U_{CC} 除为输出信号提供能量外，还保证晶体管的集电结处于反向偏置，以使晶体管工作在放大状态。

基极电阻 R_B 又称偏置电阻，作用是使晶体管的发射结处于正向偏置，并提供大小适当的基极电流 i_B，以使放大电路具有较合适的静态工作点。

集电极电阻 R_C 也称为集电极负载电阻，其作用是将集电极电流 i_C 的变化变换为电压的变化，以实现电压放大。

耦合电容 C_1、C_2 在放大电路起隔直作用，C_1 用于隔断放大电路与信号源 u_S 之间的直流通路，C_2 用于隔断放大电路与负载 R_L 之间的直流通路，使信号源、放大电路和负载三者之间无直流联系，互不影响。其次又起到耦合交流作用，使交流信号畅通无阻经过放大电路，信号源、放大电路和负载三者间的交流信号畅通。C_1 和 C_2 采用有极性电容器，连接时应注意极性。

2.1.3 在图 2.1.1 所示电路中如果调节电阻 R_B 使基极电位升高，试问 I_C 和集电极电位 V_C 将如何变化？

解：图 2.1.1 所示电路的直流通路如图 2.1.2 所示。由晶体管的输入特性曲线可知，若调节电阻 R_B 使基极电位升高，则发射结正向偏置电压(U_{BE})增大，基极电流 I_B 增大，集电极电流 I_C 随之增大，由式 $V_C=U_{CE}=U_{CC}-R_CI_C$ 可知，集电极电位 V_C 减小。

2.1.4 什么是饱和失真和截止失真？怎样才能消除这两种失真？

解： 如果 Q 设置不合适，晶体管进入截止区或饱和区工作，将造成非线性失真、非线性分饱和失真和截止失真。

若 Q 点设置过高，晶体管进入饱和区工作，由此产生的失真称为饱和失真。消除饱和失真的方法是适当减小基极电流 I_B，即适当增大基极电阻 R_B。

若 Q 点设置太低，晶体管进入截止区工作，由此产生的失真称为截止失真。消除截止失真的方法是适当增加基极电流 I_B，即适当减小基极电阻 R_B。

如果 Q 点设置合适，信号幅值过大也可产生非线性失真，减小信号幅值可消除失真。

2.1.5 信号源内阻 R_S 对放大电路的电压放大倍数有何影响？

分析： 以分压式偏置放大电路为例说明，如解图 2.1.5(a)所示。放大倍数可由微变等效电路求解，如解图 2.1.5(b)所示。

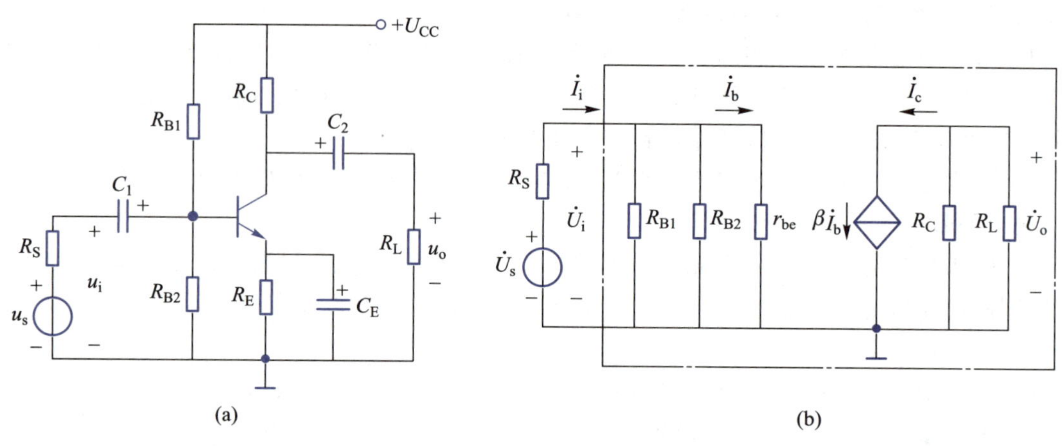

解图 2.1.5

解： 由于信号源内阻 R_S 的存在，放大电路的输入电压 $\dot{U}_i$ 是信号源电压 $\dot{U}_s$ 在 R_S 和 r_i 上的分压值，即

$$\dot{U}_i=\frac{r_i}{R_S+r_i}\dot{U}_s$$

电压放大倍数为

$$A_{us}=\frac{\dot{U}_o}{\dot{U}_s}=\frac{\dot{U}_i}{\dot{U}_s}\cdot\frac{\dot{U}_o}{\dot{U}_i}=\frac{r_i}{R_S+r_i}A_u$$

由于信号源内阻 R_S 的存在，使得电压放大倍数 A_{us} 下降。

2.3.1 为什么说晶体管是受电流控制元件，而场效应管是受电压控制元件？

解： 普通晶体管的发射结内阻很小，集电极电流取决于基极电流的大小，输出的大小由基极电流控制，也就是说必须有基极电流，才可能有集电极电流，故称晶体管为电流控制元件。而场效应管的栅极与漏极源极间电阻很大，几乎没有电流，依靠栅极上施加的电压大小引起漏源极间电流发生变化，输出的大小取决于栅极上的电压。尽管栅极可能有漏电流，但漏电流的大小不影响输出的大小，故称场效应管为电压控制元件。

2.3.2 比较共源极场效应管放大电路和共发射极晶体管放大电路在电路结构上的相似之处。为什么前者的输入电阻高？

解： 如果共源极场效应管放大电路采用分压式偏置电路，其与共发射极晶体管放大电路在

结构上几乎完全相似。因为场效应管本身是电压控制型元件，栅极无电流，故输入电阻很高。电阻 R_G 阻值一般选得很大，可使放大电路具有较高的输入电阻。

2.3.3 如图 2.3.3 所示的自给偏压偏置放大电路中，电阻 R_G 的主要作用是什么？

解：在图 2.3.3 所示的自给偏压偏置放大电路中，R_G 为栅极电阻用来构成栅-源极间的直流通路，即为栅极 G 提供偏压。故电阻 R_G 的作用就是将 R_SI_D 产生的自给偏压耦合到栅极 G 上。另外，电阻 R_G 的阻值不能太小，否则影响放大电路的输入电阻。一般情况下，其阻值通常为 200 kΩ～10 MΩ。

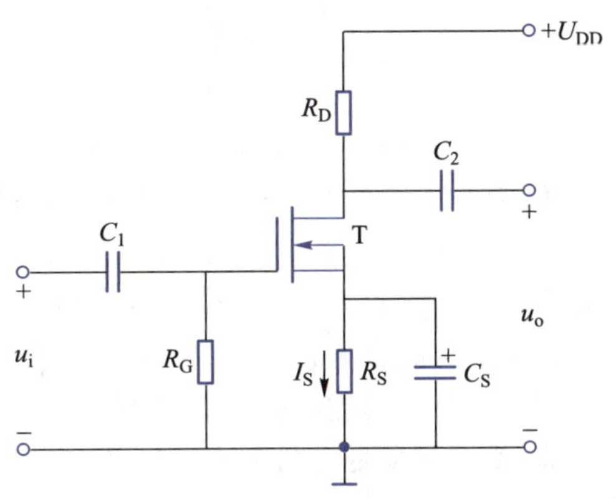

图 2.3.3　自给偏压偏置放大电路

2.4.1 放大电路级间耦合有哪几种方式？与阻容耦合放大电路相比，直接耦合放大电路有哪些特殊问题？

解：多级放大电路级间耦合方式有阻容耦合、直接耦合、变压器耦合和光电耦合等。直接耦合与阻容耦合放大电路相比：

直接耦合放大电路前、后级之间有直流电的联系，优点是可以放大变化缓慢或直流信号，便于集成。缺点是工作点（Q 点）相互影响，有零点漂移现象。在选取 Q 点时，应兼顾前后级的要求。

阻容耦合放大电路前后级间没有直流电的联系，优点是各级 Q 点彼此相互独立。缺点是不能放大变化缓慢或直流信号，耦合电容对低频频率特性有负面作用，电路用的元件较多，不便于集成。

2.4.2 有人用下式计算两级放大电路的放大倍数，即

$$A_u = A_{u1} \cdot A_{u2} = \frac{\dot{U}_{o1}}{\dot{U}_i} \cdot \left(\frac{r_{i2}}{r_{i1} + r_{o1}} \cdot \frac{\dot{U}_o}{\dot{U}_{o1}} \right)$$

式中，$\dot{U}_o$ 和 $\dot{U}_i$ 分别为放大电路的输出与输入电压，$\dot{U}_{o1}$ 为考虑第二级输入电阻后第一级的输出电压，该式是否正确？为什么？

分析：对于多级放大电路总的电压放大倍数是各单级放大倍数的乘积，即有

$$A_u = A_{u1} \cdot A_{u2} \cdot \cdots \cdot A_{un} = \frac{\dot{U}_{o1}}{\dot{U}_i} \cdot \frac{\dot{U}_{o2}}{\dot{U}_{o1}} \cdot \cdots \cdot \frac{\dot{U}_{on}}{\dot{U}_{o(n-1)}}$$

$$= \frac{\dot{U}_{o1}}{\dot{U}_{i1}} \cdot \frac{\dot{U}_{o2}}{\dot{U}_{i2}} \cdot \cdots \cdot \frac{\dot{U}_{on}}{\dot{U}_{in}}$$

式中，$\dot{U}_{i1}$ 为第一级输入电压，$\dot{U}_{i1} = \dot{U}_i$；$\dot{U}_{on}$ 为最后一级的输出电压，$\dot{U}_{on} = \dot{U}_o$。

但在多级放大电路中由于各级之间相互串联，在计算每一级的电压放大倍数时，必须考虑前、后级之间的相互影响。一般是将后一级的输入电阻作为前一级的负载电阻；将前一级的输出电阻作为后一级的信号源内阻。

解：(1) 用题目所给表达式计算两级放大电路的电压放大倍数是不正确的。

(2) 根据上述分析，在计算放大电路第二级的输入电压 $\dot{U}_{i2}$ 应为第一级输出电压 $\dot{U}_{o1}$ 在第二级输入电阻 r_{i2} 的分压。有

$$\dot{U}_{i2}=\frac{r_{i2}}{r_{i2}+r_{o1}}\cdot\dot{U}_{o1}$$

故两级放大电路的放大倍数为

$$A_u=\frac{\dot{U}_o}{\dot{U}_i}=\frac{\dot{U}_{o1}}{\dot{U}_i}\cdot\frac{\dot{U}_o}{\dot{U}_{o1}}=\frac{\dot{U}_{o1}}{\dot{U}_i}\cdot\left(\frac{r_{i2}}{r_{i2}+r_{o1}}\cdot\frac{\dot{U}_o}{\dot{U}_{i2}}\right)=A_{u1}\cdot\frac{r_{i2}}{r_{i2}+r_{o1}}\cdot A_{u2}$$

2.5.1 差分放大电路在结构上有什么特点?

解:差分放大电路结构的主要特点是:没有耦合电容,直接耦合可以放大低频信号;放大电路具有对称性,可以有效抑制零点漂移;输入和输出可分别采用单端或双端四种不同形式;有较大的共模抑制电阻 R_E,对共模信号有很强的抑制作用,对差模信号无影响,为了减小 R_E 上压降对静态工作点的影响,一般采用双电源供电。

2.5.2 什么是差模信号和共模信号?差分放大电路对这两种输入信号如何让区别对待的?

解:差模信号是指两个输入信号大小相等,极性相反,即 $u_{i1}=-u_{i2}$;共模信号是指两个输入信号大小相等,极性相同,即 $u_{i1}=u_{i2}$。差分放大电路对差模信号有放大能力,对共模信号无放大能力(接近于零)。

2.5.3 典型差分放大电路中 R_E 和 R_P 的作用是什么?是不是 R_E 越大越好?R_E 为什么不影响差模信号的放大效果?

解:差分放大电路发射极电阻 R_E 的作用是,降低放大倍数来抑制晶体管的自身零点漂移,以减小放大电路的零点漂移。尽管 R_E 越大,抑制零点漂移的作用越强,但 R_E 过大时会影响 Q 点和电压放大倍数,需要加一路负电源进行补偿。

发射极电阻 R_E 不会影响差模信号的放大效果,原因是差模信号使两管的集电极电流产生异向变化,若电路的对称性较好,则两只晶体管的集电极电流一增一减,变化量相等,通过 R_E 中电流维持不变,其上电压降也保持不变。

平衡电阻 R_P 的作用是克服电路不对称性。因电路不会完全对称,当输入电压为零,两集电极之间电压并不一定等于零,则可通过调节 R_P 改变两管的初始工作状态,从而使输出电压为零。

2.5.4 什么是共模抑制比?怎样计算共模抑制比?

解:共模抑制比 K_{CMR}是指差分放大电路抑制共模信号及放大差模信号的能力,其定义为差模信号放大倍数 A_d 和共模信号放大倍数 A_c之比的绝对值。即

$$K_{CMR}=\left|\frac{A_d}{A_c}\right|$$

用对数形式可表示为

$$K_{CMR}=20\lg\left|\frac{A_d}{A_c}\right|(\text{dB})$$

2.5.5 说明单端输出差分放大电路是如何抑制零点漂移的。

分析:单端输出充分放大电路如解图 2.5.5(a)所示。其分析差模信号、共模信号的等效电路如解图 2.5.5(b)、(c)所示。

解:根据解图 2.5.5(a)所示等效电路,单端输出的差模放大倍数为

$$A_d=-\frac{\beta(R_C/\!/R_L)}{2(R_B+r_{be})}$$

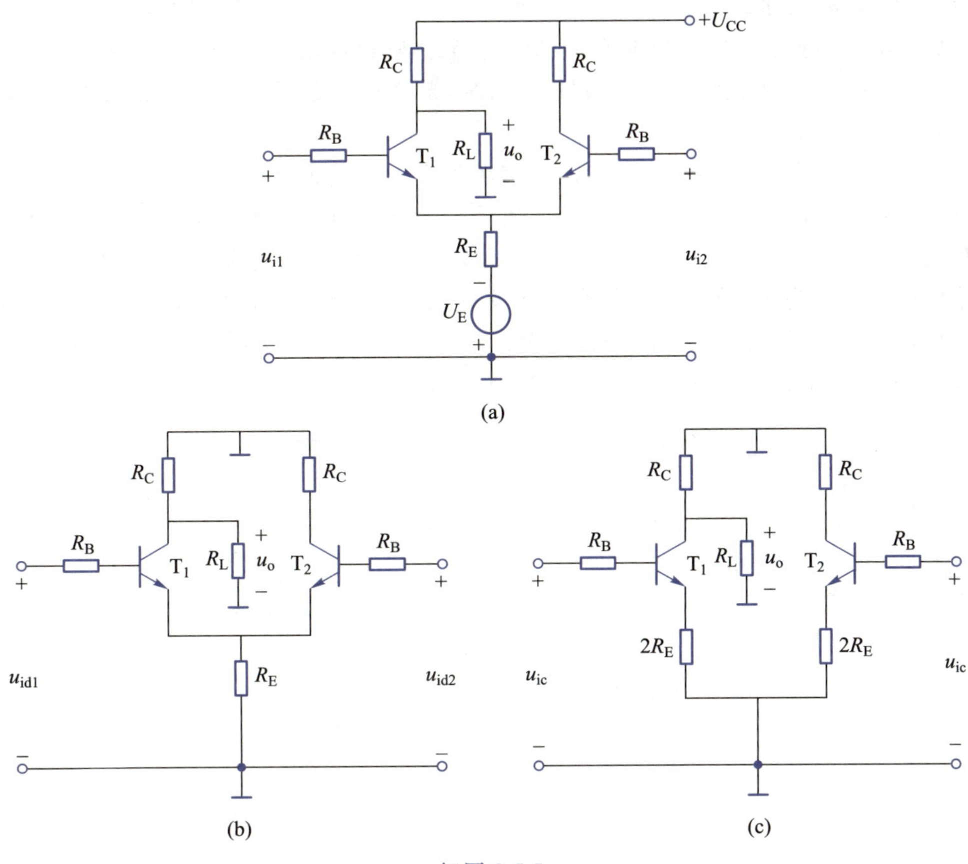

解图 2.5.5

单端输出的共模放大倍数因一般有$(R_B+r_{be})\ll 2(1+\beta)R_E$，故有

$$A_c=\frac{u_{o1}}{u_{ic}}=-\frac{\beta(R_C /\!/ R_L)}{R_B+r_{be}+2(1+\beta)R_E}\approx-\frac{R_C /\!/ R_L}{2R_E}$$

所以，单端输出时的共模抑制比为

$$K_{CMR}=\left|\frac{A_d}{A_c}\right|=\left|\frac{-\beta(R_C /\!/ R_L)/2(R_B+r_{be})}{-(R_C /\!/ R_L)/2R_E}\right|\approx\frac{\beta R_E}{r_{be}}$$

注意：(1) 单端输出时，K_{CMR}也是比较大，具有很好抑制 K_{CMR}的能力。如果电阻 R_E 越大，则 K_{CMR}越大，说明电路抑制 K_{CMR}的能力越强。但 R_E 不可能无限制增大，所以在放大电路中通常采用恒流源电路来提高 K_{CMR}。

(2) 对差分放大电路不论是双端输出，还是单端输出，均具有抑制共模信号的能力，只是双端输出时，能力更强一些，但是用恒流源也可以解决该差异。

2.6.1　什么是甲类放大、甲乙类放大和乙类放大？各有什么特点？

解：甲类放大电路：静态工作点 Q 设置在负载线的中间位置，在输入信号变化的整个周期内，晶体管都有电流通过，即晶体管始终处于导通状态，无波形失真，电源提供的功率主要以热损耗形式消耗在晶体管的集电极。理论上的最高效率只有 50%。

甲乙类放大电路：静态工作点 Q 设置在负载线的靠下位置，使 $I_C<I_{CM}$，在输入信号变化的整个周期内，晶体管有一段时间处于截止状态，无电流通过，输出波形产生失真，但效率略高于甲

类放大,在50%~78%之间。

乙类放大电路:静态工作点Q设置在截止点,晶体管仅在输入信号的半个周期导通,输出波形严重失真,但由于$I_C \approx 0$,静态功耗减到最小,使得放大电路的效率大大提高,理论上最高效率可达78.5%。

2.6.2 乙类功率放大电路为什么会产生交越失真?交越失真如何消除?

解: 在乙类功率放大电路中,由于静态时$I_{C1}=I_{C2}=0$,如解图2.6.2(a)所示。而当输入信号u_i的绝对值小于死区电压u_{on}(即$|u_i|<u_{on}$)时,晶体管T_1、T_2均处于截止状态,在这个接近零值的区域输出信号近似为零,故称输出信号产生交越失真,如解图2.6.2(b)所示。为了消除交越失真,可向晶体管T_1、T_2提供适当的偏置电流,使得静态工作点Q稍高于截止点(避开死区段),使晶体管T_1、T_2的BE间有一定电压,处于微导通工作状态。

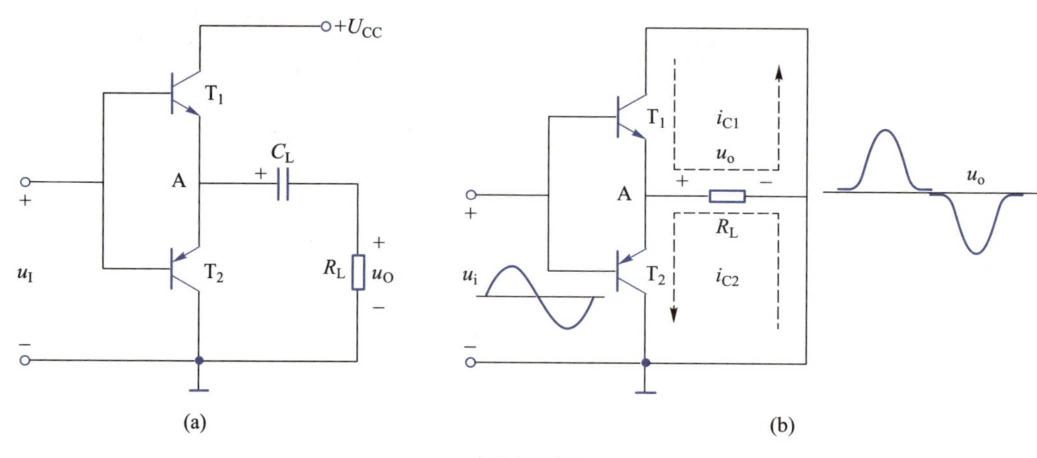

解图 2.6.2

2.6.3 什么是OTL电路?OTL电路是如何工作的?

解: 在互补对称功率放大电路中省去输出变压器的功率放大电路,称为无输出变压器的互补对称功率放大电路,简称OTL电路。

OTL电路的工作分静态和动态考虑(如上题解图2.6.2所示),晶体管T_1和T_2是一对参数对称的NPN型和PNP型,两管均接成射极输出器;输出端有大电容C_L;电路单电源($+U_{CC}$)供电。

静态($u_I=0$)时(如上题解图2.6.2(a)所示),电路中A点电位为$V_A=U_{CC}/2$,电容两端的电压为$u_C=U_{CC}/2$,两管的集电极无电流,即$I_{C1}\approx 0$,$I_{C2}\approx 0$。

动态($u_i\neq 0$)时(如上题解图2.6.2(b)所示),设输入端在$U_{CC}/2$直流基础上加入正弦信号。输入交流信号u_i的正半周,晶体管T_1导通、T_2截止;同时给电容C_L充电;输入交流信号u_i的负半周,晶体管T_2导通、T_1截止;电容C_L开始放电,相当于负电源($-U_{CC}$)作用于电路。若输出电容足够大,其上电压基本保持不变,则负载电阻R_L上产生等值反向的输出电流i_O和输出电压u_O。

§2.5 习题解答

2.1 在图2.01所示(a)、(b)、(c)、(d)、(e)、(f)6个电路中,哪几个电路可正常工作,为什么?

分析: 判断放大电路对输入信号有无放大作用,按下列步骤进行:

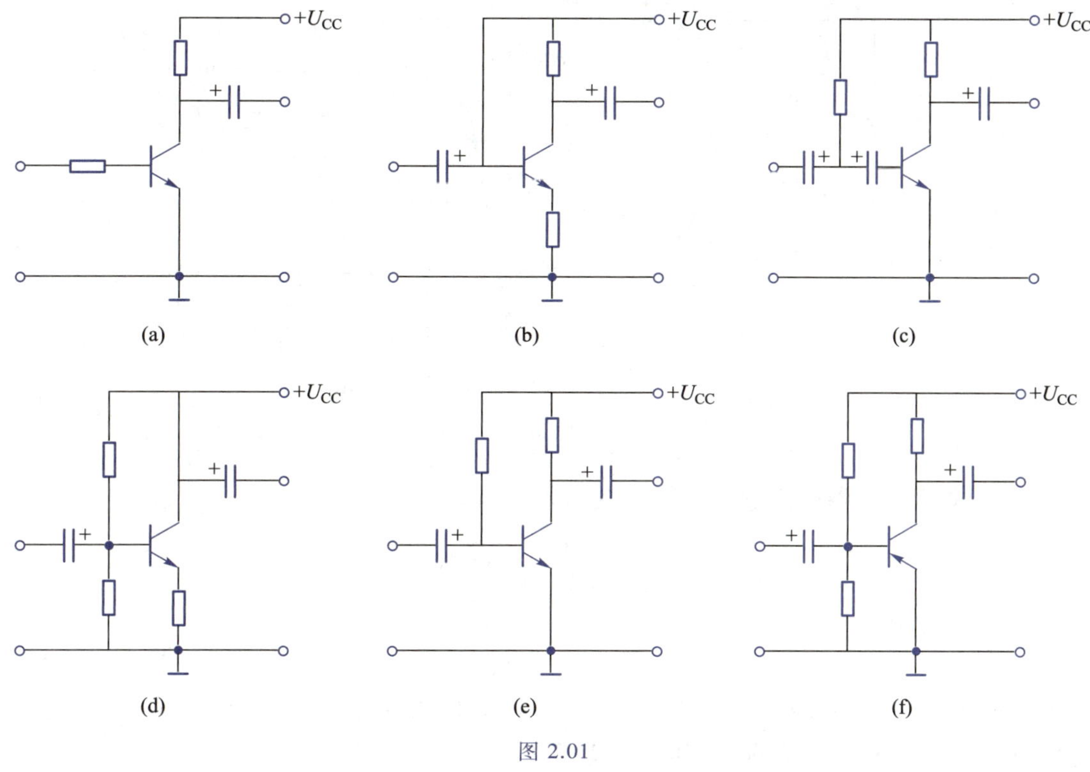

图 2.01

（1）晶体管是否满足发射结正偏，集电结反偏的外部条件（NPN 型管组成的电路，U_{CC}正极接集电极 C，负极接“地”；PNP 型管组成的电路，U_{CC}的负极接集电极 C，正极接“地”）。

（2）有无完整的直流通路（即有无偏流 I_B 的产生、流通的路径）。

（3）有无完整的交流通路（即有无交流信号的输入、输出路径）。

（4）晶体管（根据电路参数的计算）是否工作在放大区。

解：图 2.01（a）不能正常工作。电路中没有基极正向偏置电压，晶体管得不到正常的偏流（$I_B \approx 0$），不可能保证发射结正偏，应增加适当基极电容 C_1、基极电阻 R_B。

图 2.01（b）不能正常工作。电阻 $R_{B1}=0$，从直流通路可见，电源 U_{CC}直接接至基极，晶体管发射结因电压过高而损坏；从交流通路可见，输入信号被短路。应增加适当的基极电阻 R_{B1}。

图 2.01（c）不能正常工作。由于电阻 R_B 与基极间电容 C_2 的存在，故基极没有偏置电流 I_B。应去掉该电容 C_2。

图 2.01（d）不能正常工作。无集电极负载电阻 R_C，集电极电位恒为 U_{CC}，对交流信号集电极对“地”短路。应增加适当的集电极电阻 R_C。

图 2.01（e）可以正常工作。

图 2.01（f）不能正常工作。电源 U_{CC}极性有误。应更改电源 U_{CC}极性。

2.2 在图 2.02（a）所示的基本放大电路中，3DG6 型晶体管的输出特性曲线如图 2.02（b）所示。设 $U_{CC}=12$ V，$R_B=200$ kΩ，$R_C=2$ kΩ。

（1）试求静态工作点 Q_0；

（2）若 R_C 由 2 kΩ 增大到 4 kΩ，工作点 Q_1 移到何处？

（3）若 R_B 由 200 kΩ 变为 150 kΩ，工作点 Q_2 移到何处？

（4）若 U_{CC}由 12V 变为 16V，工作点 Q_3移到何处？

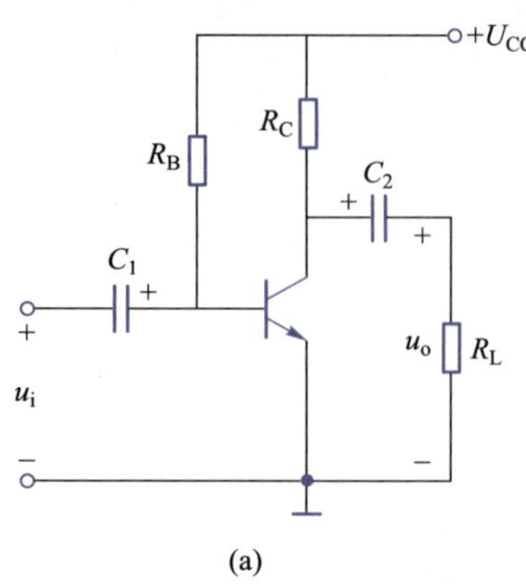

(a)

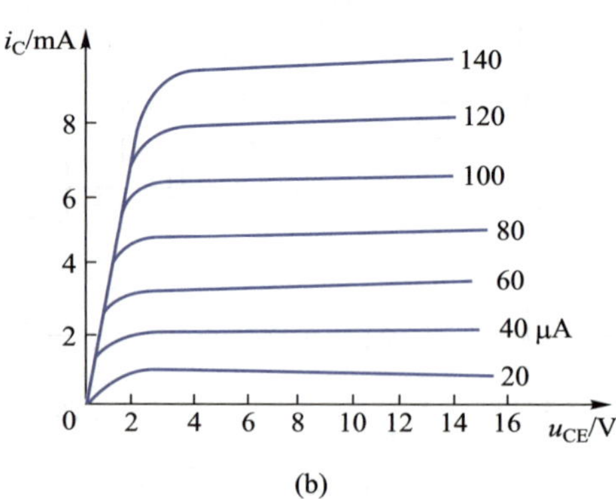

(b)

图 2.02

解:(1) 做直流负载线,求静态工作点 Q_0,故有

$$I_B \approx \frac{U_{CC}}{R_B} = \frac{12}{200\times10^3}\ \text{A} = 60\ \mu\text{A}$$

根据电路方程则有

$$U_{CE} = U_{CC} - R_C I_C = 12 - 2\times10^3 I_C$$

由此可得两点 A(12 V,0 mA)、B(0 V,6 mA)。连接 AB 得到直流负载线,则 Q_0 点的参数为($U_{CE}=5$ V,$I_B=60$ μA,$I_C=3.5$ mA),如解图 2.02 所示。

(2) 如果 $R_C=4$ kΩ,则有

$$U_{CE} = U_{CC} - R_C I_C = 12 - 4\times10^3\times I_C$$

得到的两点 A(12 V,0 mA),B(0 V,3 mA),了解 AB 得到直流负载线,则 Q_1 点的参数为($U_{CE}=1$ V,$I_B=60$ μA,$I_C=3$ mA),如解图 2.02 所示。

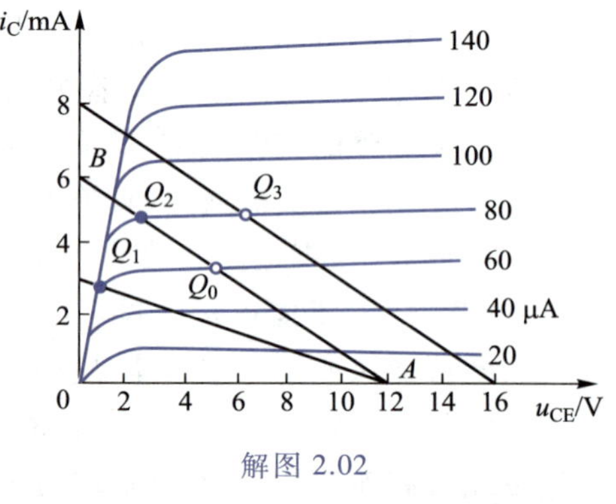

解图 2.02

(3) 如果 $R_B=150$ kΩ,则有

$$I_B \approx \frac{U_{CC}}{R_B} = \frac{12}{150\times10^3}\ \text{A} = 80\ \mu\text{A}$$

根据电路方程 $U_{CE}=U_{CC}-R_C I_C=12-2\times10^3 I_C$,可得两点 A(12 V,0 mA),B(0 V,6 mA),与(1)的直流负载线重合,Q_2 点沿 Q_0 点上移,Q_2 点参数为($U_{CE}=2.5$ V,$I_B=80$ μA,$I_C=5$ mA)如解图 2.02 所示。

(4) 如果 $U_{CC}=16$V,则有

$$I_B \approx \frac{U_{CC}}{R_B} = \frac{16}{200\times10^3}\text{A} = 80\ \mu\text{A}$$

根据电路方程则有

$$U_{CE} = U_{CC} - R_C I_C = 16 - 2\times10^3 I_C$$

由此可得两点 A(16 V,0 mA)、B(0 V,8 mA)。连接 AB 得到直流负载线,则 Q_3 点的参数为($U_{CE}=6.5$ V,$I_B=80$ μA,$I_C=5$ mA),相当于问题(1)或(3)中的直流负载线右平移,如解图 2.02 所示。

注意:作图法特点比较直观,但相对较为繁琐,因此应重点关注估算法。

2.3　图 2.02(a)所示的电路中,若 $U_{CC}=10$ V,要求 $U_{CE}=5$ V,$I_C=2$ mA,设晶体管的 $\beta=40$。试求电路中 R_C 和 R_B 的阻值。

解：基极电流为

$$I_B=\frac{I_C}{\beta}=\frac{2\times10^{-3}}{40}\ \text{A}=0.05\times10^{-3}\ \text{A}$$

则基极电阻为

$$R_B=\frac{U_{CC}}{I_B}=\frac{10}{0.05\times10^{-3}}\ \Omega=200\ \text{k}\Omega$$

集电极电阻为

$$R_C=\frac{U_{CC}-U_{CE}}{I_C}=\frac{10-5}{2\times10^{-3}}\ \Omega=2.5\ \text{k}\Omega$$

2.4　图 2.03 所示放大电路是分压式偏置的共发射极放大电路。已知 $U_{CC}=12\ \text{V}$，$R_{B1}=22\ \text{k}\Omega$，$R_{B2}=4.7\ \text{k}\Omega$，$R_E=1\ \text{k}\Omega$，$R_C=2.5\ \text{k}\Omega$，$\beta=50$，$r_{be}=1.3\ \text{k}\Omega$。试求：

（1）Q 点；

（2）空载时的电压放大倍数；

（3）$R_L=4\ \text{k}\Omega$ 时的电压放大倍数。

解：（1）估算法计算 Q 点各参数，则分别有

$$V_B=\frac{R_{B2}}{R_{B1}+R_{B2}}U_{CC}=\frac{4.7\times10^3}{22\times10^3+4.7\times10^3}\times12\ \text{V}=2.1\ \text{V}$$

$$V_E=V_B-U_{BE}=(1+\beta)R_EI_B$$

$$I_B=\frac{V_B-U_{BE}}{(1+\beta)R_E}=\frac{2.1-0.6}{(1+50)\times1\times10^3}\ \text{A}=29.41\ \mu\text{A}$$

$$I_C=\beta I_B=50\times29.41\ \mu\text{A}=1.47\ \text{mA}$$

$$U_{CE}=U_{CC}-R_CI_C-V_E=U_{CC}-R_CI_C-(V_B-U_{BE})=(12-2.5\times10^3\times1.47\times10^{-3}-1.5)\ \text{V}$$
$$=6.825\ \text{V}$$

（2）空载时的微变等效电路如解图 2.03 所示，则电压放大倍数为

$$A_u=\frac{\dot U_o}{\dot U_i}=\frac{-\beta R_C\dot I_b}{r_{be}\dot I_b}=-\frac{\beta R_C}{r_{be}}=-\frac{50\times2.5\times10^3}{1.3\times10^3}=-96.15$$

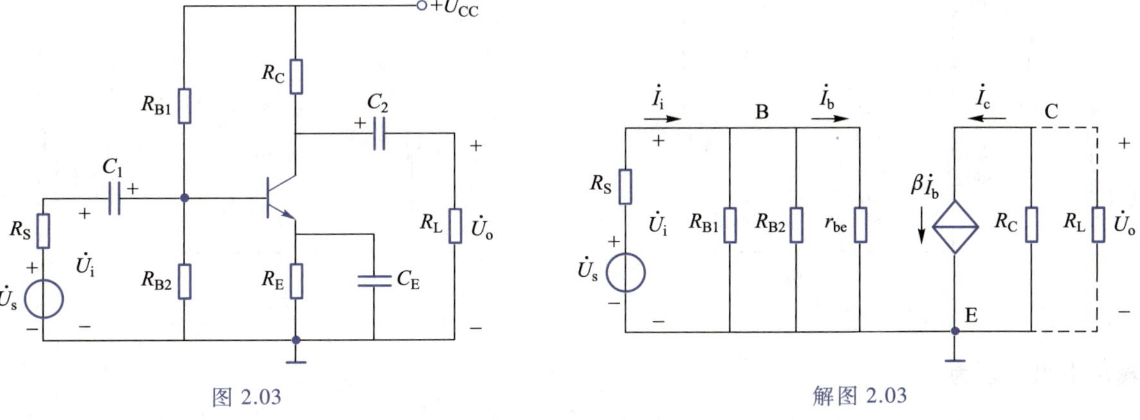

图 2.03　　　　解图 2.03

（3）当负载电阻 $R_L=4\ \text{k}\Omega$ 时，则电压放大倍数为

$$A_u=\frac{\dot U_o}{\dot U_i}=-\frac{\beta R_L'}{r_{be}}=-\frac{50\times\frac{2.5\times4}{2.5+4}\times10^3}{1.3\times10^3}=-59.17$$

2.5 图 2.03 所示电路中,如果设 $R_{B1}=47\ \text{k}\Omega$,$R_{B2}=15\ \text{k}\Omega$,$R_C=3\ \text{k}\Omega$,$R_E=1.5\ \text{k}\Omega$,$R_L=2\ \text{k}\Omega$,$\beta=50$,$r_{be}=1.2\ \text{k}\Omega$,$U_{CC}=12\ \text{V}$。要求:

(1) 画出放大电路的微变等效电路;

(2) 计算输入电阻 r_i 和输出电阻 r_o;

(3) 计算电压放大倍数 A_u。

解:(1) 放大电路的微变等效电路,如解图 2.03 所示。

(2) 放大电路的输入电阻、输出电阻分别为

$$r_i=R_{B1}/\!/R_{B2}/\!/r_{be}=\frac{\frac{47\times15}{47+15}\times1.2}{\frac{47\times15}{47+15}+1.2}\ \text{k}\Omega=1.09\ \text{k}\Omega$$

$$r_o=R_C=3\ \text{k}\Omega$$

(3) 电压放大倍数为

$$A_u=-\beta\frac{R_C/\!/R_L}{r_{be}}=-50\times\frac{\frac{3\times2}{3+2}\times10^3}{1.2\times10^3}=-50$$

2.6 在图 2.04 所示电路中,已知 $\beta=60$,$r_{be}=1.8\ \text{k}\Omega$,信号源的输入信号电压 $U_S=15\ \text{mV}$,内阻 $R_S=0.6\ \text{k}\Omega$,各个电阻和电容的数值已标在电路图中。试求:

(1) 放大电路的输入电阻 r_i 和输出电阻 r_o;

(2) 输出电压 U_o;

(3) 如果 $R''_E=0$ 时,U_o 的值。

解:(1) 放大电路的微变等效电路如解图 2.04 所示,则输入电阻为

$$\begin{aligned}r_i&=R_{B1}/\!/R_{B2}/\!/[r_{be}+(1+\beta)R''_E]\\&=6.23\ \text{k}\Omega\end{aligned}$$

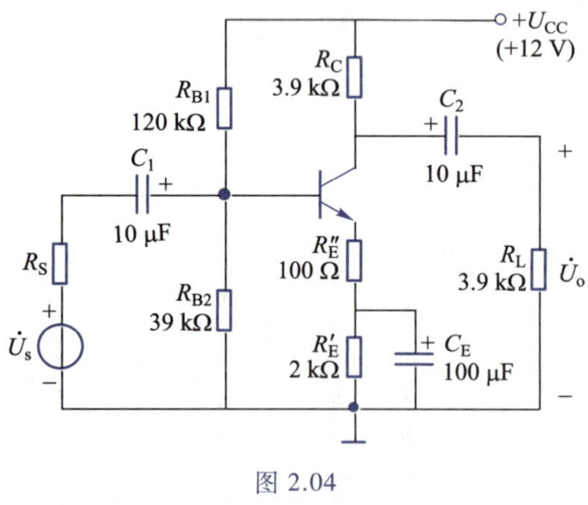

图 2.04

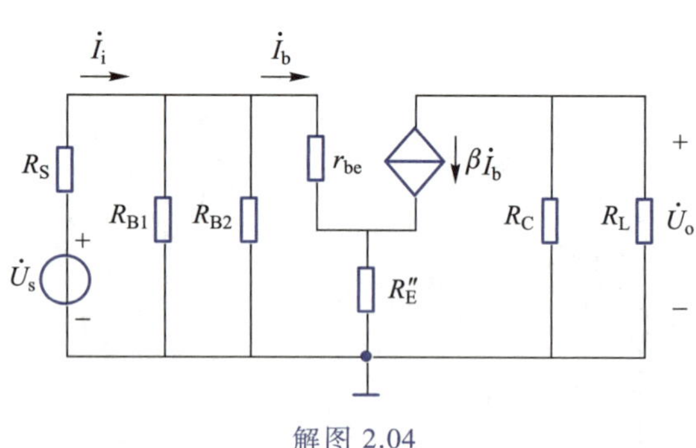

解图 2.04

输出电阻分别为

$$r_o\approx R_C=3.9\ \text{k}\Omega$$

(2) 因电压放大倍数为

$$A_u=-\beta\frac{R_L/\!/R_C}{r_{be}+(1+\beta)R''_E}=-60\times\frac{\frac{3.9\times3.9}{3.9+3.9}}{1.8+(1+60)\times0.1}=-14.8$$

输入电压为

$$U_i=\frac{r_i}{R_S+r_i}U_S=\frac{6.23}{0.6+6.23}\times15\times10^{-3}\ \text{V}=13.7\ \text{mV}$$

所以,放大电路的输出电压为

$$U_o=U_iA_u=-13.7\times14.8\ \text{mV}=-202.76\ \text{mV}$$

(3) 当 $R''_E=0$ 时,则输入电阻为

$$r_i=R_{B1}/\!/R_{B2}/\!/r_{be}=\frac{\frac{120\times39}{120+39}\times1.8}{\frac{120\times39}{120+39}+1.8}\ \text{k}\Omega=1.7\ \text{k}\Omega$$

电压放大倍数为

$$A_u=-\beta\frac{R_L/\!/R_C}{r_{be}}=-60\times\frac{\frac{3.9\times3.9}{3.9+3.9}}{1.8}=-65$$

输入电压为

$$U_i=\frac{r_i}{R_S+r_i}U_S=\frac{1.7}{0.6+1.7}\times15\times10^{-3}\ \text{V}=11.1\ \text{mV}$$

故放大电路的输出电压为

$$U_o=U_iA_u=-11.1\times65\ \text{mV}=721.5\ \text{mV}$$

注意:信号源内阻 R_S 会使放大倍数 A_u 下降,输出电压 U_o 下降。当有负反馈($R''_E\neq0$)时,会引起放大倍数的下降。

2.7 图 2.05 所示射极输出器电路中,已知 $r_{be}=0.45\ \text{k}\Omega$,$\beta=50$。试求:

(1) Q 点;

(2) 输入电阻 r_i;

(3) 电压放大倍数 A_u。

解:(1) 放大电路的 Q 点参数分别为

$$I_B=\frac{U_{CC}-U_{BE}}{R_B+(1+\beta)R_E}=\frac{20-0.6}{30\times10^3+(1+50)\times800}\text{A}=274\ \mu\text{A}$$

$$I_C=\beta I_B=50\times274\ \mu\text{A}=13.7\ \text{mA}$$

$$U_{CE}=U_{CC}-(1+\beta)R_EI_B=[20-(1+50)\times800\times274\times10^{-6}]\ \text{V}=8.8\ \text{V}$$

(2) 放大电路的微变等效电路如解图 2.05 所示。故输入电阻为

$$r_i=R_B/\!/[r_{be}+(1+\beta)R'_L]=R_B/\!/[r_{be}+(1+\beta)\times(R_E/\!/R_L)]$$
$$=13.6\ \text{k}\Omega$$

$$R'_L=R_E/\!/R_E=4.8\ \text{k}\Omega$$

(3) 电压放大倍数为

$$A_u=\frac{\dot{U}_o}{\dot{U}_i}=\frac{(1+\beta)R'_L}{r_{be}+(1+\beta)R'_L}$$
$$=0.98$$

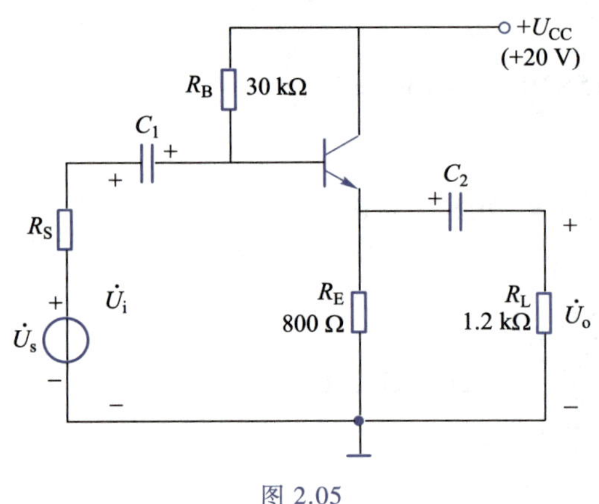

图 2.05

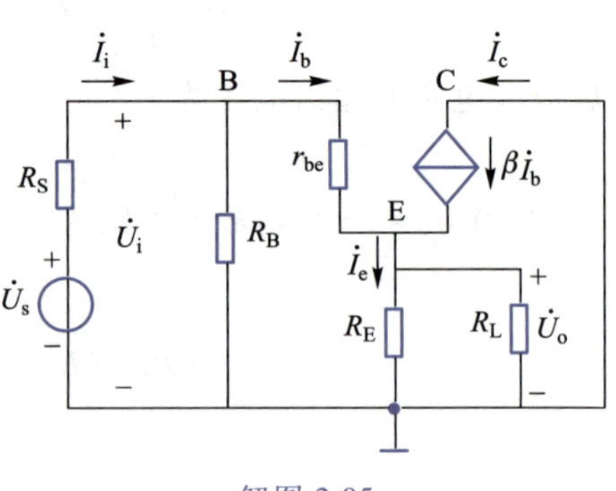

解图 2.05

2.8 图 2.06 所示的两级阻容耦合放大电路中，已知 $\beta_1=\beta_2=50$，$r_{be1}=1.37\ \text{k}\Omega$，$r_{be2}=0.89\ \text{k}\Omega$，电路中的各电阻值如图所示。试求：

(1) T_1、T_2 的 Q 点；

(2) 画出放大电路的微变等效电路；

(3) 计算电路的输入电阻 r_i 和输出电阻 r_o；

(4) 电压放大倍数 A_{u1}、A_{u2}、A_u。

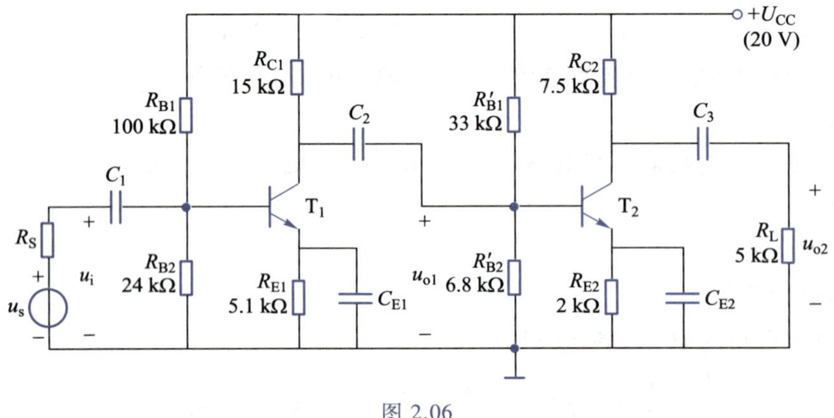

图 2.06

解：(1) 第一级静态工作点各参数分别为

$$V_{B1}=\frac{R_{B2}}{R_{B1}+R_{B2}}U_{CC}=\frac{24}{24+100}\times 20\ \text{V}=3.87\ \text{V}$$

$$I_{C1}\approx I_{E1}=\frac{V_{B1}-U_{BE1}}{R_{E1}}=\frac{3.87-0.6}{5.1\times 10^3}\ \text{A}=0.64\ \text{mA}$$

$$I_{B1}\approx\frac{I_{C1}}{\beta_1}=\frac{0.64}{50}\ \text{mA}=12.8\ \mu\text{A}$$

$$U_{CE1}=U_{CC}-R_{C1}I_{C1}-R_{E1}I_{E1}=U_{CC}-(R_{C1}+R_{E1})I_{C1}$$

$$=[20-(15\times 10^3+5.1\times 10^3)\times 0.64\times 10^{-3}]\ \text{V}=7.14\ \text{V}$$

第二级静态工作点各参数为

$$V_{B2}=\frac{R'_{B2}}{R'_{B1}+R'_{B2}}U_{CC}=\frac{6.8}{33+6.8}\times 20\ \text{V}=3.42\ \text{V}$$

$$I_{C2}\approx I_{E2}=\frac{V_{B2}-U_{BE2}}{R_{E2}}=\frac{3.42-0.6}{2\times 10^3}\ \text{A}=1.41\ \text{mA}$$

$$I_{B2}\approx\frac{I_{C2}}{\beta_2}=\frac{1.41}{50}\ \text{mA}=28.2\ \mu\text{A}$$

$$\begin{aligned}U_{CE2}&=U_{CC}-R_{C2}I_{C2}-R_{E2}I_{E2}=U_{CC}-(R_{C2}+R_{E2})I_{C2}\\&=[20-(7.5\times 10^3+2\times 10^3)\times 1.41\times 10^{-3}]\ \text{V}=6.61\ \text{V}\end{aligned}$$

（2）放大电路的微变等效电路，如解图 2.06 所示。

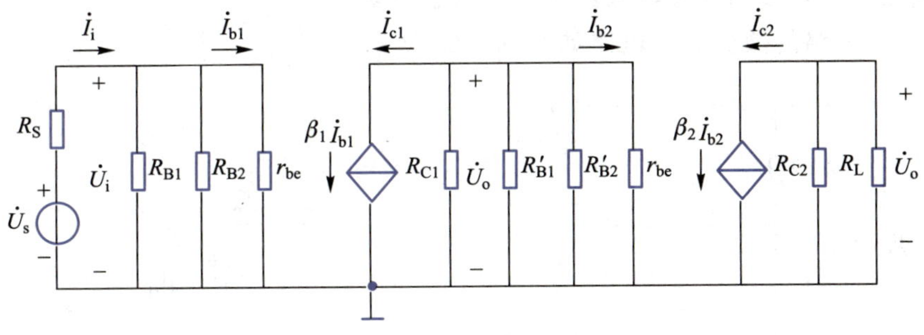

解图 2.06

（3）第一级的输入电阻为

$$r_i=r_{i1}=R_{B1}/\!/R_{B2}/\!/r_{be1}=\frac{\frac{24\times 100}{24+100}\times 1.37}{\frac{24\times 100}{24+100}+1.37}\ \text{k}\Omega=1.28\ \text{k}\Omega$$

第二级的输入电阻为

$$r_{i2}=R'_{B1}/\!/R'_{B2}/\!/r_{be2}=\frac{\frac{6.8\times 33}{6.8+33}\times 0.89}{\frac{6.8\times 33}{6.8+33}+0.89}\ \text{k}\Omega=0.77\ \text{k}\Omega$$

放大电路的输出电阻为

$$r_o\approx R_{C2}=7.5\ \text{k}\Omega$$

（4）第一级电压放大倍数为

$$A_{u1}=-\beta_1\frac{R_{C1}/\!/r_{i2}}{r_{be1}}=-50\times\frac{\frac{15\times 0.77}{15+0.77}}{1.37}=-26.73$$

第二级电压放大倍数为

$$A_{u2}=-\beta_2\frac{R_{C2}/\!/R_L}{r_{be2}}=-50\times\frac{\frac{7.5\times 5}{7.5+5}}{0.89}=-168.54$$

放大电路的总放大倍数为

$$A_u = A_{u1} \cdot A_{u2} = (-26.73)\times(-168.54) = 4\ 505.07$$

2.9 在图2.07所示放大电路中，设 $\beta=50$。要求：

（1）画出微变等效电路；

（2）电压放大倍数 $A_{u1}=\dfrac{\dot{U}_{o1}}{\dot{U}_i}$，$A_{u2}=\dfrac{\dot{U}_{o2}}{\dot{U}_i}$；

（3）输出电压 $\dot{U}_{o1}$ 和 $\dot{U}_{o2}$ 的相位关系如何？

分析：图2.07所示电路仍为基本放大电路。电压 $\dot{U}_{o1}$ 为集电极输出电压；$\dot{U}_{o2}$ 为发射极输出电压。可分别按共发射极和共集电极放大电路分析计算。

解：（1）放大电路的微变等效电路如解图2.07所示。

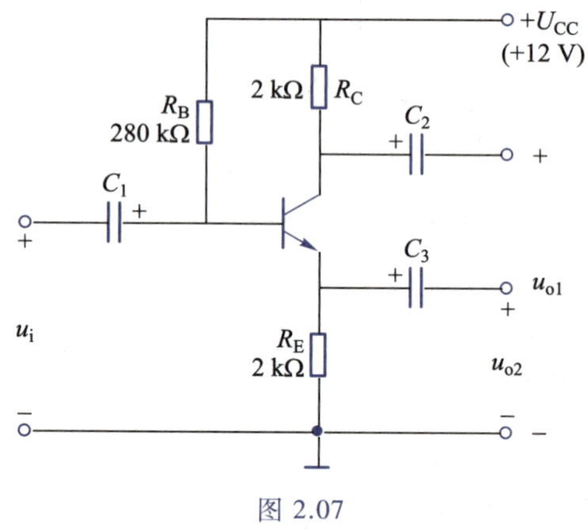

图2.07

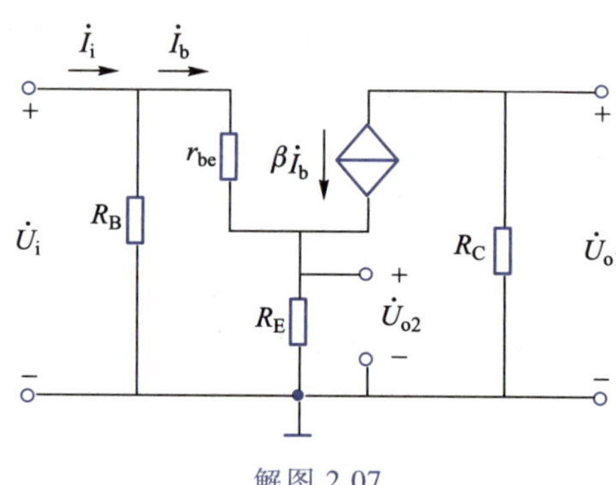

解图2.07

（2）放大电路输入输出电压分别有

$$\dot{U}_i = r_{be}\dot{I}_b + (1+\beta)R_E\dot{I}_b$$

$$\dot{U}_{o1} = -\beta R_C\dot{I}_b$$

$$\dot{U}_{o2} = (1+\beta)R_E\dot{I}_b$$

电路中的静态值分别有

$$I_B = \frac{U_{CC}-U_{BE}}{R_B+(1+\beta)R_E} = \frac{12-0.6}{280\times10^3+(1+50)\times2\times10^3}\text{A} = 0.03\ \text{mA}$$

$$I_E = (1+\beta)I_B = (1+50)\times0.03\times10^{-3}\ \text{A} = 1.53\ \text{mA}$$

$$r_{be} = 200+(1+\beta)\frac{26}{I_E} = 200+(1+50)\frac{26}{1.53}\ \Omega = 1.07\ \text{k}\Omega$$

各电压放大倍数分别为

$$A_{u1} = -\frac{\beta R_C}{r_{be}+(1+\beta)R_E} = -\frac{50\times2}{1.07+(1+50)\times2} \approx -0.97$$

$$A_{u2} = \frac{(1+\beta)R_E}{r_{be}+(1+\beta)R_E} = \frac{51\times2}{1.07+(1+50)\times2} \approx 0.99$$

（3）由上述计算结果可见，输出电压$\dot{U}_{o1}$和$\dot{U}_{o2}$的相位相反。

注意：该题输出电压分别有集电极和发射极引出，电压放大倍数的绝对值尽管相等，但其输出电阻有很大差异。集电极输出时输出电阻值较大，而发射极输出时输出电阻值较小。另外，可以得到两个相位相反的输出电压。

2.10 如图2.08所示电压放大电路，$\beta_1=\beta_2=40$，其他元件参数如图所示。要求：

（1）试求Q点；

（2）画出微变等效电路；

（3）计算输入电阻r_i和输出电阻r_o；

（4）计算电压放大倍数A_u。

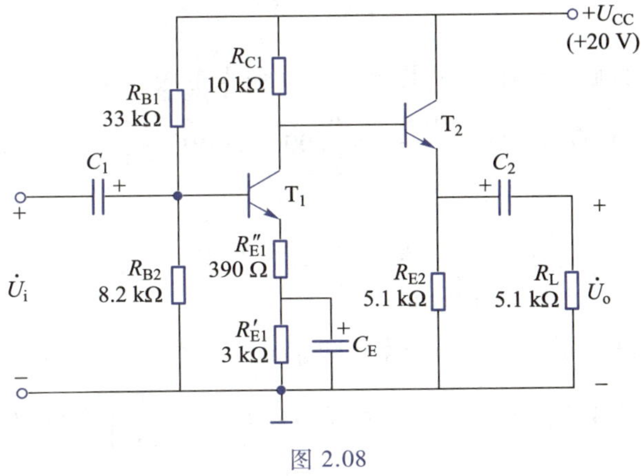

图 2.08

解：（1）该题第一级与第二级为直接耦合（直流通路相互连接），各级的静态工作点相互影响。故静态分析的思路：$V_{B1}\to V_{E2}\to I_{E1}(I_{C1})\to V_{C1}\to V_{E2}\to I_{E2}\to U_{CE2}$。

第一级静态值分别为

$$V_{B1}=\frac{R_{B2}}{R_{B1}+R_{B2}}U_{CC}=\frac{8.2}{8.2+33}\times 20\ \text{V}\approx 3.98\ \text{V}$$

$$I_{E1}=\frac{V_{B1}-U_{BE1}}{R'_{E1}+R''_{E1}}=\frac{3.98-0.6}{3\times 10^3+0.39\times 10^3}\ \text{A}\approx 1\ \text{mA}$$

$$I_{B1}=\frac{I_{C1}}{\beta_1}=\frac{1}{50}\ \text{mA}\approx 20\ \mu\text{A}$$

$$U_{CE1}=U_{CC}-(R'_{E1}+R''_{E1}+R_{C1})I_{E1}=(20-13.39\times 1)\ \text{V}=6.61\ \text{V}$$

第二级静态值分别为

$$V_{B2}=V_{C1}=U_{CC}-R_{C1}I_{C1}=(20-10\times 1)\ \text{V}=10\ \text{V}$$

$$I_{E2}=\frac{V_{C2}-U_{BE2}}{R_{E2}}=\frac{10-0.7}{5.1\times 10^3}\ \text{A}\approx 1.82\ \text{mA}$$

$$I_{B2}=\frac{I_{C2}}{\beta_2}=\frac{1.82\times 10^{-3}}{50}\ \text{mA}\approx 36.4\ \mu\text{A}$$

$$U_{CE2}=U_{CC}-R_{E2}I_{E2}=(20-5.1\times 1.82)\ \text{V}=10.7\ \text{V}$$

(2) 微变等效电路如解图 2.08 所示。

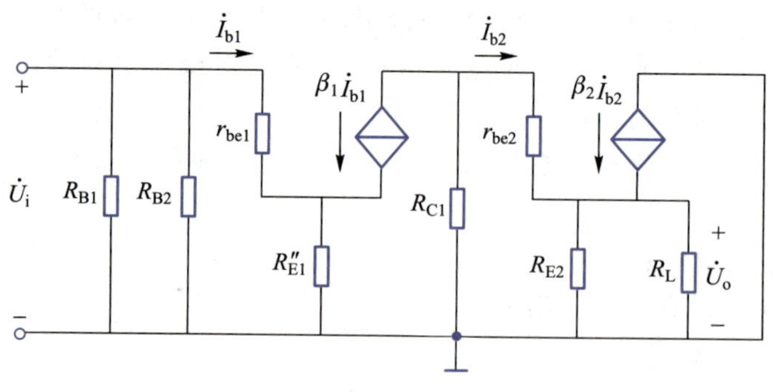

解图 2.08

(3) 两级放大电路的输入电阻 r_i 就是第一级的输入电阻 r_{i1}。因有

$$r_{be1}=200\ \Omega+(1+\beta_1)\frac{26\ \text{mV}}{I_{E1}}=\left[200+(1+40)\frac{26}{1}\right]\ \Omega=1.266\ \text{k}\Omega$$

故有

$$\begin{aligned}r_i&=R_{B1}/\!/R_{B2}/\!/[r_{be1}+(1+\beta_1)R''_{E1}]\\&=4.75\ \text{k}\Omega\end{aligned}$$

两级放大电路的输出电阻 r_o 就是第二级的输出电阻 r_{o2}。又因有

$$r_{be2}=200\ \Omega+(1+\beta_2)\frac{26\ \text{mV}}{I_{E2}}=\left[200+(1+40)\frac{26}{1.82}\right]\ \Omega=0.786\ \text{k}\Omega$$

所以,输出电阻 r_o 为

$$r_o=R_{E2}/\!/\frac{r_{be2}+R_{C1}}{1+\beta_2}=0.25\ \text{k}\Omega$$

(4) 电压放大倍数的计算时,必须考虑第二级的输入电阻 r_{i2} 和第一级的等效负载电阻 R'_{L1}。则有

$$R'_L=R_{E2}/\!/R_L=\frac{5.1\times5.1}{5.1+5.1}\ \text{k}\Omega=2.55\ \text{k}\Omega$$

$$r_{i2}=r_{be2}+(1+\beta_2)R'_L=[0.786+(1+40)\times2.55]\text{k}\Omega=105.34\ \text{k}\Omega$$

$$R'_{L1}=R_{C1}/\!/r_{i2}=\frac{10\times105.34}{10+105.34}\ \text{k}\Omega=9.13\ \text{k}\Omega$$

所以,第一级的放大倍数 A_{u1} 为

$$A_{u1}=-\frac{\beta_1R'_{L1}}{r_{be1}+(1+\beta_1)R''_{E1}}=-\frac{40\times9.13}{1.266+(1+40)\times0.39}=-21.16$$

第二级的放大倍数 A_{u2} 为

$$A_{u2}=\frac{(1+\beta_2)R'_L}{r_{be2}+(1+\beta_2)R'_L}=\frac{(1+40)\times2.55}{0.786+(1+40)\times2.55}=0.99$$

放大电路的放大倍数 A_u 为

$$A_u=A_{u1}\times A_{u2}=(-21.95)\times0.99=-20.95$$

注意:在计算第一级放大倍数时,必须将第二级的输入电阻作为第一级的负载电阻考虑。

2.11 图 2.09 所示射极输出器中,设 $R_B=470\ \text{k}\Omega$,$R_{E1}=R_{E2}=39\ \text{k}\Omega$,$\beta_1=\beta_2=60$,$r_{be1}=r_{be2}=1\ \text{k}\Omega$。要求:

（1）计算 $R_L = 680\ \Omega$ 分别接在第一级输出端和第二级输出端时的输入电阻 r_i；

（2）比较输入电阻，说明两级射极输出器的优点。

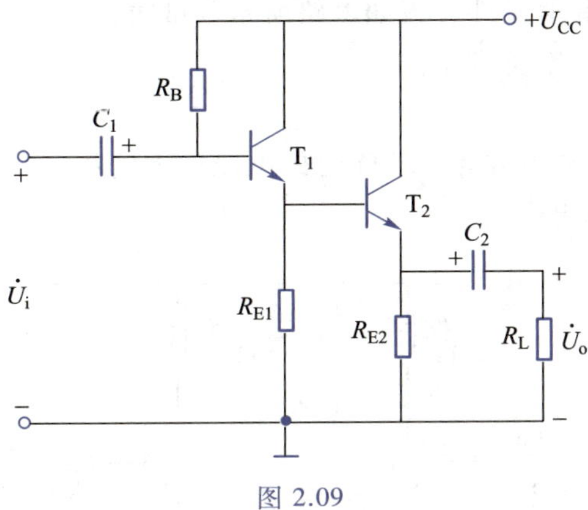

图 2.09

分析：如果断开电路的第二级，如解图 2.09(a)所示。负载电阻 R_L 接第一级输出端（A 点处），此时电路为单射极输出器。本题的目的是要求对单射极输出器和双射极输出器电路进行比较。

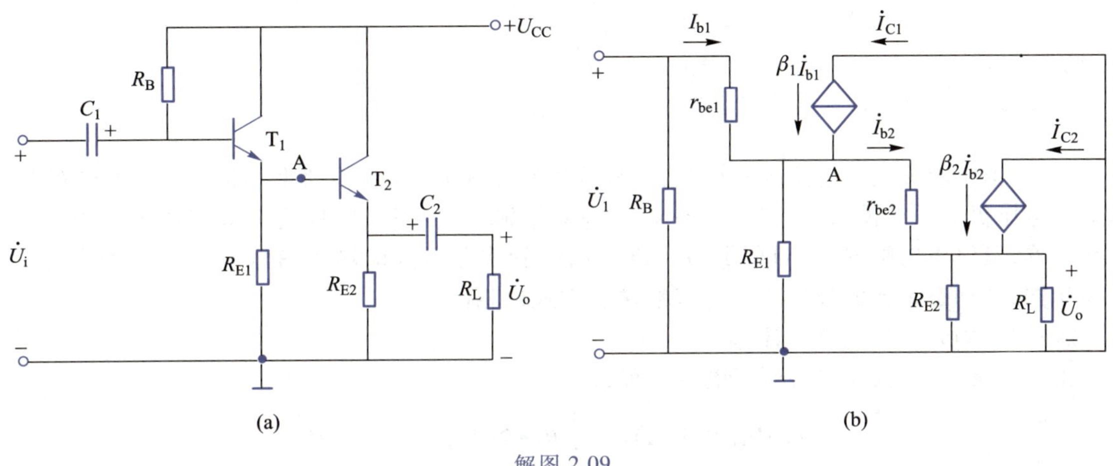

解图 2.09

解：（1）微变等效电路，如解图 2.09(b)所示。第一级射极输出器的输入电阻 r_i 从 A 点处断开，接上负载电阻 R_L，则有

$$r_i = R_B /\!/ [r_{be1} + (1+\beta_1)R_L'] = R_B /\!/ [r_{be1} + (1+\beta)\times(R_{E1} /\!/ R_L)]$$

$$= 470 /\!/ \left[1 + (1+60)\times\frac{3.9\times 0.68}{3.9+0.68}\right]\ \text{k}\Omega = 33.72\ \text{k}\Omega$$

（2）两级射极输出器的输入电阻为

$$r_i' = R_B /\!/ [r_{be1} + (1+\beta_1)\times(r_{i2} /\!/ R_{E2})]$$

其中，第二级的输入电阻为

$$r_{i2} = r_{be2} + (1+\beta_2)\times(R_{E2} /\!/ R_{L1}) = (1+61\times 0.58)\ \text{k}\Omega = 36.38\ \text{k}\Omega$$

故有

$$r_i' = 470 /\!/ \left[1 + (1+60)\times\frac{3.9\times 36.38}{3.9+36.38}\right]\ \text{k}\Omega = 147.93\ \text{k}\Omega$$

注意：比较(1)、(2)结果可知，两级射极输出器具有更高的输入电阻，隔离了负载对输入电

阻的影响,阻抗变换作用更强,减轻了信号源负担。

2.12 图2.10所示是单端输入、双端输出的差动放大电路。已知 $\beta_1=\beta_2=50$,输入电压 $\dot{U}_s=10\ \text{mV}$ 为正弦电压有效值,其他元件参数如电路所示。试求:

(1) Q 点,并指出偏流的流经路径;

(2) 输出电压 U_o;

(3) 当输出端接有负载电阻 $R_L=12\ \text{k}\Omega$ 时的电压放大倍数;

(4) 输入电阻 r_i 和输出电阻 r_o。

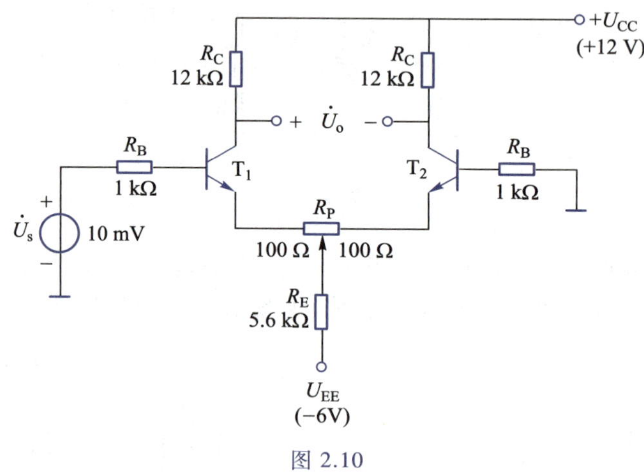

图 2.10

分析:由于差分放大电路的对称性,信号从单端输入时,作用在两个晶体管 T_1 和 T_2 的发射结上的电压仍为一差模信号,即 $u_{BE1}=-u_{BE2}$,与双端输入时一样,同样具有电压放大作用。只要电路对称,发射极电阻 R_E 的阻值足够大,T_1 和 T_2 管实际得到的输入信号电压与双端输入方式基本相同,其动态参数的分析计算与双端输入方式也相同。

解:(1) 静态工作点分析计算

由晶体管 T_1 的输入回路列写电压方程,则有

$$R_B I_B+U_{BE}+(1+\beta)I_B\times\frac{1}{2}R_P+2(1+\beta)I_B\times R_E=U_{EE}$$

故静态工作点各参数分别为

$$I_B=\frac{U_{EE}-U_{BE}}{R_B+(1+\beta)\left(\frac{1}{2}R_P+2R_E\right)}$$

$$=\frac{6-0.6}{1+(1+50)\times\left(\frac{1}{2}\times0.2+2\times5.6\right)}\ \mu\text{A}=9.35\ \mu\text{A}$$

$$I_{C1}=I_{C2}=\beta I_B=50\times9.35\times10^{-3}\ \text{mA}=0.468\ \text{mA}$$

$$2I_E\approx2I_{C1}=2\times0.468\ \text{mA}=0.93\ \text{mA}$$

$$U_{C1}=U_{C2}=U_{CC}-R_C I_{C1}=(12-0.468\times12)\ \text{V}=6.38\ \text{V}$$

$$V_E=I_{C1}\times\frac{1}{2}\times R_P+2I_E\times R_E-U_{EE}$$

$$=\left(0.468\times\frac{1}{2}\times0.2+0.93\times5.6-6\right)\ \text{V}=-0.25\ \text{V}$$

$$U_{CE}=U_{C1}-V_E=[6.38-(-0.75)]\ \text{V}=7.05\ \text{V}$$

偏流的路径：左边为“地”$\rightarrow U_S\rightarrow R_B\rightarrow T_1\rightarrow\frac{1}{2}R_P\rightarrow R_E\rightarrow -U_{EE}$；右边为“地”$\rightarrow R_B\rightarrow T_2\rightarrow\frac{1}{2}R_P\rightarrow R_E\rightarrow -U_{EE}$。

（2）输出电压

$$r_{be}=200+(1+\beta)\frac{26}{I_{E2}}=\left[200+(1+50)\frac{26}{0.465}\right]\Omega=3.05\ \text{k}\Omega$$

电压放大倍数为

$$A_d=-\frac{\beta R_L'}{R_B+r_{be}+(1+\beta)\frac{1}{2}R_P}=-\frac{50\times12}{1+3.05+(1+50)\times\frac{1}{2}\times0.2}=-65.57$$

故输出电压为 $U_o=|A_d|U_s=65.57\times10\ \text{mV}=0.656\ \text{V}$（有效值为 $U_o=0.656\ \text{V}$）

（3）当接上负载电阻时，并不影响静态工作点，电路仍然对称，R_L 的一半处是“地”电位。因此，可以认为每边的单管放大电路接有$\frac{1}{2}R_L=\frac{1}{2}\times12=6\ \text{k}\Omega$ 的负载电阻。对于每边单管放大电路来讲，其等效负载电阻为

$$R_L'=R_C//\frac{1}{2}R_L=\frac{12\times6}{12+6}\ \text{k}\Omega=4\ \text{k}\Omega$$

电压放大倍数为

$$A_d=-\frac{\beta R_L'}{R_B+r_{be}+(1+\beta)\frac{1}{2}R_P}$$
$$=-\frac{50\times4}{1+3.05+(1+50)\times\frac{1}{2}\times0.2}=-21.85$$

（4）输入电阻为

$$r_i=2\left[R_B+r_{be}+(1+\beta)\frac{1}{2}R_P\right]$$
$$=2\times\left[1+3.05+(1+50)\times\frac{1}{2}\times0.2\right]\text{k}\Omega=18.3\ \text{k}\Omega$$

在上述输入电阻中，由于电阻 R_E 中的两个信号电流的相互抵消，故可将电阻 R_E 视为“开路”。

输出电阻为

$$r_o=2R_C=2\times12\ \text{k}\Omega=24\ \text{k}\Omega$$

注意：差分放大电路的差模电压放大倍数与输出方式有关，而与输入方式无关。双端输出时放大倍数等于每一边单管电压放大倍数。单端输出时放大倍数为每一边单管电压放大倍数的一半。无论是双端输入、还是单端输入，输入电阻均相同，双端输出时输出电阻 $r_o=2R_C$，单端输出时输出电阻 $r_o=R_C$。

2.13 在图 2.11 所示电路中，场效应管工作点上的互导 $g_m=0.9\ \text{mA/V}$，设 $r_{ds}\gg R_D$。要求：

（1）画出微变等效电路；

（2）计算电压放大倍数 A_u；

(3) 计算放大电路的输入电阻 r_i 和输出电阻 r_o。

解：(1) 微变等效电路如解图 2.11 所示。

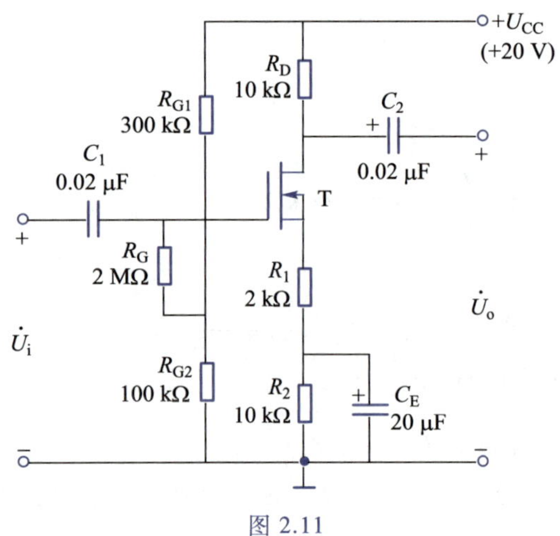

图 2.11

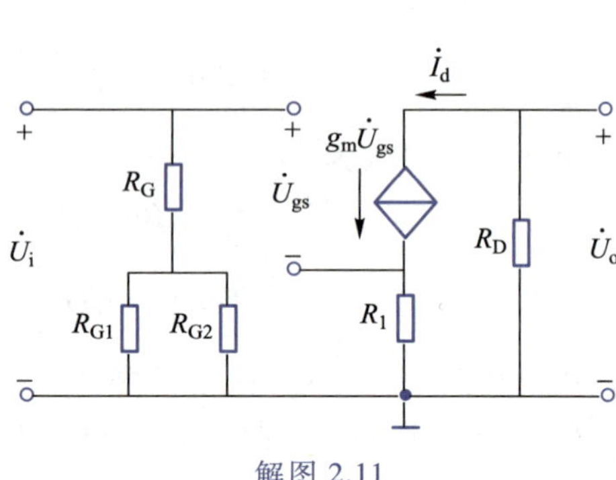

解图 2.11

(2) 电压放大倍数为

$$A_u=\frac{\dot{U}_o}{\dot{U}_i}=\frac{\dot{U}_o}{\dot{U}_{gs}}=\frac{-g_m\dot{U}_{gs}R_D}{(1+g_mR_1)\dot{U}_{gs}}=\frac{-g_mR_D}{1+g_mR_1}=\frac{-0.9\times10}{1+0.9\times2}=-3.21$$

(3) 输入电阻为

$$r_i=R_G+R_{G1}/\!/R_{G2}=\left[2+\frac{0.3\times0.1}{0.3+0.1}\right]\ \text{M}\Omega=2.075\ \text{M}\Omega$$

输出电阻为

$$r_o\approx R_D=10\ \text{k}\Omega$$

2.14 场效应管放大电路如图 2.12 所示，设管子工作点处的跨导 $g_m=0.9$ mA/V，其他元件参数如图所示。试求：

(1) 电压放大倍数(要求列出表达式)；

(2) 输入电阻 r_i；

(3) 输出电阻 r_o。

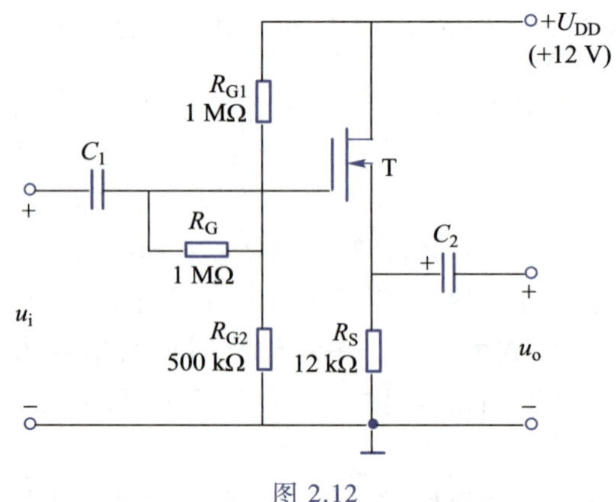

图 2.12

分析：对低频小信号进行放大的场效应管电路，可以用微变等效电路分析方法将电路线性

化，如解图 2.12 所示。再用线性电路的分析方法求其动态参数（输入电阻 r_i、输出电阻 r_o 和电压放大倍数 A_u）。

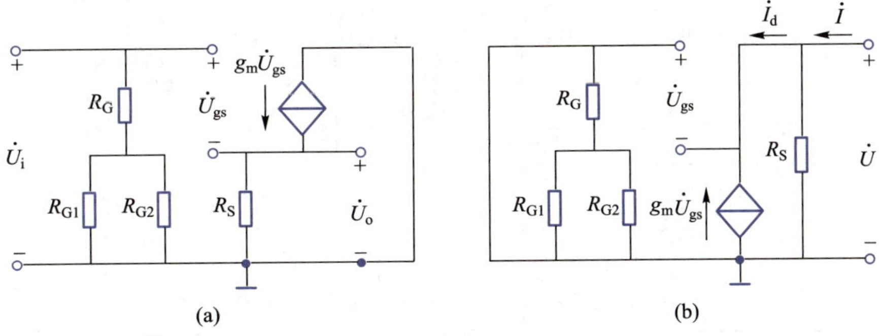

解图 2.12

解：(1) 根据微变等效电路如解图 2.12(a)所示。由于通常 $r_d \gg R_S$，r_d 可以忽略。电路的输入、输出电压分别为

$$\dot{U}_i = \dot{U}_{gs} + \dot{U}_o = \dot{U}_{gs} + g_m \dot{U}_{gs} R_S$$

$$\dot{U}_o = g_m \dot{U}_{gs} R_S$$

故电压放大倍数为

$$A_u = \frac{\dot{U}_o}{\dot{U}_i} = \frac{g_m \dot{U}_{gs} R_S}{\dot{U}_{gs}(1+g_m R_S')} = \frac{g_m R_S}{1+g_m R_S}$$

$$= \frac{0.9\times12}{1+0.9\times12} = 0.915$$

(2) 输入电阻为

$$r_i = R_G + R_{G1} /\!/ R_{G2} = \left(1+\frac{1\times0.5}{1+0.5}\right)\ \text{M}\Omega = 1.33\ \text{M}\Omega$$

(3) 按照输出电阻的定义，输出电阻的微变等效电路如解图 2.12(b)所示。假设外加电压为 $\dot{U}$、电流为 $\dot{I}$，可分别得

$$\dot{U}_{gs} = -\dot{U}$$

$$\dot{I} = \frac{\dot{U}}{R_S} - g_m \dot{U}_{gs} = \frac{\dot{U}}{R_S} + g_m \dot{U}$$

由此可得，输出电阻为

$$r_o = \frac{\dot{U}}{\dot{I}} = \frac{1}{\dfrac{1}{R_S}+g_m} = R_S /\!/ \frac{1}{g_m} = 0.84\ \text{k}\Omega$$

2.15　图 2.13 为两级电压放大电路，已知 N 沟道耗尽型场效应管 T_1 的 $I_{DSS} = 6$ mA，$U_{GS(off)} = -6.5$ V，$g_m = 1.5$ mA/V；晶体管 T_2 的 $U_{BE} = 0.7$ V，$\beta = 80$。试求：

(1) 第一级的 Q 点；

(2) 两级的总电压放大倍数；

(3) 输入电阻和输出电阻。

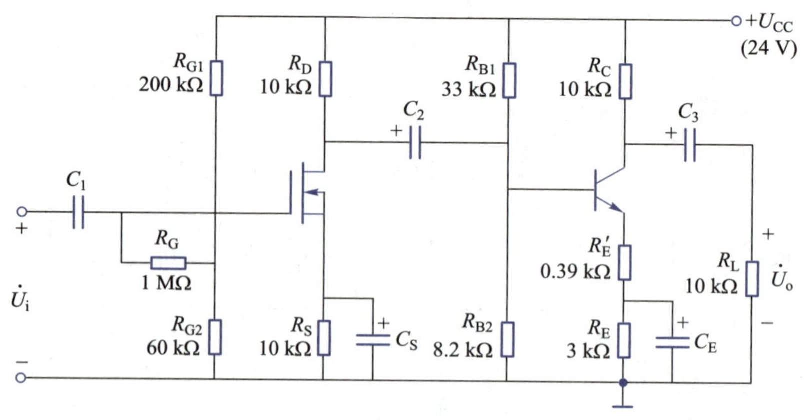

图 2.13

分析:图 2.13 所示电路为阻容耦合两级放大电路,第一级为场效应管(增强型 MOS 管)组成的自给(分压式)偏置放大电路,第二级为晶体管分压式偏置放大电路。静态分析时以直流通路为依据,场效应管的直流通路的画法与晶体管放大电路的画法相同(令电路中所有电容开路)。动态分析时以交流通路和微变等效电路为依据,如解图 2.13 所示。请读者自己画出第一级直流通路。

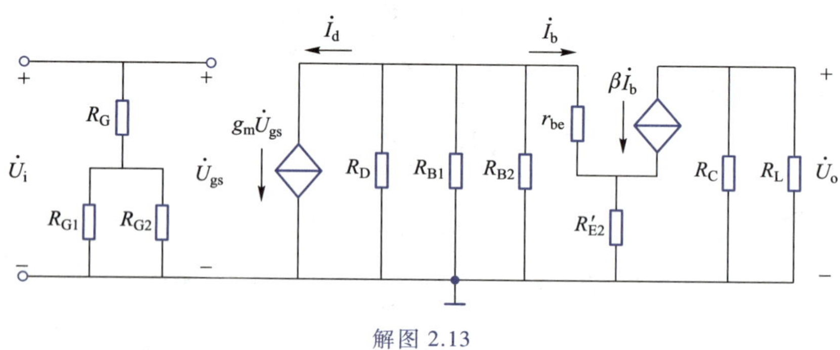

解图 2.13

解:(1) 第一级的 Q 点参数。因为

$$\begin{cases} I_D = I_{DSS}\left(1-\dfrac{U_{GS}}{U_{GS(off)}}\right)^2 \\ U_{GS}=U_G-U_S=-R_SI_D \end{cases}$$

整理后得

$$\frac{R_S^2 I_{DSS}}{U_{GS(off)}}I_D^2-\left(\frac{2R_SI_{DSS}}{U_{GS(off)}}+1\right)I_D+I_{DSS}=0$$

已知 $I_{DSS}=6\text{ mA}$,$U_{GS(off)}=-6.5\text{ V}$ 代入上式,则有

$$14.2I_D^2-19.5I_D+6=0$$

解得各参数分别为

$$I_D=0.9\text{ mA}$$

$$U_{GS}=\frac{R_{G2}}{R_{G1}+R_{G2}}U_{CC}-R_S I_D$$

$$=\left(\frac{60}{200+60}\times10^3\times24-10\times10^3\times0.9\times10^{-3}\right)\text{ V}=-3.46\text{ V}$$

$$U_{DS}=U_{CC}-(R_S+R_D)I_D$$

$$=[24-(10+10)\times10^3\times0.9\times10^{-3}]\text{ V}=6\text{ V}$$

（2）放大电路的微变等效电路如解图 2.13 所示，第二级晶体管的基极电位为

$$V_B=\frac{R_{B2}}{R_{B1}+R_{B2}}U_{CC}=\frac{8.2}{33+8.2}\times24\text{ V}=4.78\text{ V}$$

发射极电流为

$$I_E=\frac{V_B-U_{BE}}{R_E}=\frac{4.78-0.6}{(0.39+3)\times10^3}\text{ A}=1.23\text{ mA}$$

则有

$$r_{be2}=200+(1+\beta)\frac{26}{I_E}=\left[200+(1+80)\times\frac{26}{1.23}\right]\Omega=1.9\text{ k}\Omega$$

第一级等效负载电阻为

$$R'_{L1}=R_D/\!/R_{B1}/\!/R_{B2}/\!/[r_{be2}+(1+\beta)R'_E]$$

$$=3.6\text{ k}\Omega$$

因此，第一级电压放大倍数为

$$A_{u1}=-g_m R'_{L1}=-1.5\times10^{-3}\times3.6\times10^3=-5.4$$

第二级的等效负载电阻为

$$R'_{L2}=R_C/\!/R_L=\frac{10\times10}{10+10}\text{ k}\Omega=5\text{ k}\Omega$$

第二级电压放大倍数为

$$A_{u2}=-\frac{\beta R'_{L2}}{r_{be2}+(1+\beta)R'_E}=-\frac{80\times5}{1.9+81\times0.39}=-11.94$$

总的电压放大倍数为

$$A_u=A_{u1}A_{u2}=(-5.4)\times(-11.94)=64.49$$

（3）放大电路的输入、输出电阻分别为

$$r_i=R_G+R_{G1}/\!/R_{G2}=1.046\text{ M}\Omega$$

$$r_o=R_C=10\text{ k}\Omega$$

注意：场效应管放大电路分析计算小结：

（1）场效应管可构成三种基本放大电路，即共源极放大电路、共漏极放大电路（源极输出器）、共栅极放大电路。由于共栅极放大电路没有发挥场效应管输入电阻大的特点，通常很少应用。

（2）共源极放大电路有类同于晶体管共射极放大电路的特点，共漏极放大电路类同于共集电极放大电路的特点。

（3）场效应管放大电路的分析计算包括静态分析和动态分析，可分别用直流通路和微变等效电路法分析计算。

（4）常见的场效应管放大电路的直流偏置方式有自给偏压电路、分压式偏置电路两种。自给偏压电路适用于耗尽型场效应管；分压式偏置电路既可用于耗尽型场效应管放大电路，也可用于增强型场效应管放大电路。

2.16 图 2.14 为双电源互补对称电路。$\pm U_{CC}=\pm 12$ V，$R_L=8\ \Omega$，T_1 和 T_2 管的饱和压降 $U_{CES}=1$ V，输入信号 u_i 为正弦电压。要求：

（1）分析 D_1 和 D_2 的作用；

（2）计算输出功率 P_{om}。

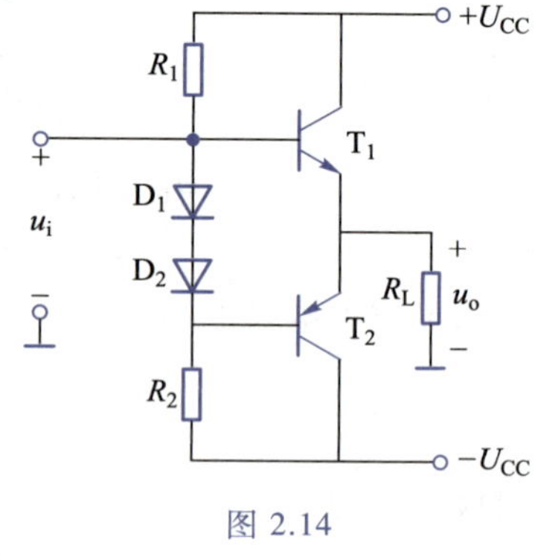

图 2.14

解：（1）二极管 D_1、D_2 是为晶体管 T_1、T_2 提供发射结正向偏置电压，使 T_1、T_2 具有一定的静态基极电流，并使晶体管 T_1、T_2 在交流信号输入前处于微导通状态，以提高对交越失真的改善程度。

（2）输出功率（最大不失真功率）为

$$P_{om}=\frac{I_{cm}}{\sqrt{2}}\frac{U_{cem}}{\sqrt{2}}=\frac{U_{cem}/R_L}{\sqrt{2}}\frac{U_{cem}}{\sqrt{2}}=\frac{1}{2}\frac{U_{cem}^2}{R_L}$$

$$=\frac{1}{2}\frac{(U_{CC}-U_{ces})^2}{R_L}=\frac{1}{2}\times\frac{(12-1)^2}{8}\text{W}=7.56\ \text{W}$$

2.17 图 2.15 所示电路中，设各管的发射结压降为 0.6 V。要求：

（1）电路是什么电路？

（2）T_4、T_5 是如何连接的，起什么作用？

（3）在静态时，$V_A=0$ V，这时 T_3 管的集电极电位 V_{C3} 应调到多少？

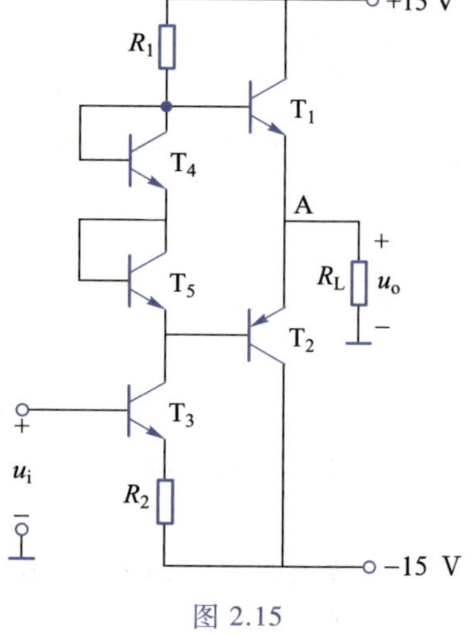

图 2.15

解：（1）该电路为 OCL（无电容输出）功率放大电路。

（2）T_1、T_2 管组成互补对称电路作输出级，由于采用射极输出，故输出电阻小，带负载能力较强；T_4、T_5 管静态时为 T_1、T_2 管发射结提供适当的偏置电压，使功率放大电路工作在甲乙类状态，从而有效地克服交越失真，起二极管作用；T_3 为驱动级。

（3）当静态 $V_A=0$ V 时，T_3 管的集电极电位 V_{C3} 应调到−0.6 V。

注意：OTL 互补对称功率放大电路由于大容量的电容器耦合，故严重影响低频性能和无法实现集成化。采用 OCL 互补对称功率放大电路可克服上述不足，但电路需要正负两个电源。

§2.6 补充拓展题和解答

2.18 图 2.16 所示两级放大电路，已知 $\beta_1=\beta_2=50$，$r_{be1}=2.7\ \text{k}\Omega$，$r_{be2}=1.72\ \text{k}\Omega$，$U_{be1}=U_{be2}=0.6$ V，其他各参数如图所示。试求：

（1）输入电阻 r_i 和输出电阻 r_o；

（2）电路的放大倍数 A_{u1}、A_{u2}、A_u。

分析：该题仅要求分析计算动态参数，故可用微变等效电路法计算，如解图 2.16 所示。

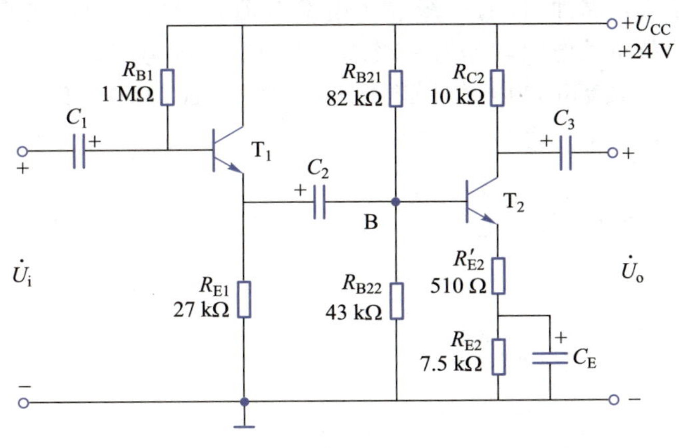

图 2.16

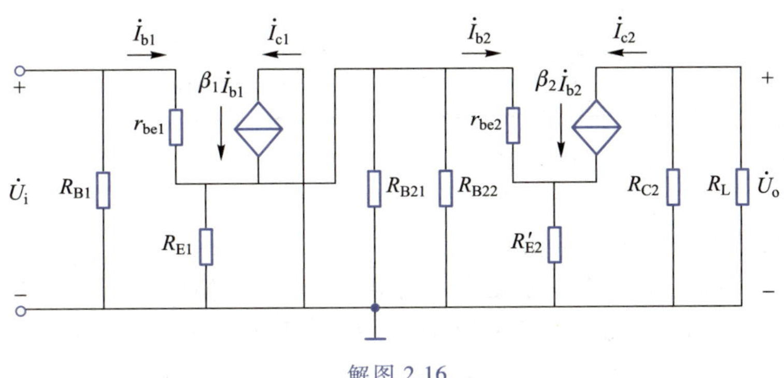

解图 2.16

解:(1) 放大电路的输入、输出电阻放大电路第二级的输入电阻为

$$r_{i2}=R_{B21}/\!/R_{B22}/\!/[r_{be2}+(1+\beta_2)R'_{E2}]$$
$$=14\ \text{k}\Omega$$

第一级的等效负载电阻为

$$R'_{L1}=R_{E1}/\!/r_{i2}=\frac{27\times14}{27+14}\ \text{k}\Omega=9.22\ \text{k}\Omega$$

放大电路的输入电阻为

$$r_i=r_{i1}=R_{B1}/\!/[r_{be1}+(1+\beta_1)R'_{L1}]$$
$$=321\ \text{k}\Omega$$

输出电阻为

$$r_o=r_{o2}\approx R_{C2}=10\ \text{k}\Omega$$

(2) 第一级的电压放大倍数为

$$A_{u1}=\frac{(1+\beta_1)R'_{L1}}{r_{be1}+(1+\beta_1)R'_{L1}}=\frac{(1+50)\times9.22}{2.7+(1+50)\times9.22}=0.99$$

第二级的电压放大倍数为

$$A_{u2}=-\frac{\beta_2R_{C2}}{r_{be2}+(1+\beta_2)R'_{E2}}=-\frac{50\times10}{1.72+(1+50)\times0.51}=-18$$

总放大倍数为

$$A_u=A_{u1}\times A_{u2}=0.99\times(-18)=-17.9$$

注意:对于多级放大电路而言,后一级放大电路对前一级放大电路的影响可用一个等效负载电阻来替代,这个等效负载电阻就是后一级放大电路的输入电阻。

2.19 图2.17所示放大电路中晶体管T为T_1、T_2构成的复合管。已知$\beta_1=10$,$\beta_2=50$,$U_{BE1}=U_{BE2}=0.6\ V$,$U_{CC}=12\ V$。试求:

(1) Q点各参数;

(2) 画出放大电路的微变等效电路;

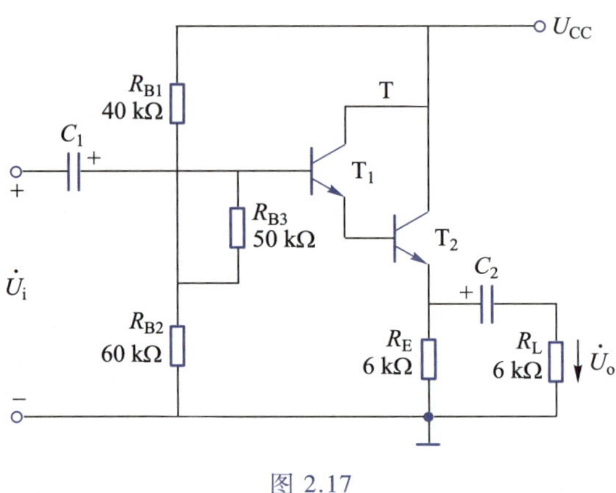

图2.17

(3) 输出电阻r_o和电压放大倍数A_u。

分析:该放大电路是由复合管构成的射极输出器,且自给偏压。放大电路采用复合管的目的是利用其较大的放大倍数,而得到较大的耗散功率。题目中静态参数(Q点)可通过直流通路分析计算,如解图2.17(a)所示。而动态参数(r_i、r_o、A_u)可通过放大电路的微变等效电路分析计算,如解图2.17(b)所示。

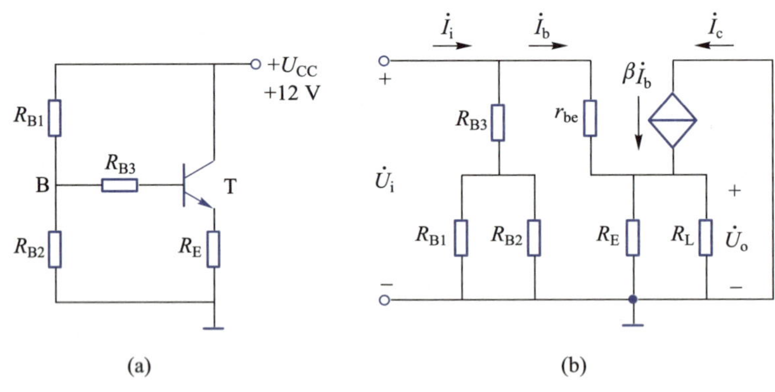

解图2.17

解:(1) Q点参数计算

根据解图2.17(a)所示直流通路,则B点电位为

$$V_B=\frac{R_{B2}}{R_{B1}+R_{B2}}U_{CC}=\frac{60}{40+60}\times 12\ V=7.2\ V$$

又因,T为T_1、T_2复合而成的NPN型复合管,则分别有

$$\beta\approx\beta_1\beta_2=10\times 50=500$$

$$U_{BE}=U_{BE1}+U_{BE2}=(0.6+0.6)\ V=1.2\ V$$

所以,Q点参数为

$$I_B=\frac{V_B-U_{BE}}{R_{B3}+R_E(1+\beta)}=\frac{7.2-1.2}{50+6\times(1+500)}\text{ mA}=1.96\ \mu\text{A}$$

$$I_C\approx\beta I_B=500\times1.96\ \mu\text{A}=0.98\text{ mA}$$

$$U_{CE}=R_EI_E=R_E(I_B+I_C)$$

$$=6\times10^3\times(1.96\times10^{-6}+0.98\times10^{-3})\text{ V}=5.89\text{ V}$$

(2) 放大电路的微变等效电路如解图 2.17(b)所示。

(3) 复合管的输入电阻为

$$r_{be}=200+(1+\beta)\frac{26}{I_E}=200+(1+500)\times\frac{26}{0.001\ 96+0.98}\ \Omega=1.35\text{ k}\Omega$$

等效负载电阻为

$$R_L'=R_E/\!/R_L=\frac{6\times6}{6+6}\text{ k}\Omega=3\text{ k}\Omega$$

故放大电路输入电阻为

$$r_i=(R_{B3}+R_{B1}/\!/R_{B2})/\!/[r_{be}+(1+\beta)R_L']$$

$$=70.55\text{ k}\Omega$$

放大电路的电压放大倍数为

$$A_u=\frac{(1+\beta)R_L'}{r_{be}+(1+\beta)R_L'}=\frac{(1+500)\times3}{1.35+(1+500)\times3}=0.99$$

2.20 图 2.18 所示电路,已知 $\beta=50$,$U_{BE}=0.7$ V,输入电压 $u_{i1}=7$ mV,$u_{i2}=9$ mV,设 T_1、T_2 性能相同。试求:

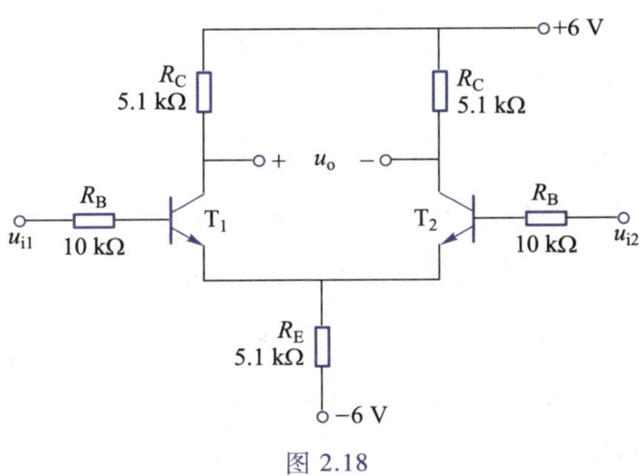

图 2.18

(1) 静态值 I_B、I_C、V_E、V_C 和 V_B;

(2) 将输入电压 u_{i1}、u_{i2}分解为共模分量 u_{ic1}、u_{ic2}和差模分量 u_{id1}、u_{id2};

(3) 单端共模输出 u_{oc1}、u_{oc2};

(4) 单端差模输出 u_{od1}、u_{od2};

(5) 单端总输出 u_{o1}、u_{o2};

(6) 双端输出电压 u_{oc}、u_{od}和 u_o。

解:(1) 根据直流通路,如解图 2.18(a)所示,输入信号为 0 时,即 u_{i1}、u_{i2}分别对"地"短路,由电路的对称性可知 $I_{B1}=I_{B2}=I_B$,$I_{C1}=I_{C2}=I_C$,$I_{E1}=I_{E2}=I_E$,$U_{CE1}=U_{CE2}=U_{CE}$,故有

$$R_BI_B+U_{BE}+2R_EI_E=U_{EE}$$

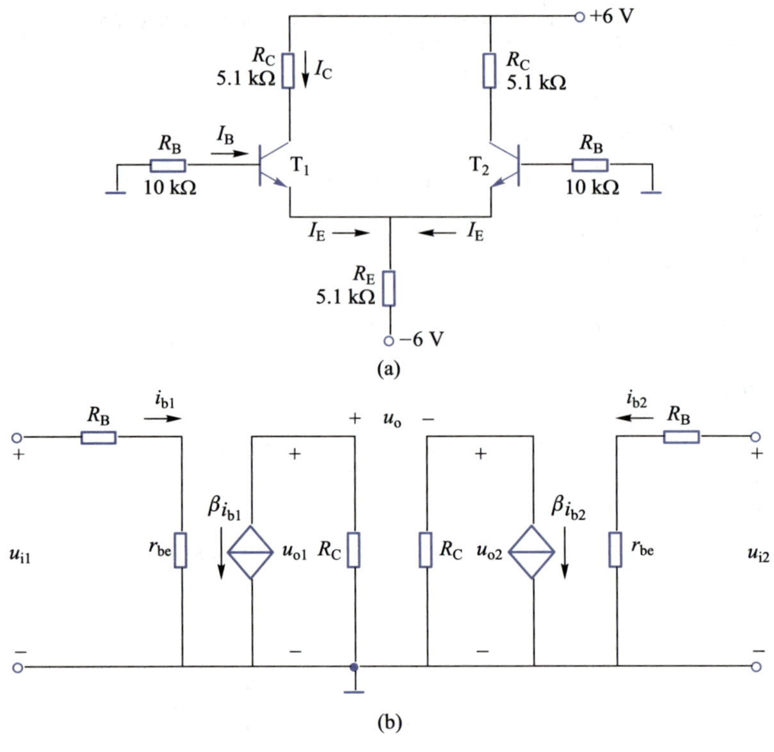

解图 2.18

故各静态值分别为

$$I_B=\frac{U_{EE}-U_{BE}}{R_B+2(1+\beta)R_E}=\frac{6-0.6}{10+2\times(1+50)\times5.1}\ \text{A}=0.01\ \text{mA}$$

$$I_C=\beta I_B=50\times0.01\ \text{mA}=0.5\ \text{mA}$$

$$I_E=(1+\beta)I_B=(50+1)\times0.01\ \text{mA}=0.51\ \text{mA}$$

$$V_C=U_{CC}-R_CI_C=(6-5.1\times0.5)\ \text{V}=3.45\ \text{V}$$

$$V_E=-U_{EE}+2R_EI_E=[-6+2(5.1\times0.51)]\ \text{V}=-0.8\ \text{V}$$

$$V_B=-R_BI_B=-10\times0.01\ \text{V}=-0.1\ \text{V}$$

（2）根据已知条件，共模和差模分量分别为

$$u_{ic1}=u_{ic2}=\frac{u_{i1}+u_{i2}}{2}=\frac{7+3}{2}\ \text{mV}=5\ \text{mV}$$

$$u_{id1}=-u_{id2}=\frac{u_{i1}-u_{i2}}{2}=\frac{7-3}{2}\ \text{mV}=2\ \text{mV}$$

（3）单端共模输出共模电压放大倍数为

$$A_C=\frac{U_o}{U_{ic1}}=\frac{-\beta R_C}{R_B+r_{be}+2(1+\beta)R_E}$$

其中

$$r_{be}=200+(1+\beta)\frac{26}{I_E}=\left[200+(1+50)\frac{26}{0.51}\right]\ \Omega=2.8\ \text{k}\Omega$$

所以

$$u_{oc1}=u_{oc2}=A_C U_{ic1}=\frac{-50\times5.1}{10+2.8+2(1+50)\times5.1}\times5\ \text{V}=-2.39\ \text{mV}$$

(4) 输入差模信号时,由于 i_{b1} 和 i_{b2} 的变化大小相等,方向相反,流经 R_E 的差模电流为 0,故差模信号的微变等效电路,如解图 2.18(b)所示。

由等效电路可得

$$A_{ud1}=A_{ud2}=\frac{u_{od1}}{u_{id1}}=\frac{u_{od2}}{u_{id2}}=-\frac{\beta R_C}{R_B+r_{be}}$$

$$=-\frac{50\times5.1}{10+2.8}=-19.92$$

所以,差模电压分别为

$$u_{od1}=A_{ud1}\times u_{id1}=(-19.92)\times2\ \text{mV}=-39.84\ \text{mV}$$

$$u_{od2}=A_{ud2}\times u_{id2}=(-19.92)\times(-2)\ \text{mV}=39.84\ \text{mV}$$

(5) 单端输出电压分别为

$$u_{o1}=u_{od1}+u_{oc1}=(-39.84-2.5)\ \text{mV}=-42.34\ \text{mV}$$

$$u_{o2}=u_{od2}+u_{oc2}=(39.84-2.5)\ \text{mV}=37.34\ \text{mV}$$

(6) 根据输出电压的参考方向,双端共模输出电压为

$$u_{oc}=u_{oc1}-u_{oc2}=(-2.5+2.5)\ \text{mV}=0\ \text{mV}$$

差模输出电压为

$$u_{od}=u_{od1}-u_{od2}=(-39.84-39.84)\ \text{mV}=-79.68\ \text{mV}$$

总输出电压为

$$u_o=u_{o1}-u_{o2}=(-42.34-37.34)\ \text{mV}=-79.68\ \text{mV}$$

第 3 章　集成运算放大器与反馈

§3.1　学习要求

1. 了解集成运算放大器的组成与主要参数意义。
2. 理解集成运算放大器的理想化条件。
3. 理解集成运算放大器的电压传输特性，掌握理想运算放大器的基本分析方法。
4. 了解集成运算放大电路中反馈的基本概念。
5. 掌握放大电路中直流、交流反馈，以及正反馈和负反馈的判别方法。
6. 了解负反馈对放大电路性能的影响。

§3.2　学习辅导

1. 集成运算放大器

（1）集成运算放大器（简称集成运放或运算放大器）主要由输入级、中间级、输出级和偏置电路等部分组成。输入级多采用差分放大电路，保证输入电阻高、差模放大倍数高、静态电流小，具有较好抑制零点漂移能力；中间级通常采用共发射极放大电路进行电压放大，以获得较高的放大倍数；输出级通常采用互补对称功率放大电路，以获得较低的输出电阻，具有较强的带负载能力，输出较大的功率；偏置电路作用是向各部分电路提供偏置电压和电流，以获得合适的静态工作点。

（2）理想运算放大器的条件

① 开环电压放大倍数 $A_{uo}\to\infty$；

② 差模输入电阻 $r_{id}\to\infty$；

③ 开环输出电阻 $r_o\to 0$；

④ 共模抑制比 $K_{CMR}\to\infty$。

理想化后集成运算放大器的电路符号，如图 3.1 所示。

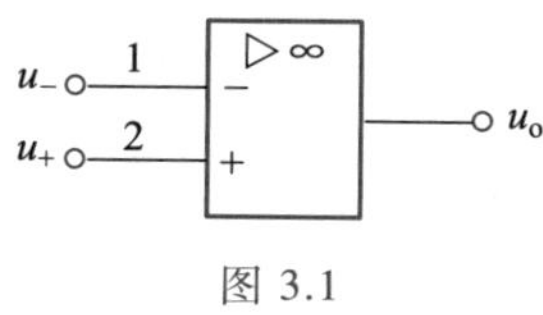

图 3.1

2. 运算放大器电压传输特性

（1）运算放大器工作在线性区时，分析时要掌握两个重要依据：两个输入端的输入电流为零（虚断路），即 $i_+\approx i_-$；两个输入端没有电位差（虚短路），即 $u_+\approx u_-$。

（2）运算放大器工作在饱和区时，两个输入端的输入电流也为零，但 u_+ 和 u_- 不一定相等，输出电压可能等于 $+U_{o(sat)}$，也可能等于 $-U_{o(sat)}$。

（3）运算放大器的实际和理想电压传输特性，如图 3.2 所示。

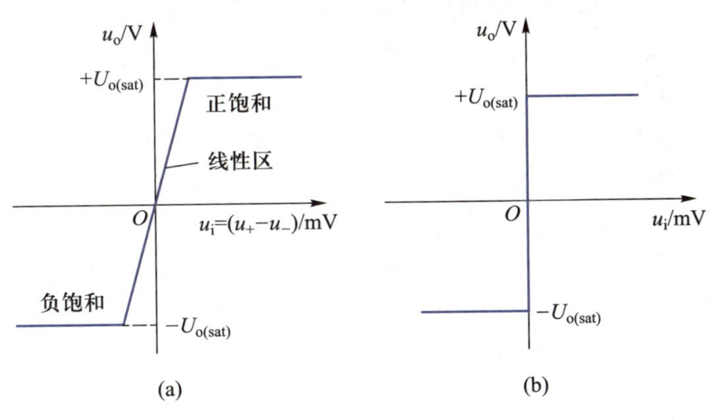

图 3.2

3. 运算放大器的分析原则

(1) 线性应用时的重要分析原则

① "虚断",$i_+=i_-\approx 0$;

② "虚短",$u_+\approx u_-$。

(2) 非线性应用时的分析原则

① "虚断",$i_+=i_-\approx 0$。

② 当 $u_+>u_-$ 时,$u_o=+U_{o(sat)}$;

当 $u_+=u_-$ 时,转换点;

当 $u_+<u_-$ 时,$u_o=-U_{o(sat)}$。

4. 放大电路中反馈概念

(1) 反馈:将放大电路中的输出信号的部分或全部,经过一定的电路元件(或网络)馈送到放大电路的输入端,并将反馈信号与输入信号进行比较。

(2) 直流反馈与交流反馈:直流反馈是指放大电路中直流通路存在的反馈主要是用来稳定静态工作点;交流反馈是指放大电路中交流通路存在的反馈主要用来改善放大电路的性能。

(3) 正反馈与负反馈:将反馈元件馈送到输入端的信号(或反馈信号)与原输入信号比较,如果反馈结果使放大电路的净输入信号增强,则称为正反馈;如果反馈结果使净输入信号减小,则称为负反馈。

(4) 电压反馈与电流反馈:如果反馈信号正比于输出电压信号,则称为电压反馈,主要用来稳定输出电压;如果反馈信号正比于输出电流信号,则称为电流反馈,主要用来稳定输出电流。

(5) 串联反馈与并联反馈:在交流放大电路输入回路的比较端,如果输入信号、反馈信号和净输入信号三者为串联关系,则称为串联反馈;如果三者为并联关系,则称为并联反馈。

5. 放大电路中反馈判别

判别电子电路反馈方法时,首先判别输出端与输入端有无电阻(或电阻与电容)串联的反馈电路;其次再判别是什么性质的反馈。反馈性质主要有以下几种判别:

(1) 判别直流、交流反馈(分别从直流通路或交流通路判别):反馈电路中电阻与电容并联仅有直流反馈;反馈电路中电阻和电容串联则仅有交流反馈;如果反馈电路中电阻无串、并联电容,则既有直流反馈又有交流反馈。

(2) 判别正、负反馈(通常采用瞬时极性法判别):对单级放大电路,反馈电路从输出端引入到同相输入端时为正反馈;引入反相输入端时为负反馈。对于分立元件放大电路,使净输入信号降低为负反馈;反之为正反馈。

(3) 判别电压、电流反馈(从放大电路输出端连接关系判别):反馈信号取自输出端为电压反馈,即假设输出信号为零($x_o=0$),反馈信号消失($x_f=0$);反馈信号取自与输出端串联的电阻为电流反馈,即假设输出信号为零,反馈信号存在。

(4) 判别串、并联反馈(从放大电路输入端连接关系判别):对于集成运算放大电路,反馈信号和输入信号分别接在不同两个输入端时为串联反馈;而接在同一输入端时为并联反馈。对于分立元件电路,反馈信号接在发射极时为串联反馈;接在基极时为并联反馈。

6. 放大电路中的负反馈

(1) 放大电路中的负反馈的四种类型:电压串联负反馈、电流串联负反馈、电压并联负反馈、电流并联负反馈。

(2) 负反馈对放大电路的影响:降低放大倍数;提高放大倍数的稳定性;改善非线性失真;加宽通频带;改变输入电阻和输出电阻。

7. 振荡电路中的正反馈

(1) 正弦波振荡电路是由放大电路、选频网络(电路)和正反馈组成的一种特殊的放大电路。

(2) 自激振荡的条件

① 相位条件:$\dot{U}_i$ 与 $\dot{U}_{fi}$ 同相,即 $\varphi_{ui}=\varphi_{uf}=2n\pi$($n$ 为整数)。

② 幅值条件:U_i 与 U_{fi} 相等,即 $|A_uF|=1$。

(3) 自激振荡的建立和稳定

① 起振时,必须 $|A_uF|>1$,建立过程是从 $|A_uF|>1$ 到 $|A_uF|=1$。

② 稳定时,由于振荡电路的反馈元件(如 RC 电路中电阻 R_F、二极管 D,LC 电路中晶体管 T 的非线性影响),使自激振荡的输出幅度达到自动稳定。

(4) 几种常见正弦波振荡电路的频率

① 串并联式 RC 电路,$f_0=\dfrac{1}{2\pi RC}$;

② 变压器式 LC 电路,$f_0\approx\dfrac{1}{2\pi\sqrt{LC}}$;

③ 电感三点式电路,$f_0=\dfrac{1}{2\pi\sqrt{(L_1+L_2+2M)\ C}}$;

④ 电容三点式电路,$f_0=\dfrac{1}{2\pi\sqrt{L(C_1/\!/C_2)}}$。

(5) 正弦波振荡电路的分析方法

① 观察电路(放大电路、反馈电路和直流电路)是否完善合理,使电路具有足够大的放大倍数,以满足幅值条件。

② 用瞬时极性法判断交流通路(对交流而言,U_{CC} 的“+”端电位为零)是否具有正反馈,以满足相位条件。

③ 如果同时存在正、负反馈,则认为正反馈量超过负反馈。

(6) 非正弦振荡电路

① 振荡电路由开关特性器件(如电压比较器等)、反馈电路和延时环节等组成。

② 非正弦波振荡电路按产生信号波形不同有方波、三角波和锯齿波发生器等。

③ 非正弦波振荡电路没有选频电路。

§3.3 重点和难点

1. 重点

(1) 集成运算放大器传输特性。

(2) 瞬时极性法分析正、负反馈的应用。

(3) 运算放大电路、分立元件放大电路中反馈的分析。

(4) 分析电路满足振荡的条件。

(5) 用瞬时极性法判别电路正反馈。

(6) 振荡频率 f_0 的定量计算。

2. 难点

(1) 理解"虚短""虚断"的正确应用。

(2) 反馈四种类型的分析判别。

(3) 理解反馈系数 $A_F=\dfrac{A}{1+FA}$,反馈深度$(1+FA)$。

(4) 负反馈与放大电路中的波形失真。

(5) 振荡电路正反馈分析判别和反馈频率计算。

§3.4 练习与思考题解答

3.1.1 运算放大器主要包括哪几个基本组成部分?

解:集成运放主要由输入级、中间级、输出级和偏置电路四个部分组成,如解图 3.1.1 所示。

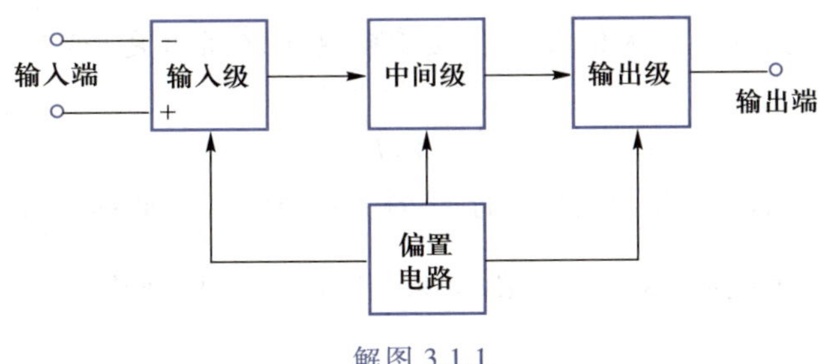

解图 3.1.1

3.1.2 理想运算放大器应满足哪些条件?

解:理想集成运放应满足的条件是:

(1) 开环电压放大倍数 $A_{uo}\to\infty$;

(2) 差模输入电阻 $r_{id}\to\infty$;

(3) 开环输出电阻 $r_o\to 0$;

(4) 共模抑制比 $K_{CMR}\to\infty$。

3.1.3 运算放大器工作在线性区和饱和区有何不同?

解:当集成运放工作在线性区时,输出电压 u_o 与输入电压 $u_i=u_+-u_-$ 为线性关系,即 $u_o=A_{uo}u_i=A_{uo}(u_+-u_-)$。由于开环电压放大倍数 A_{uo} 很高,为了避免输出电压饱和,通常要引入深度负反馈。工作在线性区时有两个主要分析依据(原则):

(1)"虚断",$i_+=i_-\approx 0$;

(2)"虚短",$u_+\approx u_-$,或 $u_+-u_-\approx 0$。

当集成运放工作在非线性区(饱和区)时,由于 A_{uo} 很高,u_+ 和 u_- 稍有差异,使输出电压达到饱和值,其饱和值为 $+U_{o(sat)}$ 或 $-U_{o(sat)}$,接近于正电源电压值或负电源电压值;另外,由于干扰工作难以稳定。工作在非线性区时有两个主要分析依据(原则):

(1)"虚断",$i_+=i_-\approx 0$;

(2) 当 $u_+>u_-$ 时,$u_o=+U_{o(sat)}$;

当 $u_+<u_-$ 时,$u_o=-U_{o(sat)}$。

3.1.4 什么叫"虚断"和"虚短"?同相输入端是否存在"虚短"?

解:由于集成运放的差模输入电阻 $r_{id}\to\infty$,运算放大器就不会从外部电路吸取任何电流。故可以认为两个输入端的输入电流为零,即 $i_+=i_-\approx 0$,称这种现象为"虚设断路",简称"虚断",但不是真正的断路。

由于运算放大器的开环电压放大倍数 $A_{uo}\to\infty$,而输出电压 u_o 是一个有限值,故有 $u_i=u_+-u_-=\dfrac{u_o}{A_{uo}}\approx 0$,即 $u_+\approx u_-$,这种同相端与反相端之间没有电位差的现象,称为"虚设短路",简称"虚短",但不是真正的短路。

3.2.1 集成运算放大电路正、负反馈的主要区别是什么?

解:(1) 正反馈是指反馈信号 $\dot{X}_f$ 在集成运放的输入端与输入信号 $\dot{X}_i$ 叠加的结果使得净输入信号 $\dot{X}_d$ 增强($\dot{X}_d=\dot{X}_i+\dot{X}_f$);负反馈是指反馈信号 $\dot{X}_f$ 在集成运放的输入端与输入信号 $\dot{X}_i$ 叠加的结果使得净输入信号 $\dot{X}_d$ 减弱($\dot{X}_d=\dot{X}_i-\dot{X}_f$)。

(2) 集成运放电路引入正反馈,使集成运放工作在非线性区(饱和区);集成运放电路引入负反馈,使集成运放工作在线性区。

3.2.2 什么是深度负反馈?

解:闭环放大倍数 A_F、开环放大倍数 A 和反馈系数 F 之间的关系为

$$A_F=\frac{A}{1+FA}$$

其中,$|1+FA|$ 反映反馈前后放大倍数的变化程度,称为反馈深度。如果 $|1+FA|>1$,则 $|A_F|<|A|$,说明引入反馈后放大倍数下降,称为负反馈;如果 $|1+FA|>>1$,则 $A_F\approx\dfrac{1}{F}$,这种反馈称为深度负反馈。

3.2.3 为什么说电压负反馈能稳定输出电压?串联负反馈对输入电阻有何影响?

解:电压负反馈能稳定输出电压。以图 3.2.3 所示电压串联负反馈电路为例,当输入电压 u_i 为定值时,如果输出电压 u_o 由于电路参数或负载电阻 R_L 变化而减小(或增大),则反馈电压 u_f 也随之减小(或增大),运算放大器的净输入电压 u_d 增大(或减小),结果使 u_o 随之回到接近原来的数值。

串联负反馈使输入电阻增大。因为如果电路中引入串联负反馈,反馈电压 u_f 与输入电压 u_i

在输入回路串联，且极性相反，使输入电流 i_i 减小，故输入电阻增大。

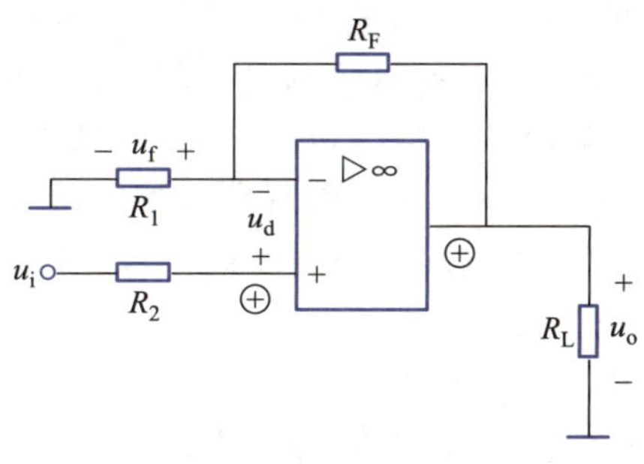

图 3.2.3

§3.5 习题解答

3.1 判断图 3.01 所示的各电路哪些是直流反馈？哪些是交流反馈？哪些是正反馈？哪些是负反馈？哪些是串联反馈？哪些是并联反馈？哪些是电压反馈？哪些是电流反馈？

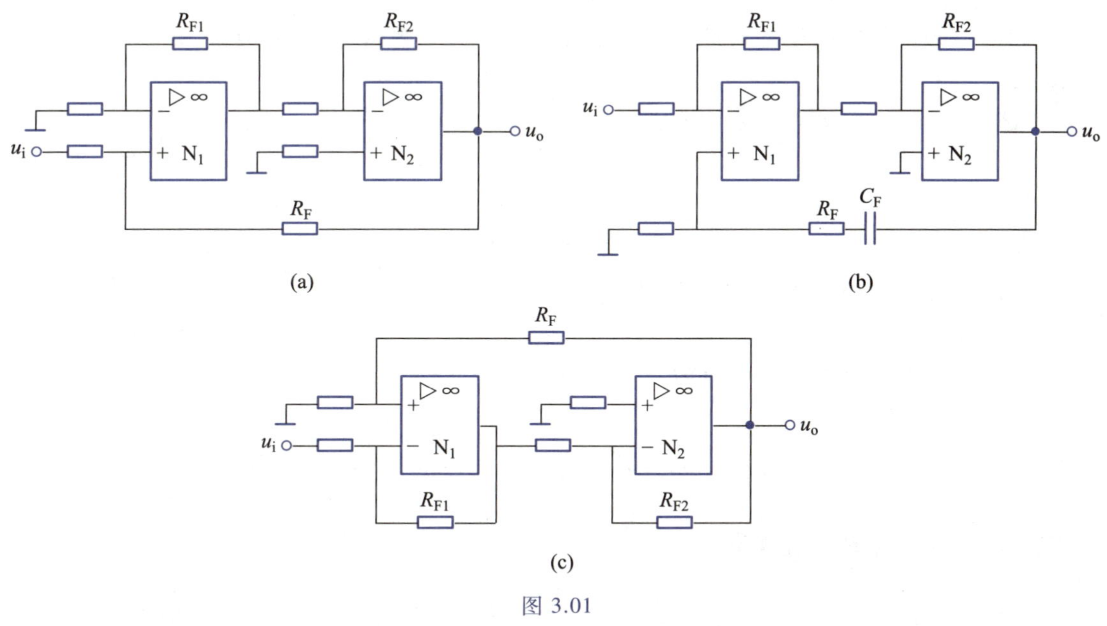

图 3.01

分析：判别集成运放电路反馈时方法：

（1）用瞬时极性法则判别正、负反馈。

（2）从电路输入端判别串、并联反馈。

① 串联反馈：x_f 与 x_i 接在集成运放不同输入端。

② 并联反馈：x_f 与 x_i 接在集成运放相同输入端。

（3）从电路输出端判别电压、电流反馈。

① 电压反馈：反馈信号直接取自输出端，$x_0=0$，x_f 消失；

② 电流反馈：反馈信号不是直接取自输出端，$x_0=0$，x_f 存在。

解：（1）如图 3.01(a)所示，电路中的 R_{F1}、R_{F2} 和 R_F 既有直流反馈，又有交流反馈。电路中各交流反馈的类型分别为：R_{F1} 为第一级 N_1 的电压串联负反馈；R_{F2} 为第二级 N_2 的电压并联负反

馈;R_F为 N_1 和 N_2 级间的电压串联负反馈。

(2) 如图3.01(b)所示,电路中的 R_{F1}、R_{F2}既有直流反馈,又有交流反馈;$R_F C_F$串联支路为 N_1 和 N_2 级间的交流反馈。电路中各交流反馈的类型分别为:R_{F1}为第一级 N_1 的电压并联负反馈;R_{F2}为第二级 N_2 的电压并联负反馈;$R_F C_F$为 N_1 和 N_2 级间的电压串联负反馈。

(3) 如图3.01(c)所示,电路中的 R_{F1}、R_{F2}、R_F既有直流反馈,又有交流反馈。电路中各交流反馈的类型分别为:R_{F1}为第一级 N_1 的电压并联负反馈;R_{F2}为第二级 N_2 的电压并联负反馈;R_F为 N_1 和 N_2 级间的(电压串联)正反馈。

3.2 已知一个负反馈放大电路的 $A=300$,$F=0.01$,试问:

(1) 负反馈放大电路的闭环电压放大倍数 A_F为多少?

(2) 如果由于某种原因使 A 发生±6%的变化,则 A_F的相对变化量为多少?

解:(1) 闭环放大倍数为

$$A_F=\frac{A}{1+FA}=\frac{300}{1+0.01\times300}=75$$

(2) 如果 A 发生±6%的变化,则放大倍数相对变化量为

$$\frac{dA_F}{A_F}=\frac{1}{1+FA}\cdot\frac{dA}{A}=\frac{1}{1+0.01\times300}\times(\pm6\%)=\frac{1}{4}\times(\pm6\%)=\pm1.5\%$$

3.3 图3.02所示的同相输入运算电路中设开环放大倍数 $A=10^4$,$R_1=10\ \text{k}\Omega$,$R_F=250\ \text{k}\Omega$,$R_2=9.6\ \text{k}\Omega$。

(1) 试求:闭环放大倍数 A_F;

(2) 当放大器的$\frac{dA}{A}$为5%时,$\frac{dA_F}{A_F}$是多少?

(3) 若开环带宽 BW 为10 Hz,闭环带宽 BW_F是多少?

(4) 若开环输入电阻 $r_i=1\ 000\ \text{k}\Omega$,其闭环输入电阻 r_{iF}如何变化?

图 3.02

解:(1) 因放大电路的反馈电压为

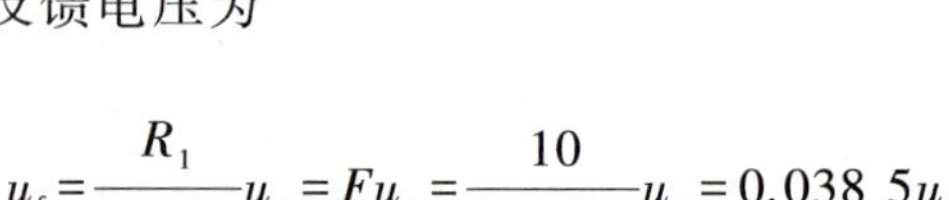

$$u_f=\frac{R_1}{R_1+R_F}u_o=Fu_o=\frac{10}{10+250}u_o=0.038\ 5u_o$$

所以,电路的闭环电压放大倍数为

$$A_F=\frac{A}{1+FA}=\frac{10^4}{1+0.038\ 5\times10^4}=26$$

(2) 当放大器的$\frac{dA}{A}$为5%时,则$\frac{dA_F}{A_F}$为

$$\frac{dA_F}{A_F}=\frac{1}{1+FA}\frac{dA}{A}=\frac{1}{1+0.038\ 5\times10^4}\times(5\%)=0.013\%$$

(3) 闭环带宽为

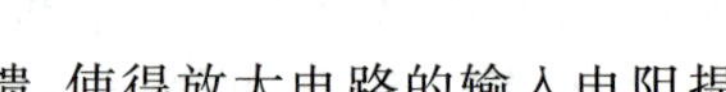

$$BW_F=(1+FA)BW=(1+0.038\ 5\times10^4)\times10\ \text{kHz}=3.86\ \text{kHz}$$

(4) 放大电路中 R_F引入电压串联负反馈,使得放大电路的输入电阻提高,故有

$$r_{if}=(1+FA)\ r_{io}=(1+0.038\ 5\times10^4)\times1\ 000\ \text{k}\Omega$$
$$=3.86\times10^4\ \text{k}\Omega$$

3.4 指出图 3.03 各放大电路中反馈环节,试判断其反馈类型。

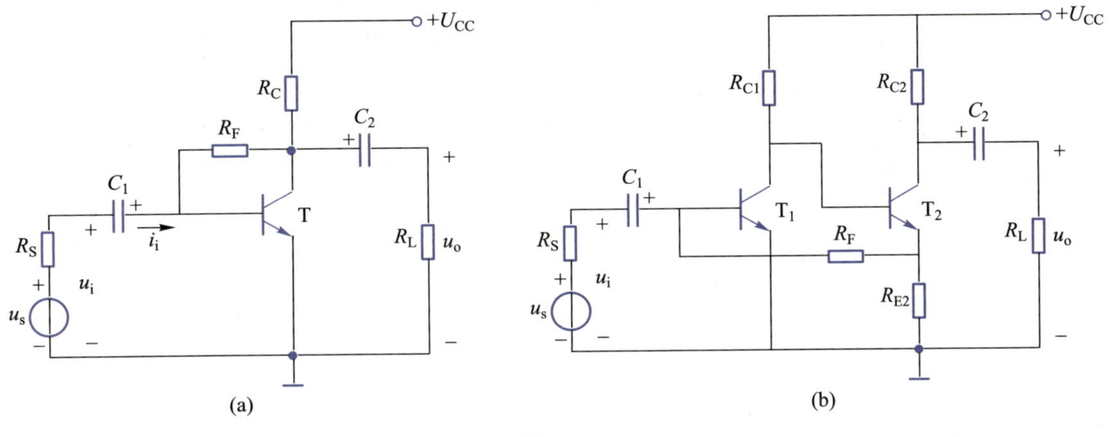

图 3.03

分析:直接用瞬时极性法判别正、负反馈。所谓的瞬时极性法是指电路中各点相对于"地"的交流电位的瞬时极性。

解:(1) 图 3.03(a)所示放大电路中,反馈电阻 R_F既引入直流负反馈(为基极提供偏置电流),又引入交流电压并联负反馈,瞬时极性如解图 3.03(a)所示。

(2) 图 3.03(b)所示放大电路中,反馈电阻 R_{E2}既引入第二级的直流负反馈(稳定第二级的静态工作点),又引入交流电流并联负反馈;反馈电阻 R_F既引入直流负反馈,为第一级提供基极偏置电流,又引入交流电流并联负反馈,瞬时极性如解图 3.03(a)所示。

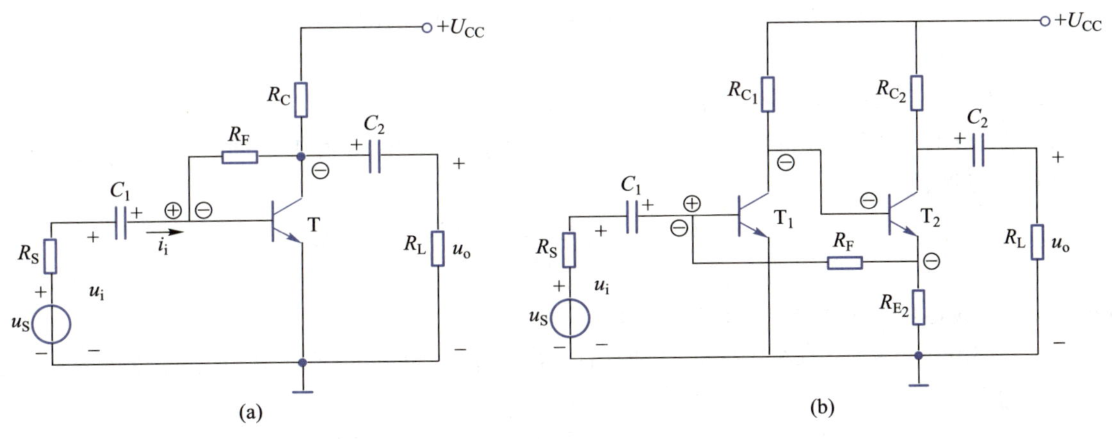

解图 3.03

3.5 试判断图 3.04 所示各电路能否产生振荡。

分析:首先判别放大电路是否满足自激振荡条件,即反馈(选频)网络;其次,用瞬时极性法(即电路中各点相对于"地"的交流电位的瞬时极性)判别放大电路是否满足正反馈条件;最后,判别放大电路是否具备幅值条件(放大能力)。

解:(1) 图 3.04(a)所示电路为 LC 振荡电路。当 u_B 为正半周时,电路中各点电位瞬时极性与反馈过程为

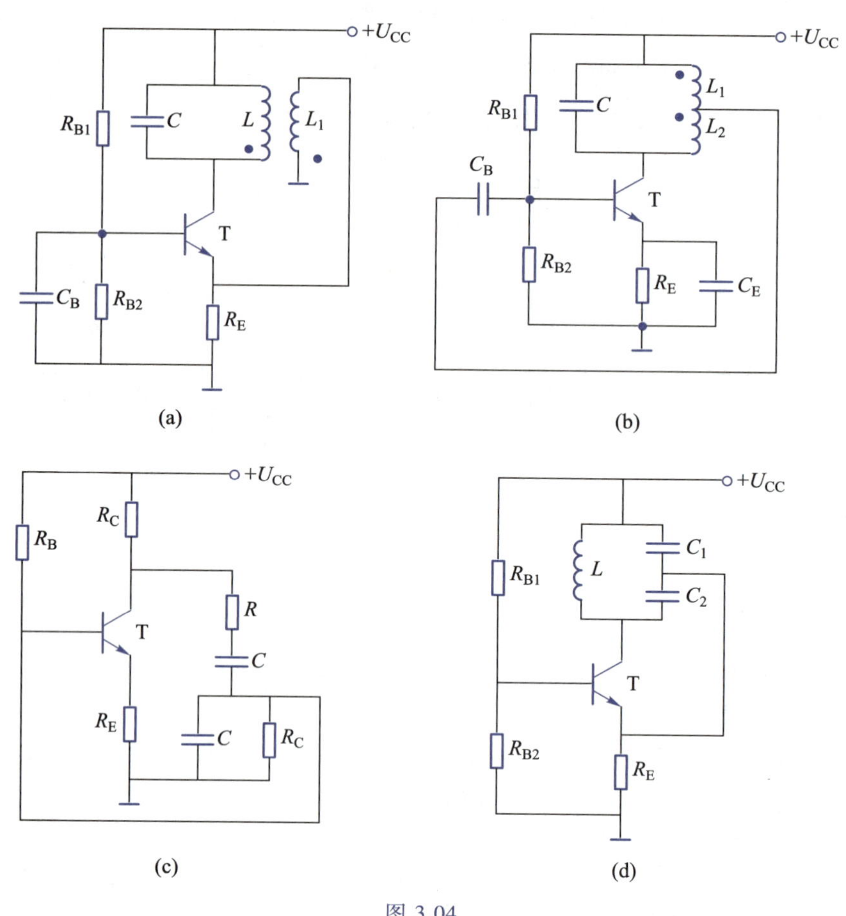

图 3.04

$$B(\oplus)\rightarrow E(\oplus)\rightarrow(\ominus)\rightarrow L_1(\ominus)\rightarrow E(\oplus)\rightarrow$$

可见,电路不满足正反馈要求,不能产生自激振荡。

(2) 图 3.04(b)所示电路为电感三点式 LC 振荡电路。当 u_B 为正半周时,电路中各点电位瞬时极性与反馈过程为

$$B(\oplus)\rightarrow C(\ominus)\rightarrow L_2(\text{上}(\oplus))\rightarrow L_1(\text{下}(\ominus))\rightarrow$$

可见,电路不满足正反馈要求,不能产生自激振荡。

(3) 图 3.04(c)所示电路为桥式 RC 振荡电路。当 u_B 为正半周时,电路中各点电位瞬时极性与反馈过程为

$$B(\oplus)\rightarrow C(\ominus)\rightarrow R_C(\text{下}(\oplus))\rightarrow R_C(\text{上}(\ominus))\rightarrow$$

可见,电路不满足正反馈要求,不能产生自激振荡。

(4) 图 3.04(d)所示电路为电容三点式 LC 振荡电路。当 u_B 为正半周时,电路中各点电位瞬时极性与反馈过程为

$$B(\oplus)\rightarrow C(\ominus)\rightarrow C_2(\text{上}(\ominus))\rightarrow C_2(\text{下}(\oplus))\rightarrow$$

可见,电路满足正反馈要求,可以产生自激振荡。

§3.6 补充拓展题和解答

3.6 试判别图 3.05 所示电路中的反馈类型,并确定 u_o 与 u_i 的关系。

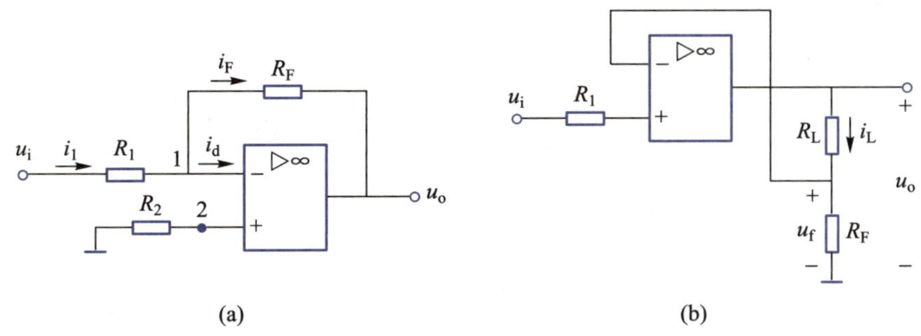

图 3.05

解:(1) 图 3.05(a)所示电路中,反馈电阻 R_F引入电压并联负反馈。根据“虚断”的概念,$i_d\approx0$,电阻 R_2 上电压为零,即 $u_+=0$;根据“虚短”的概念,$u_+\approx u_-=0$,故反相输入端“1”点的电位接近于“地”的电位($u_-\approx0$),称这种虚设接“地”。所谓“虚地”不是真正接“地”($u_-\approx0$)。由电路可知,电流 i_1 和 i_F分别为

$$i_1\approx\frac{u_i}{R_1}$$

$$i_F\approx-\frac{u_o}{R_F}$$

因 $i_1=i_F$,即有

$$\frac{u_i}{R_1}=-\frac{u_o}{R_F}$$

则输出电压 u_o 与输入电压 u_i 的关系为

$$u_o=-\frac{R_F}{R_1}u_i$$

(2) 图 3.05(b)所示电路中,电阻 R_F引入电流串联负反馈。根据“虚短”($u_+\approx u_-$),分别有

$$u_i\approx u_f=R_Fi_L$$

输出电压为

$$u_o=(R_L+R_F)i_L$$

则输出电压 u_o 与输入电压 u_i 的关系为

$$u_o=\left(1+\frac{R_L}{R_F}\right)u_i$$

注意:“虚地”不是真正的“地”电位。这里要反复强调,“虚地”不是同相输入端通过电阻直接与“地”连接,如图 3.05(a)所示电路中 R_2,而是将反相输入端的“u_-”点[即图 3.05(a)所示电路中的“1”点]“虚地”(即 $u_+\approx u_-=0$)。

3.7 图 3.06 所示为两级分立元件放大电路。

(1) 试判别电路中各种反馈类型;

(2) 如果将 R_F不接在 T_2的集电极,而改接在 C_2 与 R_L间时,两者有何不同?

（3）如果将 R_F 的另一端不接在 T_1 的发射极，而改接在基极，为何种类型反馈？

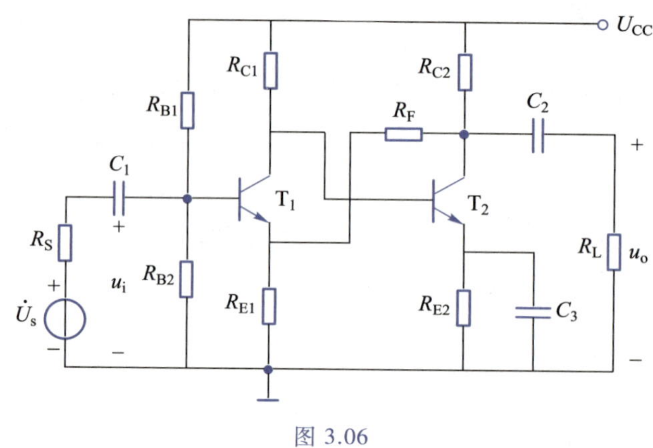

图 3.06

解：（1）直流反馈判别，可用直流通路（图略）判别，电阻 R_F 连接输出与输入回路；用瞬时极性法判别，其为直流负反馈，稳定放大电路前后两级的静态工作点。电阻 R_{E1} 和 R_{E2} 分别接在 T_1、T_2 的发射极，对本级形成负反馈，分别稳定本级的静态工作点。

交流反馈判别（交流通路图略），首先判别 R_F 引入的反馈类型，用瞬时极性法判别可知其为负反馈；从输出回路看，因为其反馈取自输出端（T_2 的集电极），当假设输出端短接（$u_o=0$）时，反馈信号消失，故为电压反馈；从输入回路看，反馈信号接在 T_1 的发射极，即有 $u_i=u_{be}+u_f$，故为串联反馈。因此，电阻 R_F 引入串联电压负反馈。其次，电阻 R_{E1} 为本级（T_1 级）的电流串联负反馈。

（2）如果将电阻 R_F 在输出回路改接在 C_2 与 R_L 之间时，由于 C_2 有隔直作用，故形成的交流负反馈类型不变。但为了防止负载电阻 R_L 出现在直流通路，使电路静态工作点发生改变，通常应在 R_F 支路中串入一个电容。

（3）如果将电阻 R_F 的另一端改接在 T_1 的基极时，则 R_F 将引入正反馈，结果使放大电路发生自激振荡。因此，通常在放大电路中不宜采用正反馈。

注意：实际在反馈类型判别时，具体过程可以不用叙述，直流反馈仅说直流反馈即可，交流反馈则要说明反馈类型。

3.8　图 3.07 所示电路，试解释调试过程中出现的下列几种情况。

（1）对调反馈线圈的两个接头后就能起振；

（2）调节 R_{B1}、R_{B2} 或 R_E 的阻值后就能起振；

（3）改用 β 较大晶体管后就能起振；

（4）适当增大反馈线圈的圈数后就能起振；

（5）适当增大 L 值或减小 C 值后就能起振；

（6）调节 R_{B1}、R_{B2} 或 R_E 的阻值后可使波形改善；

（7）负载太大不仅影响输出波形，而且有时甚至不能起振。

解：（1）原反馈线圈接反，对调接头后满足相位条件。

（2）调节前由于晶体管的静态工作点不合适，不满足起振条件，调节后可获得合适的静态工作点，使放大倍数增加后，方可起振。

（3）改用 β 值较大的管子可使放大倍数增大，满足了起振条件。

（4）反馈线圈的匝数增加，可使反馈量增大，有利于起振条件的满足。

（5）LC 并联短路在谐振时的等效阻抗等效为 $|Z_0|=\dfrac{L}{RC}$，适当地增大 L 或 C 值，可使 $|Z_0|$

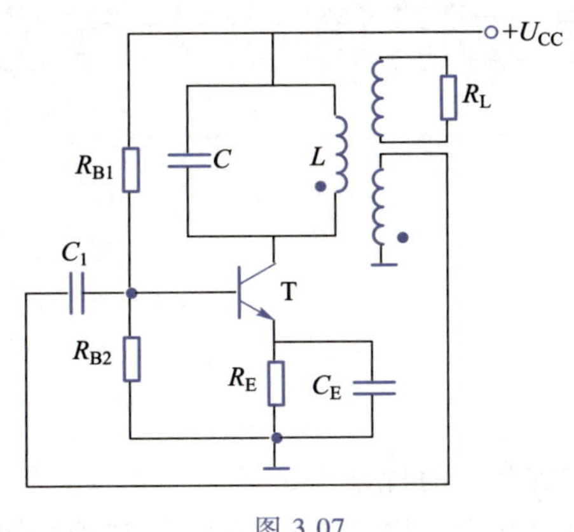

图 3.07

增大,有利于反馈幅度的增大,容易起振。

(6) 调节 R_{B1}、R_{B2}或 R_E 的阻值后可使波形改善,说明工作点在调节前设置不合理,经过各阻值的调节,可使放大电路有一个合适的静态工作点。

(7) 如果负载过大,导致 LC 并联电路的等效电阻 R 增大,$|Z_0|$减小,输出幅度下降,起振困难,另外使 LC 并联电路的谐振品质因数 Q 减小,波形变坏。

第 4 章　集成运算放大器应用

§4.1　学习要求

1. 理解集成运放线性区和饱和区的特点。

2. 掌握信号运算等集成运放线性应用电路的“虚短”和“虚断”的分析计算方法。

3. 理解运放电路反相输入、同相输入、差分输入等不同输入方式的电路结构、原理和分析计算方法。

4. 理解电压比较器、滞回比较器等集成运放非线性应用电路的分析计算方法、传输特性曲线和波形图画法。

5. 了解有源滤波电路、波形发生电路的组成结构和工作原理。

§4.2　学习辅导

1. 集成运算放大器和电路

集成运放是一种具有很高放大倍数的多级直接耦合放大电路，也是一种具有高增益、高可靠性、低成本和小体积的器件。集成运放与相应外部元件（电阻、电容、半导体器件等）连接构成的电路，称为集成运算放大电路（简称运放电路）。

2. 集成运放的应用

（1）集成运放的线性应用。所谓的线性应用是指在运放电路中引入深度负反馈时，使集成运放工作在线性状态，即输出电压 u_O 和输入电压 u_I 为线性放大控制关系。线性应用是依据运放电路的反馈电路和输入电路不同的结构形式，以实现各种不同的信号运算和处理。常见的集成运放线性应用电路和特征，如表 4.01 所示。

表 4.01　常见集成运放线性应用电路与特征

名称	电路	传输关系	说明
反相比例运算电路	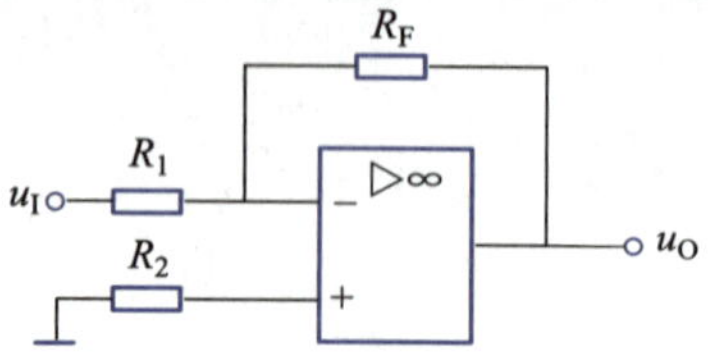 R_F R_1 R_2 u_I u_O ▷∞	$\frac{u_O}{u_I}=-\frac{R_F}{R_1}$	电压并联负反馈
同相比例运算电路	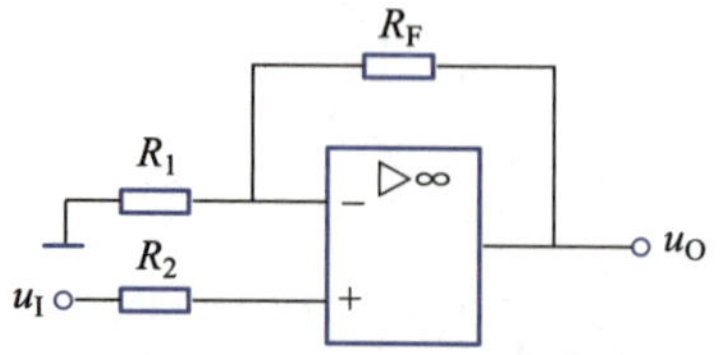 R_F R_1 R_2 u_I u_O ▷∞	$\frac{u_O}{u_I}=1+\frac{R_F}{R_1}$	电压串联负反馈

续表

名称	电路	传输关系	说明
电压跟随电路	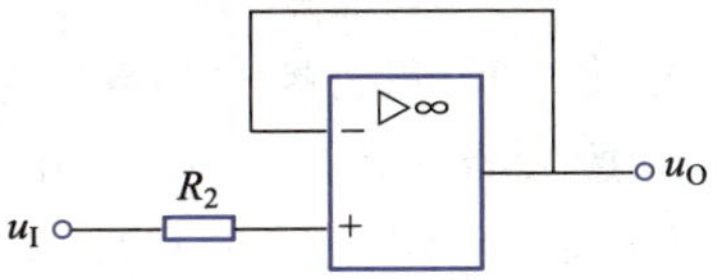	$\dfrac{u_O}{u_I}=1$	电压串联负反馈
反相加法运算电路	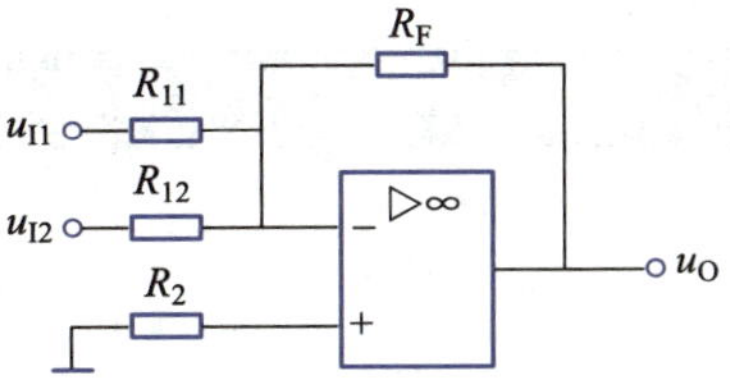	$u_O=-\dfrac{R_F}{R_1}(u_{I1}+u_{I2})$ $(R_{I1}=R_{I2}=R_1)$	电压并联负反馈
差分减法运算电路	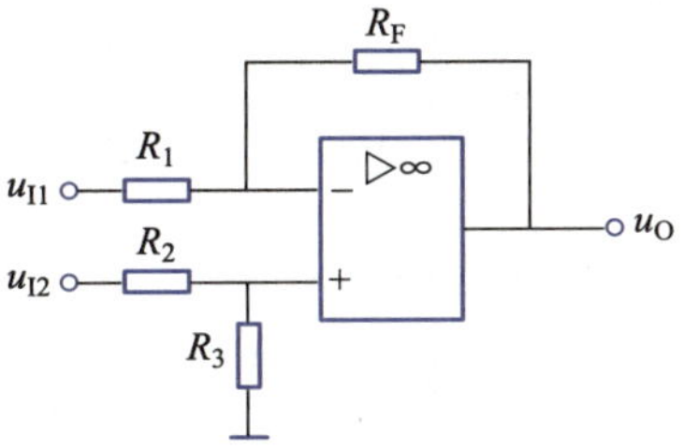	$u_O=\dfrac{R_F}{R_1}(u_{I2}-u_{I1})$ $(R_1=R_2,R_F=R_3)$	差分输入
积分运算电路	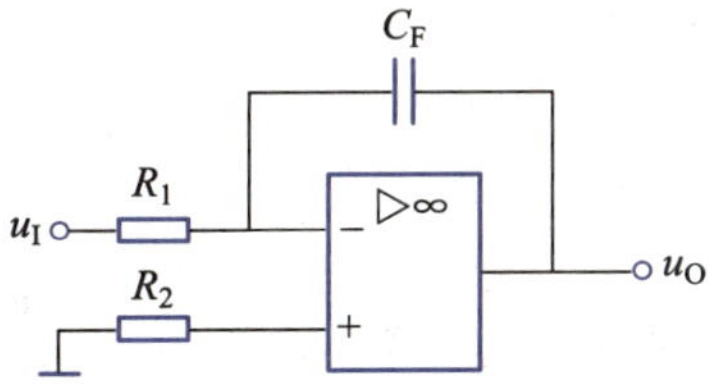	$u_O=\dfrac{1}{R_1C_F}\int u_I\mathrm{d}t$	电压并联负反馈
微分运算电路	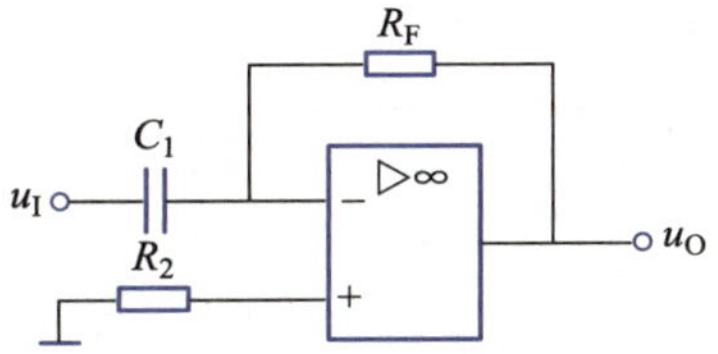	$u_O=-R_FC_1\dfrac{\mathrm{d}u_I}{\mathrm{d}t}$	电压并联负反馈
有源低通滤波电路	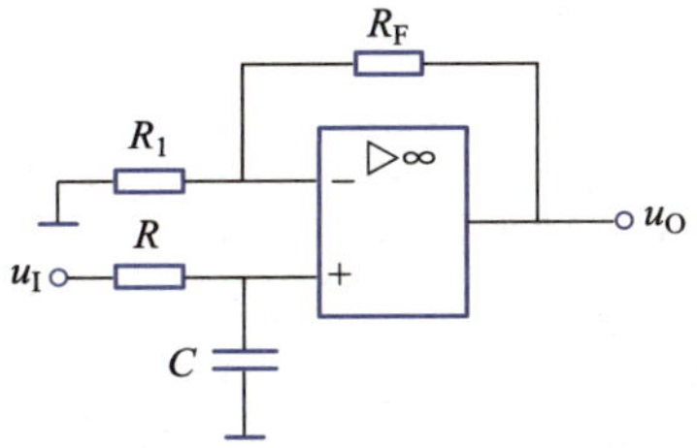	$\dfrac{U_O}{U_I}=\dfrac{1+\dfrac{R_F}{R_1}}{\sqrt{1+\left(\dfrac{\omega}{\omega_o}\right)^2}}$	电压串联负反馈

（2）运算放大器线性应用分析的依据是“虚短”（$u_+\approx u_-$）和“虚断”（$i_+=i_-=0$）。

（3）集成运放的非线性应用。所谓的非线性应用是指运算放大器在开环或引入正反馈时在饱和工作状态下，输出电压 u_O 和输入电压 u_I 是非线性放大控制关系。集成运放常见非线性应用电路和特征，如表 4.02 所示。

(4) 运算放大器非线性应用分析的依据是虚断($i_+=i_-=0$),且

当 $u_+>u_-$ 时,$u_O=+U_{o(sat)}$(正饱和电压);

当 $u_+<u_-$ 时,$u_O=-U_{o(sat)}$(负饱和电压)。

(5) 串联型稳压电路中的调整管 T 工作在放大区,只要控制其基极电压 U_B 和电流 I_B,则集电极电流 I_C 和集-射极电压 U_{CE} 随之改变,运算放大器的输出电压 U_B 由基准电压 U_Z 和反馈电压 U_F 的差值控制。因此,输出电压的稳定是由电路中的电压串联负反馈实现。

表 4.02 集成运放常见非线性应用电路和特征

名称		电路	传输特性	说明
任意电压比较电压	反相输入	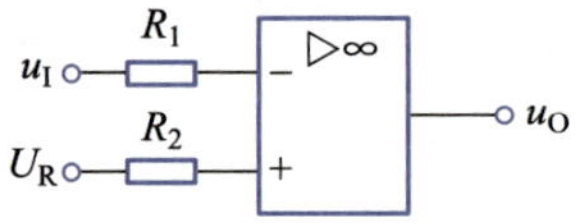	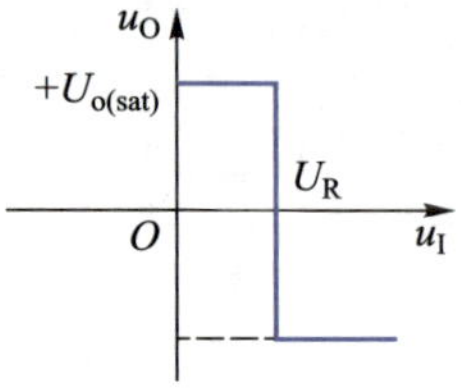	$u_+=U_R$, $u_-=u_I$ $u_I>U_R$ 时,$u_O=-U_{o(sat)}$ $u_I<U_R$ 时,$u_O=+U_{o(sat)}$ $U_R=0$ 时为过零比较电路
	同相输入	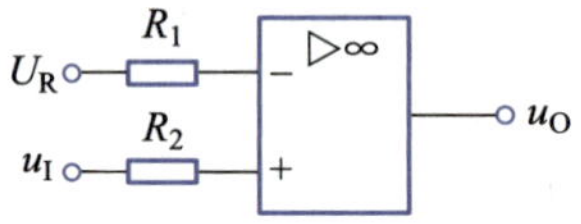	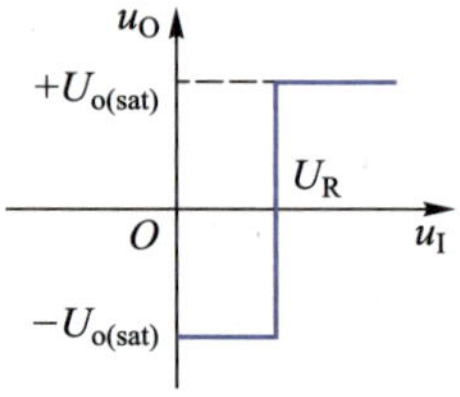	$u_+=u_I$, $u_-=U_R$ $u_I>U_R$ 时,$u_O=+U_{o(sat)}$ $u_I<U_R$ 时,$u_O=-U_{o(sat)}$ $U_R=0$ 时为过零比较电路
限幅过零比较电路		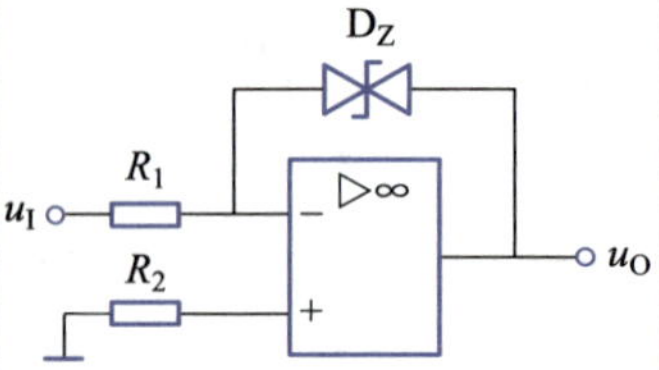	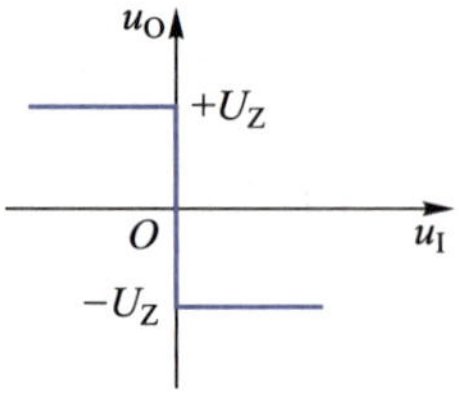	$u_I>0$ 时,$u_O=-U_Z$ $u_I<0$ 时,$u_O=+U_Z$

§4.3 重点和难点

1. 重点

(1) 集成运放的传输特性。

(2) 集成运放的线性应用("虚短""虚断")分析方法。

(3) 集成运放的非线性应用(比较电路)分析方法。

(4) 集成运放组成多级电路的分析计算。

2. 难点

(1) 正确应用"虚短"和"虚断"分析运放电路。

(2) 运算电路中负反馈类型的判别。

(3) 多级运放电路输入电压与输出电压的关系分析。

(4) 电压比较电路、波形发生电路传输特性曲线。

§4.4　练习与思考题解答

4.1.1　试比较反相比例运算电路和同相比例运算电路的特点。

解:(1) 输入信号端不同:反相比例运算电路中,输入信号从集成运放的反相端输入;而同相比例运算电路,输入信号从集成运放的同相端输入。

(2) 输出电压与输入电压相位不同:反相比例运算电路的特点是输出电压与输入电压反相,共模输入信号约为零,输出电阻较小,具有较强的带负载能力。同相比例运算电路的特点是:输出电压与输入电压同相,输入电阻较大,输出电阻较小,具有较强的带负载能力;共模输入电压较大,对集成运放的共模抑制比要求较高。

4.1.2　由运算放大器组成的积分运算电路与简单的 RC 积分电路比较有哪些优点?

解:(1) 简单的 RC 积分电路,当输入电压一定时,输出电压随着电容元件的充放电而按指数规律变化,故输出电压的线性度较差。

(2) 运算放大器组成的积分电路,由于充电电流 $i_F \approx i_1 \approx \dfrac{u_I}{R_1}$ 基本是恒定的,故输出电压是随时间 t 的一次函数,因而提高了输出电压的线性度。

(3) 运算放大器组成的积分电路具有较高的共模抑制比,输入阻抗高和输出阻抗较低的特点,可以方便组成各种功能电路(PI、PID 调节器等),集成度高,功耗低,易于大规模生产。

4.1.3　试求如图 4.1.19 所示电路中 u_O 与 u_I的关系式,并判断该电路具有何种功能。

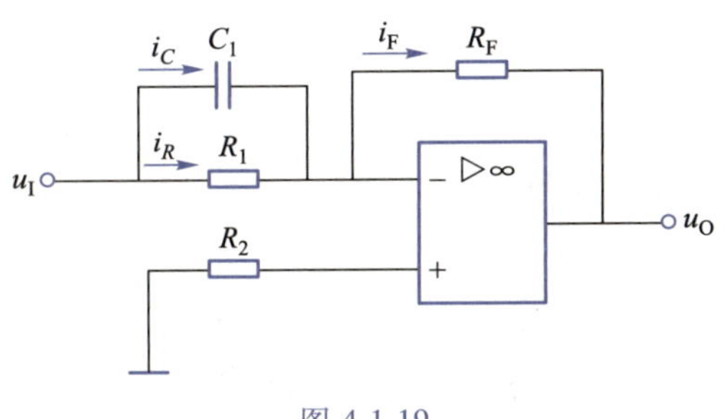

图 4.1.19

解:由电路反相输入端可得

$$i_C + i_R \approx i_F$$

又因各电流分别为

$$i_C = C_1 \frac{du_I}{dt}, i_R = \frac{u_I}{R_1}$$

电路中输出电压与输入电压的关系为

$$u_O = -R_F i_F = -R_F(i_C + i_R) = -R_F\left(C_1 \frac{du_I}{dt} + \frac{u_I}{R_1}\right) = -\left(\frac{R_F}{R_1}u_I + R_F C_1 \frac{du_I}{dt}\right)$$

可见图 4.1.19 所示电路由反相比例运算和微分运算两部分组成,故称其为比例-微分调节器,简称 PD(proportional differentiator)调节器。

4.1.4　有源滤波与无源滤波电路比较有什么优点?

解:无源滤波器由无源元件 R、L、C 组成,将其设计为某频率下阻抗较低,对相应频率谐波电流进行分流。优点是滤波电路的参数随负载变化,可用于较高电压、较大电流的电路,滤波器结构简单、成本低廉、运行可靠性高。缺点是低频时体积大,很难做到小型化。

有源滤波器实际上是一种具有特定频率响应的放大器。优点是利用集成运放的开环电压增益和输入阻抗很高,输出电阻很小,滤波电路参数不随负载变化,具有一定的放大作用,体积小、效率高、频率特性好。缺点是输出电压和电流有限,有源滤波器受集成运放带宽限制,工作频率不高。

§4.5 习题解答

4.1 为获得较高的电压放大倍数,而又可避免采用高值电阻 R_F,将反相比例运算电路改为图4.01所示的电路,并设 $R_F>>R_4$。试证明

$$A_F=\frac{u_O}{u_I}=-\frac{R_F}{R_1}\left(1+\frac{R_3}{R_4}\right)$$

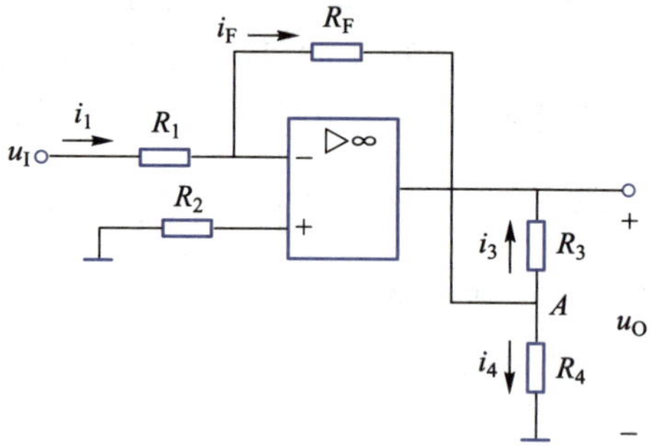

图4.01

解:根据"虚断"概念 $i_1\approx i_F$,电阻 R_2 接地,其两端电压为0,即 $u_+=0$,由"虚短"概念,则 $u_+\approx u_-=0$("虚地"概念)。

因 $u_+\approx u_-=0$ 和 $i_1\approx i_F$,故有

$$i_1=\frac{u_I}{R_1}$$

又因 $R_F>>R_4$,则A点电位 u_A 和电流 i_F 分别有

$$u_A=\frac{R_4}{R_3+R_4}u_O$$

$$i_F=-\frac{u_A}{R_F}=-\frac{R_4}{(R_3+R_4)R_F}u_O$$

根据 $i_1\approx i_F$,则有

$$\frac{u_I}{R_1}=-\frac{R_4}{(R_3+R_4)R_F}u_O$$

整理后可得

$$A_F=\frac{u_O}{u_i}=-\frac{R_F}{R_1}\left(1+\frac{R_3}{R_4}\right)$$

4.2 图4.01中已知 $R_1=50\ \text{k}\Omega$,$R_2=33\ \text{k}\Omega$,$R_3=3\ \text{k}\Omega$,$R_4=2\ \text{k}\Omega$,$R_F=100\ \text{k}\Omega$。

(1)求电压放大倍数 A_F;

(2)如果 $R_3=0$,要求得到同样大的电压放大倍数,R_F 的阻值应增大到多少?

解:(1)将各参数带入 A_F 式中,则有

$$A_F=\frac{u_O}{u_I}=-\frac{R_F}{R_1}\left(1+\frac{R_3}{R_4}\right)=-\frac{100}{50}\left(1+\frac{3}{2}\right)=-5$$

(2)如果 $R_3=0$,可得

$$A_F=\frac{u_O}{u_I}=-\frac{R_F}{R_1}=-\frac{100}{50}=-2$$

反馈电阻 R_F 为

$$R_F=5R_1=5\times 50\ \text{k}\Omega=250\ \text{k}\Omega$$

4.3 试推导出图 4.02 所示各运算放大电路的输出与输入关系。

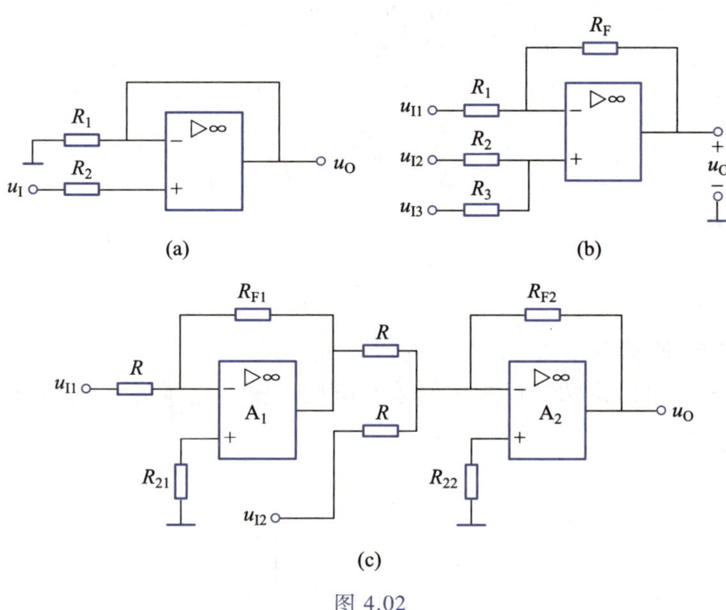

图 4.02

解:(1) 在图 4.02(a)所示电路为电压跟随器。根据“虚短”概念,可得

$$u_+ \approx u_- = u_I$$

故输入、输出关系为

$$u_O \approx u_- = u_I$$

(2) 在图 4.02(a)所示电路中,同相输入电压为

$$u_+ = \frac{R_3}{R_2+R_3}(u_{I2}-u_{I3})+u_{I3} = \frac{R_3u_{I2}+R_2u_{I3}}{R_2+R_3}$$

根据“虚短”$u_+ \approx u_-$,分别有

$$i_1 = \frac{u_{I1}-u_-}{R_1}$$

$$i_F = \frac{-(u_O-u_-)}{R_F}$$

根据“虚断”$i_+ \approx i_- = 0, i_1 \approx i_F$,即有

$$\frac{u_{I1}-u_-}{R_1} = \frac{-(u_O-u_-)}{R_F}$$

将 u_-代入上式整理后,则输入、输出关系为

$$u_O = -\frac{u_{I1}R_F}{R_1}+\frac{u_{I2}R_3+u_{I3}R_2}{R_2+R_3}\left(1+\frac{R_F}{R_1}\right)$$

(3) 在图 4.02(a)所示两级运放电路中,A_1 级的输出信号作为 A_2 级的输入信号。设 N_1 的输入电压为 u_{O1},且 $u_{1+} \approx u_{1-} = 0$(“虚地”)。根据电流关系 $i_{I1} \approx i_{F1}$“虚断”,则分别有

$$i_{I1} \approx i_{F1} = -\frac{u_{O1}}{R_{F1}} = \frac{u_{I1}}{R}$$

$$u_{O1} = -\frac{R_{F1}}{R}u_{I1}$$

将 u_{O1} 又为 A_2 级的输出信号，根据“虚短”有 $u_{2+} \approx u_{2-}=0$（“虚地”）。再根据电流关系可得

$$\frac{u_{O1}}{R}+\frac{u_{I2}}{R}=-\frac{u_O}{R_{F2}}$$

即有

$$-\frac{R_{F1}}{R^2}u_{I1}+\frac{u_{I2}}{R}=-\frac{u_O}{R_{F2}}$$

故输入、输出关系为

$$u_O=\frac{R_{F1}R_2}{R^2}u_{I1}-\frac{R_{F2}}{R}u_{I2}$$

4.4　试求图 4.03 所示电路的 u_O 与 u_I 的运算关系式。

分析：图 4.03 所示电路由两级反相比例运放组成。输出电压为 u_O-u_{O1}，这是正确分析该题的关键。

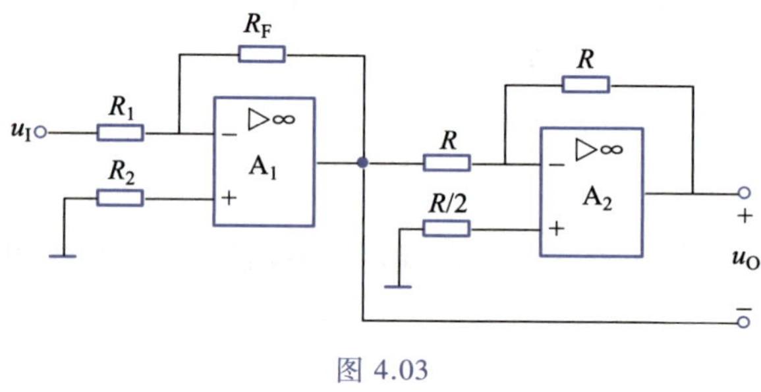

图 4.03

解：A_1 级输出电压为

$$u_{O1}=-\frac{R_F}{R_1}u_I$$

A_2 级输出电压为

$$u_O=-u_{O1}=\frac{R_F}{R_1}u_I$$

即

$$u_O=u_O-u_{O1}=2\frac{R_F}{R_1}u_I$$

4.5　如图 4.04 所示电路，已知 $R_F=2R_1$，$u_O=-2\ \text{V}$。试求输出电压 u_O。

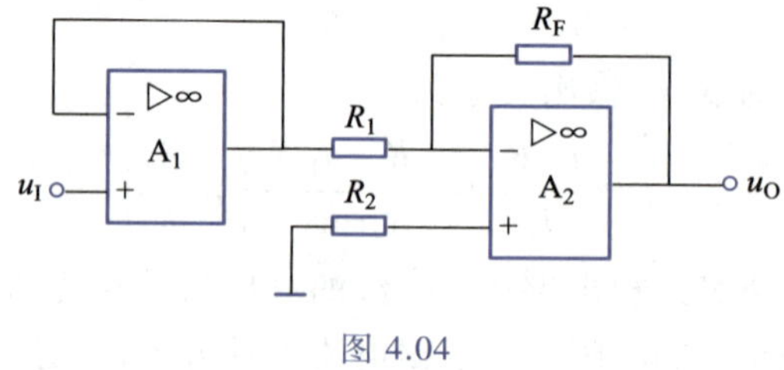

图 4.04

解：A_1 级为电压跟随器，故

$$u_{O1}=u_I$$

A_2 级为反相比例运算电路，根据电流关系有

$$\frac{u_{O1}}{R_1}=-\frac{u_O}{R_F}$$

故输出电压为

$$u_O=-\frac{R_F}{R_1}u_I=(-2)\times(-2)\ \text{V}=4\ \text{V}$$

4.6 图 4.05 所示的电路中已知各参数(如图所示)。要求写出 u_O 与 u_I 的运算关系式。

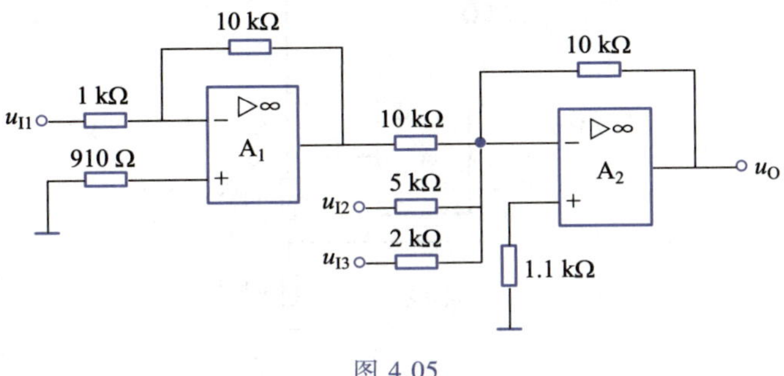

图 4.05

解: 如图 4.05 所示电路,A_1 级为反相比例运算电路,即有

$$u_{O1}=-\frac{10}{1}u_I=-10u_I$$

A_2 级为反相加法运算电路,则有

$$\begin{aligned}u_O&=-\left(\frac{10}{10}u_{O1}+\frac{10}{5}u_{I2}+\frac{10}{2}u_{I3}\right)\\&=-(-10u_{I1}+2u_{I2}+5u_{I3})\\&=10u_{I1}-2u_{I2}-5u_{I3}\end{aligned}$$

4.7 图 4.06 所示的是利用两个运算放大器组成的具有较高输入电阻的差动放大电路。试求出 u_O 与 u_{I1}、u_{I2}的运算关系式。

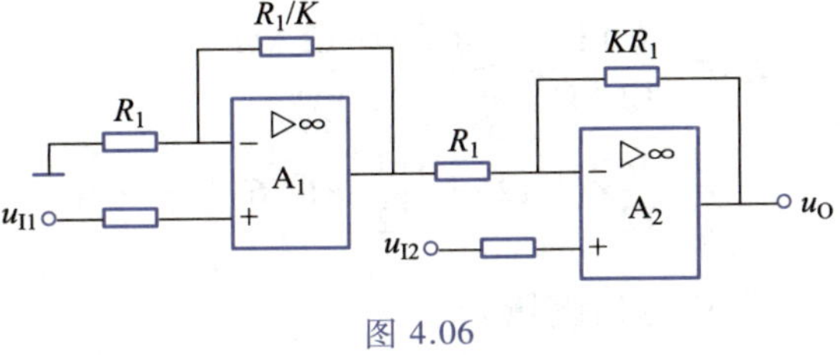

图 4.06

解: 图 4.06 所示电路,A_1 级为同相比例运算电路,即有

$$u_{O1}=\left(1+\frac{R_1/K}{R_1}\right)u_{I1}=\left(1+\frac{1}{K}\right)u_{I1}$$

A_2 级反相输入信号,应用叠加原理可得

$$\begin{aligned}u_O&=-\frac{R_2K}{R_2}u_{O1}+\left(1+\frac{R_2K}{R_2}\right)u_{I2}\\&=(1+K)u_{I2}-K\left(1+\frac{1}{K}\right)u_{I1}=(1+K)\times(u_{I2}-u_{I1})\end{aligned}$$

4.8 电路和各参数如图 4.07 所示。试求输出电压 u_{O1}、u_{O2}和 u_O。

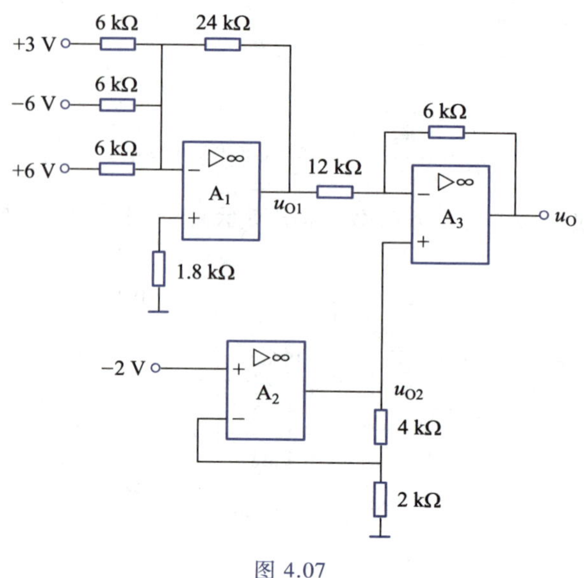

图 4.07

分析:A_1 级为反相加法运算电路,A_2 级为同相比例运算电路,A_3级为差分输入电路。只要求得 u_{O1}和 u_{O3},即可求得 u_O。

解:A_1 级为反相加法运算电路,其输出电压 u_{O1}为

$$u_{O1}=-\frac{24\ \text{k}\Omega}{6\ \text{k}\Omega}\times 3-\frac{24\ \text{k}\Omega}{6\ \text{k}\Omega}\times(-6)-\frac{24\ \text{k}\Omega}{6\ \text{k}\Omega}\times 6\ \text{V}=-12\ \text{V}$$

A_2 级为同相比例运算电路,其输出电压 u_{O2}为

$$u_{O2}=\frac{4\ \text{k}\Omega+2\ \text{k}\Omega}{2\ \text{k}\Omega}\times(-2)\ \text{V}=-6\ \text{V}$$

A_3为级差分输入运算电路,其输出电压 u_O 为

$$\begin{aligned}u_O&=-\frac{6\ \text{k}\Omega}{12\ \text{k}\Omega}u_{O1}+\frac{6\ \text{k}\Omega+12\ \text{k}\Omega}{12\ \text{k}\Omega}u_{O3}\\&=-\frac{6}{12}\times(-12)+\frac{6+12}{12}\times(-6)\ \text{V}=-3\ \text{V}\end{aligned}$$

4.9　试求图 4.08 所示电路中输出电压 u_O。

分析:图 4.08(b)所示反相比例运算电路的输入信号为 u_C,故该电路为一阶线性瞬态电路,可用几种不同方法求解。

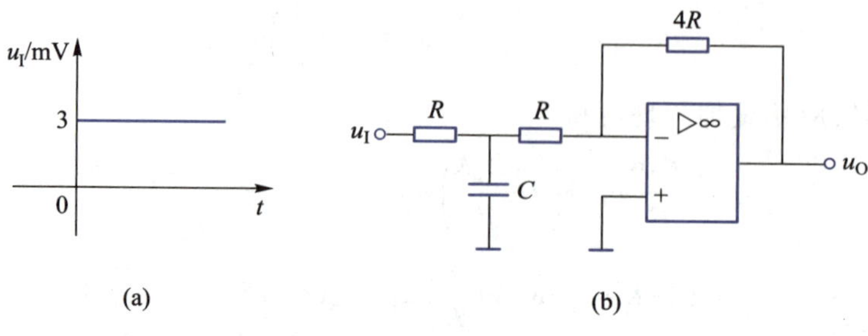

图 4.08

解:方法 1　经典法。

由解图 4.08 所示电路可得

$$i=i_C+i_F$$

即有

$$\frac{u_I-u_C}{R}=C\frac{du_C}{dt}+\frac{u_C}{R}$$

或

$$u_I=RC\frac{du_C}{dt}+2u_C$$

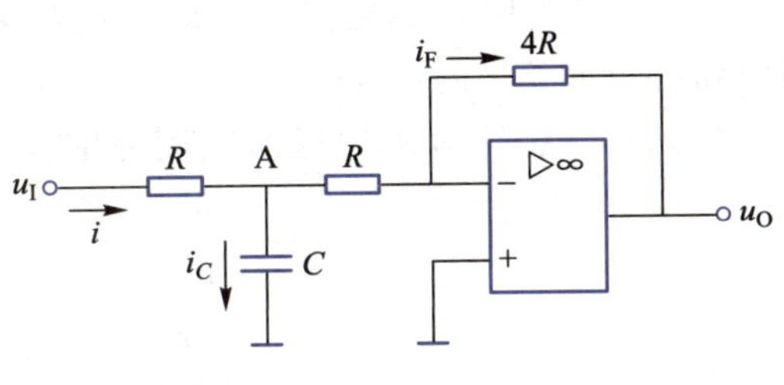

解图 4.08

解一阶微分方程,依据已知条件可确定初始条件,则有

$$u_C=\frac{3}{2}(1-e^{-\frac{2}{RC}t})\ \text{mV}\quad(t\geqslant 0)$$

电压 u_C 作为 A 点的输入信号,如解图 4.08 所示。根据反相比例运算关系,则有

$$u_O=-\frac{4R}{R}u_C=-4u_C=-6(1-e^{-\frac{2}{RC}t})\ \text{mV}\ (t\geqslant 0)$$

方法 2　三要素法。

因为反相输入端为“虚地”,故电路“三要素”分别为

$$u_C(0_-)=u_C(0_+)=0$$

$$u_C(\infty)=\frac{R}{2R}u_I=\frac{1}{2}\times 3\ \text{mV}=\frac{3}{2}\ \text{mV}$$

$$\tau=(R/\!/R)C=\frac{RC}{2}$$

因此有

$$\begin{aligned}u_C&=u_C(\infty)+[u_C(0_+)-u_C(\infty)]e^{-\frac{t}{\tau}}\\&=\left[\frac{3}{2}+\left(0-\frac{3}{2}\right)e^{-\frac{2}{RC}t}\right]\text{mV}\\&=\frac{3}{2}(1-e^{-\frac{2}{RC}t})\ \text{mV}\quad(t\geqslant 0)\end{aligned}$$

故输出电压为

$$u_O=-\frac{4R}{R}u_C=-4u_C=-6(1-e^{-\frac{2}{RC}t})\ \text{mV}\ (t\geqslant 0)$$

4.10　试写出图 4.09 所示电路 u_O 与 U_Z 的关系式,并说明其功能。当负载电阻 R_L改变时,输出电压 u_O 有无变化? 调节 R_F起何作用?

解:(1) 根据“虚地”和“虚断”,则有

$$\frac{U_Z}{R_1}=-\frac{u_O}{R_F}$$

故输入、输出关系为

$$u_O=-\frac{R_F}{R_1}U_Z$$

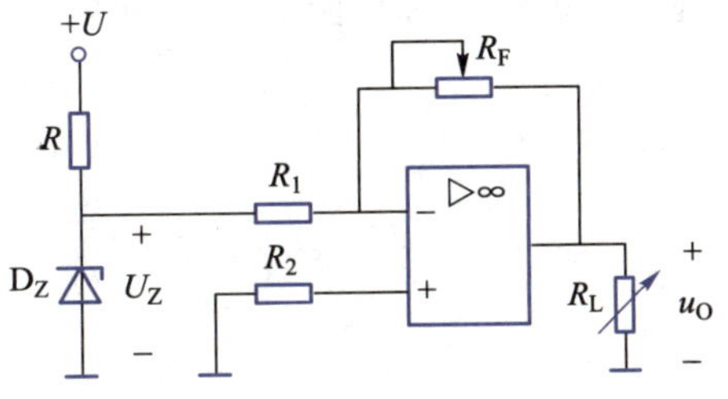

图 4.09

(2) 图 4.09 所示电路为一可调恒电压电路。由于 U_Z 不变,且与负电阻 R_L无关,因此当负载电阻 R_L改变

时,输出电压 u_O不变。当调节反馈电阻 R_F阻值时,可以改变输出电压的大小。

4.11　图4.10所示电路中负载电阻 $R_L>>R$。试求负载电流 i_O 与输入电压 u_I 的关系;并判断电路有何种类型的负反馈。

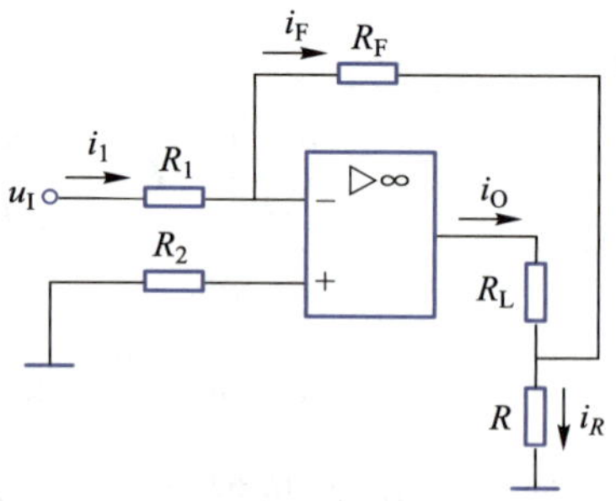

解:(1)根据“虚地”“虚断”,则分别有

$$i_F=i_1=\frac{u_I}{R_1}$$

$$i_R=-\frac{u_I}{R_1}\frac{R_F}{R}$$

电路输出电流为

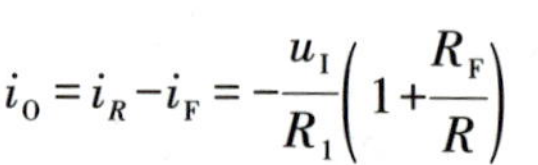

$$i_O=i_R-i_F=-\frac{u_I}{R_1}\left(1+\frac{R_F}{R}\right)$$

图4.10

(2)电路中电阻 R_F引入电流并联负反馈。

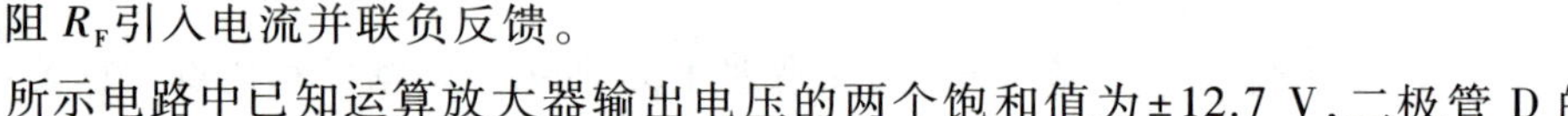

4.12　图4.11所示电路中已知运算放大器输出电压的两个饱和值为±12.7 V,二极管D的导通电压 $U_D=0.7$ V,$R_1=R_2=10$ kΩ。试画出电路的电压传输特性。

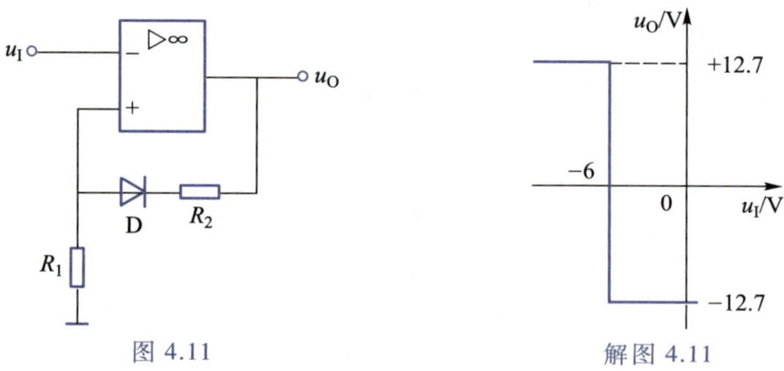

图4.11　　解图4.11

分析:在图4.11所示电压比较电路中,输出电压饱和值 $U_{o(sat)}=\pm12.7$ V。二极管导通时的阈值电压(门限电平)即输出跃变所对应的输入电压,在 $U_{T2}(=u_I)$时,输出电压发生跃变。

解:当二极管D截止时,阈值电压为

$$U_{T1}=0\ \text{V}$$

当二极管D导通时,阈值电压为

$$U_{T2}=-\frac{U_{o(sat)}-U_D}{R_1+R_2}R_1=-\frac{12.7-0.7}{10+10}\times10\ \text{V}=-6\ \text{V}$$

因此,输出电压在−6 V发生跃变,传输特性曲线如解图4.11所示。

4.13　图4.12所示电路是一监控报警装置。如需对某一参数(如温度、压力等)进行监控时,可由传感器测得监控信号 u_I,U_R是参考电压。当 u_I 超过正常值时,报警灯亮,试说明其工作原理。二极管D和电阻 R_3在此起何作用?

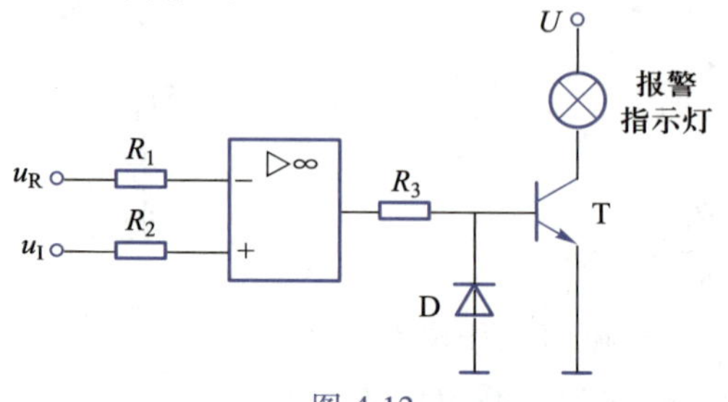

图4.12

解：运算放大器构成比较电路。

当 $u_I<U_R$ 时，运算放大器反相饱和，其输出电压 $u_O=-U_{o(sat)}$，二极管 D 导通，晶体管 T 承受 -0.6 V 反向偏置，集电极电流 $I_C=0$，报警指示灯熄灭。故二极管 D 的作用是限制晶体管 T 反向电压过高时被击穿，电阻 R_3 的作用是限制二极管 D 电流的大小，从而对其进行保护。

当 $u_I>U_R$ 时，运算放大器正向饱和，其输出电压 $u_O=+U_{o(sat)}$，二极管 D 截止，晶体管 T 导通，报警指示灯亮，可对被监控对象进行监控。此时，电阻 R_3 既限制晶体管 T 基极的电流，又为晶体管 T 提供基极偏置。

4.14 图 4.13 所示电路中运算放大器的最大输出电压为±12 V，$u_1=0.04$ V，$u_2=-1$ V，电路参数如图所示。试问经过多长时间输出电压产生跳变？

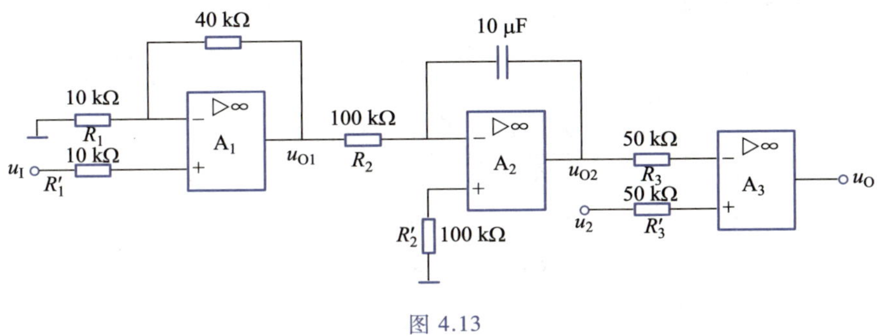

图 4.13

解：在图 4.13 中，A_1 级为同相比例运算电路，有

$$u_{O1}=\left(1+\frac{R_F}{R_1}\right)u_{I1}=\left(1+\frac{40}{10}\right)u_I=5u_I$$

A_2 级为积分运算电路，则有

$$u_{O2}=-\frac{1}{R_2C}\int u_{O1}\mathrm{d}t=-\frac{1}{R_2C}\int 5u_I\mathrm{d}t$$

$$=-\frac{1}{100\times10^3\times10\times10^{-6}}\int 5u_I\mathrm{d}t=-5t\times0.04=0.2t\ \mathrm{V}$$

A_3 级为电压比较电路，有

$$u_2>u_{O2},\ u_O=+U_{o(sat)}=12\ \mathrm{V}$$

$$u_2<u_{O2},\ u_O=-U_{o(sat)}=-12\ \mathrm{V}$$

当 $t=0$ s 时，$u_{O2}(0)=0$ V，$u_O=-12$ V；

当 $t=5$ s 时，$u_{O2}(5)=-1$ V，$u_O=+12$ V。

即

$$0<t<5\ \mathrm{s},u_O=-12\ \mathrm{V}$$

$$5\ \mathrm{s}<t<\infty,u_O=+12\ \mathrm{V}$$

所以，经过 5 s 后输出电压 u_O 发生突变。

§4.6 补充拓展题和解答

4.15 图 4.14 所示电路，试求 $R_1=R_2=R$，$C_F=C_2=C$ 时的输出电压 u_O。

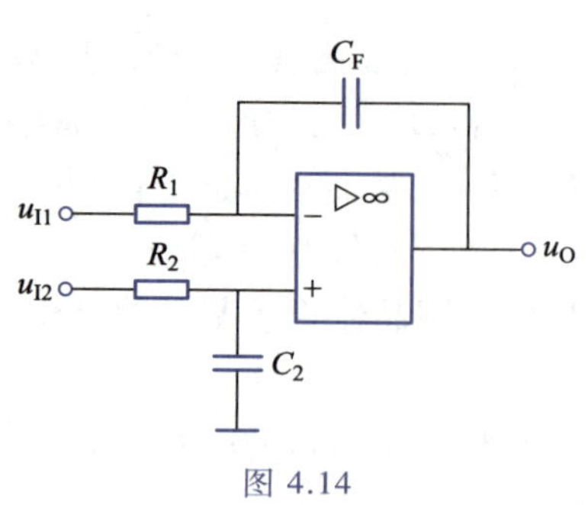

图 4.14

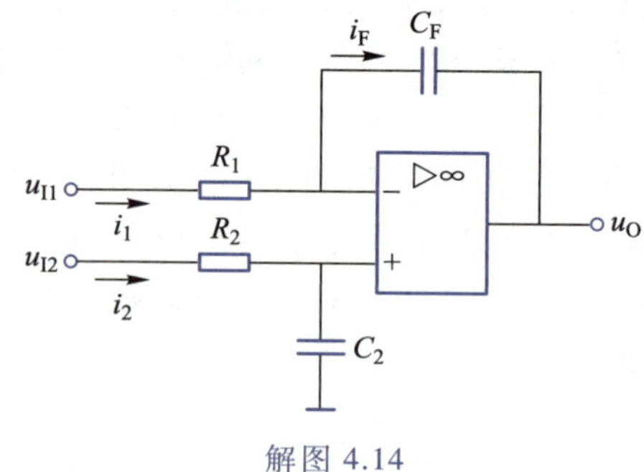

解图 4.14

解:根据"虚断"特点,则有

$$i_1 = i_F$$

即有

$$\frac{u_{I1}-u_-}{R_1} = C_F \frac{d(u_- - u_O)}{dt} \tag{1}$$

$$\frac{u_{I2}-u_+}{R_2} = C_2 \frac{du_+}{dt}$$

再根据"虚短"特点,则有

$$u_+ \approx u_-$$

故有

$$\frac{u_{I2}-u_-}{R_2} = C_2 \frac{du_-}{dt} \tag{2}$$

若(1)式减(2)式,且 $R_1 = R_2 = R, C_F = C_2 = C$,则可得

$$\frac{u_{I1}-u_{I2}}{R} = -C\frac{du_O}{dt}$$

所以

$$u_O = \frac{1}{RC}\int (u_{I2} - u_{I1})\,dt$$

4.16 图 4.15(a)所示电路中 A_1、A_2 均为理想运算放大器,输入电压 u_I、开关 S 闭合和断开对应时间的波形,如图 4.15(b)所示。

(1) 试求:开关 S 闭合和断开时 u_{O1} 的表达式;

(2) 设 $u_C(0) = 0$,画出输出电压 u_{O1}、u_O 的波形。

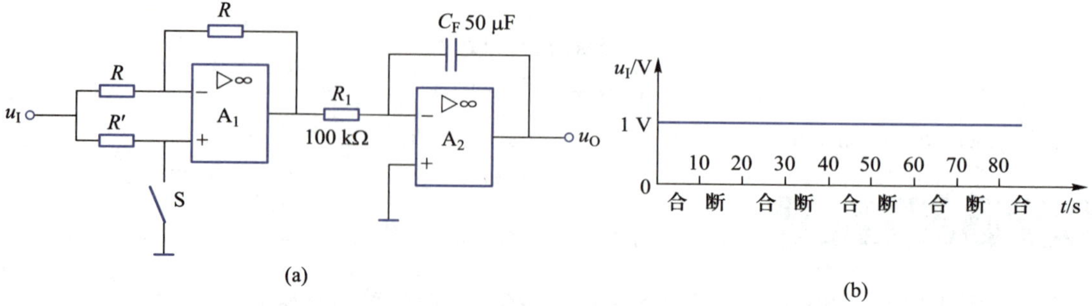

图 4.15

分析: 第一级 A_1 可分两种情况分析:当开关 S 闭合时,A_1 相当于反相比例运算电路,如解图 4.15(a)所示;当开关 S 断开 A_1 相当于差分电路,如解图 4.15(b)所示。

解:(1) 开关 S 闭合时,如解图 4.15(a)所示。A_1 输出电压为

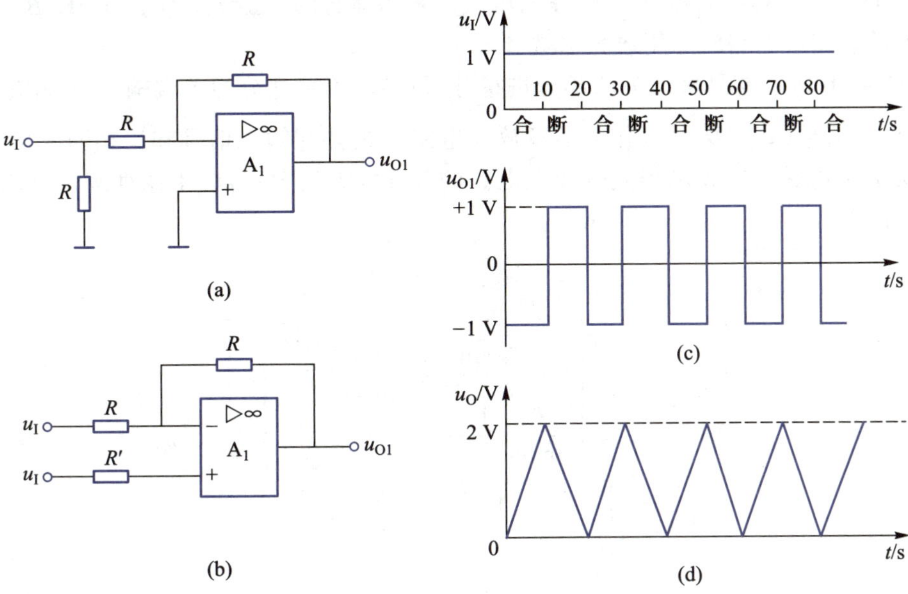

解图 4.15

$$u_{O1}=-\frac{R}{R}u_I=-u_I$$

开关 S 断开时,如解图 4.15(b)所示。A_1 输出电压为

$$u_{O1}=\frac{R+R}{R}u_I-\frac{R}{R}u_I=2u_I-u_I=u_I$$

故输出电压 u_{O1}的波形如解图 4.15(c)所示。

(2) 第二级 A_2 为积分运算电路,其输出电压为

$$u_O=-\frac{1}{R_1C_F}\int u_{O1}\mathrm{d}t=-\frac{1}{100\times10^3\times50\times10^{-6}}\int u_{O1}\mathrm{d}t=-\frac{1}{5}\int u_{O1}\mathrm{d}t$$

当 $0<t\leqslant10$ s 时,有

$$u_O=-\frac{1}{5}\int u_{O1}\mathrm{d}t=-\frac{1}{5}t$$

当 $t=10$ s 时,有

$$u_O(10)=\frac{1}{5}\times10\ \mathrm{V}=2\ \mathrm{V}$$

当 $10<t\leqslant20$ s 时,有

$$u_O=2-\frac{1}{5}(t-10)$$

当 $t=20$ s 时,有

$$u_O(20)=\left[2-\frac{1}{5}(20-10)\right]\mathrm{V}=0\ \mathrm{V}$$

后续的过程又同前面分析方法一样,周而复始。故输出电压 u_O 的波形,如解图 4.15(d)

所示。

注意: 当电路输入为1 V的直流信号,则可输出一个有一定频率、幅度的方波和三角波。

4.17 图4.16所示电路中A为理想运算放大器,其共模与差模输入范围都足够大,电源$+U_{CC}$和$-U_{EE}$同时为运算放大器A的电源电压。已知晶体管的$r_{be1}=r_{be2}=r_{be}=1\ k\Omega$,$\beta_1=\beta_2=50$,$I_S$为理想恒流源。试求电路的电压放大倍数$A_u$。

分析: 图4.16所示电路可分为两部分进行分析计算:第一部分为单端输入、单端输出差分放大电路,其输出信号($\dot{U}_{C1}$、U_{CC})又作为运算放大电路A的同相输入信号和反相输入信号;第二部分A为差分放大电路。首先求得差分放大电路的开环放大倍数;再应用戴维南定理求运算放大电路的放大倍数。

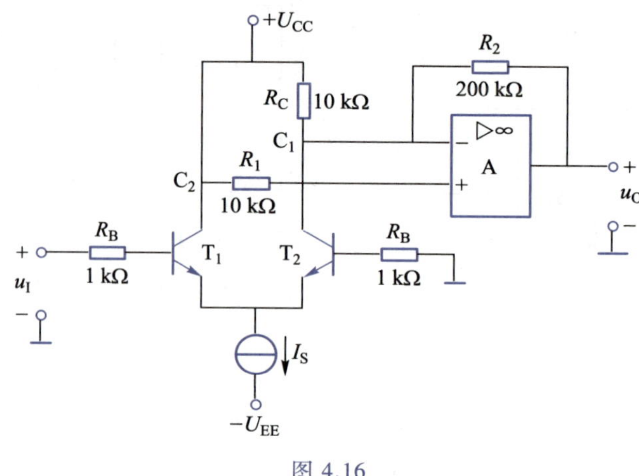

图4.16

解: (1) 将差分放大电路的输出端C_2与后级运算放大电路断开,则差分放大电路的电压放大倍数为

$$A_{u1}=-\frac{\dot{U}_{C1}}{\dot{U}_i}=\frac{1}{2}\frac{\beta R_C}{(R_B+r_{be})}=\frac{1}{2}\times\frac{50\times10}{1+1}=\frac{1}{2}\times250=125$$

(2) 运算放大电路A的放大倍数可用戴维南定理求得。其反相输入端经电阻R_C接输入电压$\dot{U}_{C1}$,同相输入端经R_1接"地"。故其放大倍数为

$$A_{u2}=-\frac{\dot{U}_o}{\dot{U}_{C1}}=-\frac{R_2}{R_C}=-\frac{200}{10}=-20$$

(3) 图4.16所示电路的总电压放大倍数为

$$A_u=A_{u1}A_{u2}=125\times(-20)=-2\ 500$$

注意: 该题是利用低失调电压的差分电路作为前置放大,其优点是可以通过挑选合适T_1、T_2管,使其温度系数和集成运算放大器相互补偿,达到改善失调电压目的。

4.18 图4.17所示电路中设$R_1=R_2=R_3=R_4=R_5=R_6=R_7=R$。试求$u_O$与$u_I$表达式。

分析: 第一级A_1为PD调节器,第二级A_2为反相比例运放电路,电路中用T形网络代替了反馈电阻R_F,用低值电阻实现高放大倍数的比例运算。为了分析方便,在图4.17所示电路中给出各电流的参考方向,如解图4.17所示。

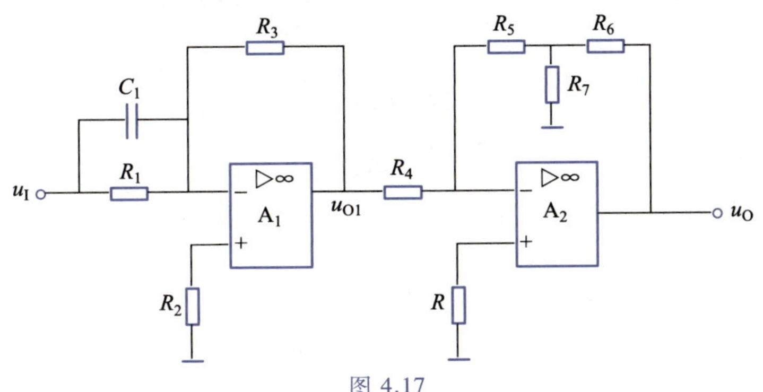

图 4.17

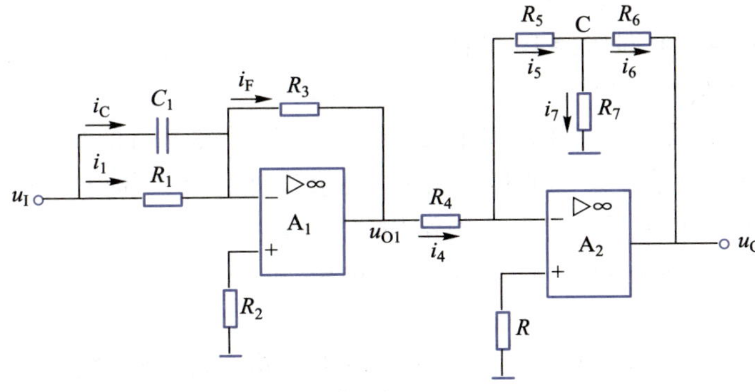

解图 4.17

解:(1) A_1 级如解图 4.17 所示。根据"虚地"有

$$u_{O1}=-R_3 i_{F1}$$

反馈电阻 R_3的电流为

$$i_{F1}=i_1+i_C=\frac{u_I}{R_1}+C_1\frac{\mathrm{d}u_I}{\mathrm{d}t}$$

A_1 输入与输出的关系式为

$$u_{O1}=-\left(\frac{R_3}{R_1}u_I+R_3C_1\frac{\mathrm{d}u_I}{\mathrm{d}t}\right)$$

根据题中假设条件,则有

$$u_{O1}=-\left(u_I+RC_1\frac{\mathrm{d}u_I}{\mathrm{d}t}\right)$$

(2) A_2 级如解图 4.17 所示。同样根据"虚地",$u_{+2}\approx u_{-2}=0$,$i_4\approx i_5$,则分别有

$$i_4=\frac{u_{I2}}{R_4}=\frac{u_{O1}}{R_4}$$

$$i_5=\frac{-u_C}{R_5}$$

式中,u_C 为 T 形网络 C 点的电位。可得

$$u_C=-\frac{R_5}{R_4}u_{O1}$$

则 A_2 级输入与输出电压关系

$$u_C=\frac{R_5/\!/R_7}{R_6+R_5/\!/R_7}u_O$$

故有

$$u_O=-\frac{R_5+R_6+\dfrac{R_5R_6}{R_7}}{R_4}u_{O1}$$

根据设定条件,则有

$$u_O=-3u_{O1}$$

(3) 图4.17所示电路 u_O 与 u_I 的表达式为

$$u_O=-3\left(u_I+RC_1\frac{\mathrm{d}u_I}{\mathrm{d}t}\right)$$

4.19 按下列各关系画出运算放大电路,并计算各电阻值。

(1) $u_O=-(u_{I1}+0.4u_{I2})$,设 $R_F=100\ \text{k}\Omega$;

(2) $u_O=0.5u_I$,设 $R_F=10\ \text{k}\Omega$。

分析:本题属于运算放大器应用电路的设计问题。设计类题目的特点在于,已知电路的输入、输出电压间的关系,即希望实现的运算关系,要求设计一个具体电路来实现已知的运算关系。具体方法:首先由运算关系确定电路的结构形式;其次,选择元件的参数值。要注意的是,一个运算关系式可能有多种电路结构形式和参数选择,可以通过具体分析不同电路结构的利弊来选出较优电路。

解:(1) 由 $u_O=-(u_{I1}+0.4u_{I2})$ 可知,要求运算放大电路实现反相求和运算,故运算放大电路结构如解图4.18(1)所示。故可得

$$u_O=-\left(\frac{R_F}{R_1}u_{I1}+\frac{R_F}{R_2}u_{I2}\right)$$

对应表达式的电路系数为

$$\frac{R_F}{R_1}=1\quad,\ \frac{R_F}{R_2}=0.4$$

则电路中元件参数值分别为

$$R_1=R_F=100\ \text{k}\Omega$$

$$R_2=2.5R_F=250\ \text{k}\Omega$$

电路中平衡电阻为

$$R_3=R_1\,/\!/\,R_2\,/\!/\,R_F=\frac{50\times250}{50+250}\ \text{k}\Omega=42\ \text{k}\Omega$$

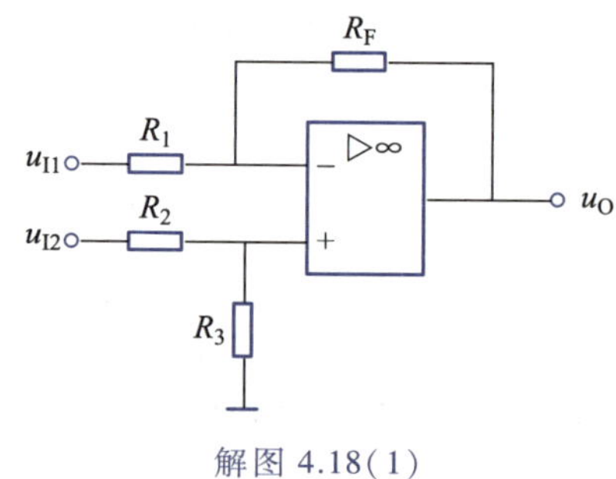

解图4.18(1)

(2) 由 $u_O=0.5u_I$ 表达式可知,要求运算放大电路实现同相比例运算。由于比例系数小于1,用简单的同相比例放大电路无法实现题目要求。如果在同相比例放大电路基础上增加分压电路,以调节比例系数,则电路结构如解图4.18(2)(a)所示。

如解图4.18(2)(a)所示电路有

$$u_O=\left(1+\frac{R_F}{R_1}\right)\frac{R_2}{R_2+R_3}u_I$$

故根据表达式比例系数可知

$$\left(1+\frac{R_F}{R_1}\right)\frac{R_2}{R_2+R_3}=0.5$$

电路中各元件的参数值选择,有两种方案:

方案1 同比例(分压)运算电路

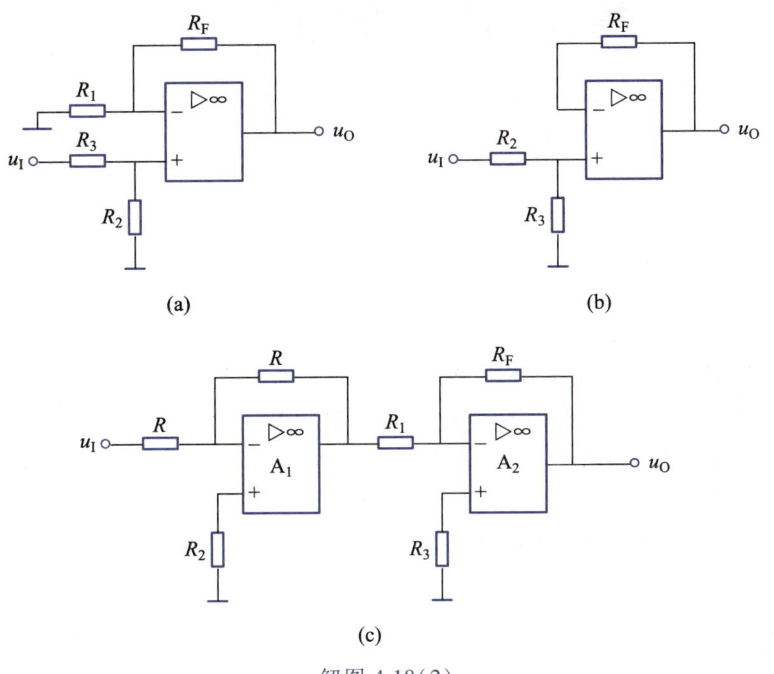

解图 4.18(2)

$$R_1=R_F=10\ \text{k}\Omega$$

$$\frac{2R_2}{R_2+R_3}=0.5$$

$$R_2 /\!/ R_3=R_1 /\!/ R_F=5\ \text{k}\Omega$$

故解得

$$R_2=20\ \text{k}\Omega,\ R_3=6.7\ \text{k}\Omega$$

方案 2 反相比例(两极)运算电路

设 R_1 开路,取 $R_2=R_3=20\ \text{k}\Omega$,电路结构如解图 4.18(2)(b)所示。

为了实现 $u_O=0.5u_I$,也可采用两级反相比例运算放大电路实现。电路如解图 4.18(2)(c)所示。

$$u_O=\left(-\frac{R}{R}u_I\right)\times\left(-\frac{R_F}{R_1}\right)=\frac{R_F}{R_1}u_I$$

根据表达式比例系数为

$$\frac{R_F}{R_1}=0.5$$

故可取各参数值分别为

$$R_1=2R_F=2\times10\ \text{k}\Omega=20\ \text{k}\Omega$$

$$R=20\ \text{k}\Omega$$

$$R_2=\frac{R}{2}=10\ \text{k}\Omega$$

$$R_3=R_1 /\!/ R_F=6.7\ \text{k}\Omega$$

注意:对于同一运算关系,可用不同的电路结构来实现,选择电路结构形式的原则,应是最简单的电路结构。因此,题(2)中的表达式应选择解图 4.18(2)(b)所示电路。

第 5 章　直流稳压电源

§5.1　学习要求

1. 掌握单相整流电路工作原理和主要参数计算。
2. 理解滤波电路的工作原理和主要参数计算，滤波电容的选择。
3. 了解电感滤波电路和其他形式滤波电路的特点。
4. 了解串联型直流稳压电路的组成、工作原理。
5. 了解集成开关稳压器工作原理和应用。

§5.2　学习辅导

1. 整流电路

（1）整流电路的原理是利用二极管组成的电路将交流电压（或电流）变为单一方向脉动的电压（或电流）。从输入的交流电源来看，可将整流分为单相整流电路、三相整流电路。单相整流电路又分为单相半波整流电路和全波整流电路，两种整流电路二极管所承受的最高反向工作电压均为 $U_{DRM}=\sqrt{2}U$。因为半波整流电路输出脉动较大，变压器利用效率低，故实际应用中多为单相桥式整流电路。单相桥式整流电路需要 4 只整流二极管，输出电压脉动较小，电压较高。三相整流电路一般用于大功率直流电源，实际应用中大部分是单相整流电路。

（2）选择整流电路二极管时，应使二极管的反向工作峰值电压 $U_{RM}>U_{DRM}$。前者是管子的参数，后者是管子在实际电路中所承受的最高反向电压值。

（3）常见整流电路的变压器二次电流的有效值 I 的计算（见教材表 5.1.1）。

① 单相半波整流（输出电流）

$$I_0=\frac{1}{2\pi}\int_0^{\pi}I_m\sin\omega t\mathrm{d}(\omega t)=\frac{I_m}{\pi}$$

有效值

$$I=\sqrt{\frac{1}{2\pi}\int_0^{\pi}(I_m\sin\omega t)^2\mathrm{d}(\omega t)}=\frac{I_m}{2}=\frac{\pi}{2}I_0=1.57I_0$$

② 单相桥式整流（输出电流）

$$I_0=\frac{2I_m}{\pi}$$

有效值

$$I=\sqrt{\frac{1}{\pi}\int_0^{\pi}(I_m\sin\omega t)^2\mathrm{d}(\omega t)}=\frac{I_m}{\sqrt{2}}=\frac{\pi}{2\sqrt{2}}I_0=1.11I_0$$

③ 三相半波整流（输出电流）

$$I_0=\sqrt{\frac{1}{2\pi/3}\int_{\frac{\pi}{6}}^{\frac{5\pi}{6}}I_m\sin\omega t\mathrm{d}(\omega t)}=0.827I_m$$

有效值

$$I=\sqrt{\frac{1}{2\pi}\int_{\frac{\pi}{6}}^{\frac{5\pi}{6}}(I_m\sin\omega t)^2\mathrm{d}(\omega t)}=0.486I_m$$

或

$$I=\frac{0.486}{0.827}I_0=0.59I_0$$

④ 三相桥式整流(输出电流)

$$I_0=\frac{1}{\pi/3}\int_{\frac{\pi}{6}}^{\frac{\pi}{2}}I_m\sin(\omega t+30°)\mathrm{d}(\omega t)=0.955I_m$$

有效值

$$I=\sqrt{\frac{1}{\pi/2}\int_{\frac{\pi}{6}}^{\frac{\pi}{2}}[I_m\sin(\omega t+30°)]^2\mathrm{d}(\omega t)}=0.78I_m$$

或

$$I=\frac{0.78}{0.955}I_0=0.82I_0$$

2. 滤波电路

(1) 滤波电路的工作原理是利用储能元件(L、C)改善整流电路输出电压的脉动程度,使得负载上得到脉动幅度较小的输出电压或电流。滤波方法是将电容与负载 R_L 并联(或将电感与负载 R_L 串联)。

(2) 常用的滤波电路形式有电容滤波器、电感滤波器、π 型滤波器等。负载电流较小时应采用电容滤波器;负载电流较大时应采用电感滤波器;要求输出电压脉动较小时可采用 π 型滤波器。

(3) 电容滤波(接有负载电阻 R_L)

半波整流电路

$$U_0=U,\quad U_{DRM}=2\sqrt{2}U$$

桥式整流电路

$$U_0=1.2U,\quad U=\sqrt{2}U$$

3. 稳压电路

(1) 稳压电路主要有稳压二极管组成,稳压二极管工作在反向击穿状态,反向击穿的电压低,击穿特性陡,可以反复击穿。

(2) 常用的稳压电路有稳压管稳压电路和串联型稳压电路两种形式。稳压管稳压电路的工作原理是利用稳压管两端电压较小的变化使输出电流有较大变化。应注意的是稳压管稳压电路中的限流电阻 R 必不可少,且阻值要选择得当。

4. 直流稳压电源

(1) 几乎所有电子电路工作时都需要直流电源提供能量,便捷式低功率系统可采用电池,但对于大功率电子设备,使用电池费用高。因此,大多采用直流稳压电源供电。

(2) 直流稳压电源的供电电源大都是交流电源,当交流供电电源的电压或负载电阻变化时,稳压器的直流输出电压都会保持稳定。

(3) 直流稳压电源按结构分为并联型直流稳压电源、串联型直流稳压电源两种。并联型直流稳压电源由变压器降压、桥式整流、电容滤波、稳压二极管稳压等部分组成,用于要求不高的场合。串联型直流稳压电源由整流滤波、调整器件、比较放大、基准电源、取样等部分组成,用于要求较高的场合。按电源所使用的元件又可分不可控直流稳压电源、可控直流稳压电源。本章主要介绍的直流稳压电源就是由二极管组成并联、不可控直流稳压电源。

§5.3　重点和难点

1. 重点

(1) 单相桥式整流电路的工作原理、参数分析计算。

(2) 电容滤波电路的工作原理、参数分析计算。

(3) 串联型直流稳压电路的组成、工作原理和参数分析计算。

(4) 三端固定式输出集成稳压器和具体应用。

2. 难点

(1) 电容滤波电路的工作原理和参数分析计算。

(2) 单相桥式整流电路元件的选取。

(3) 串联型直流稳压电路的工作原理和参数分析计算。

§5.4　练习与思考题解答

5.3.1　用两块 W78××可构成输出正、负电压的稳压电路吗? 如果可以,请画出电路图。

解:用两块 W78××可以构成正、负电压同时输出的集成稳压电源,稳压电源电路如解图 5.3.1 所示。

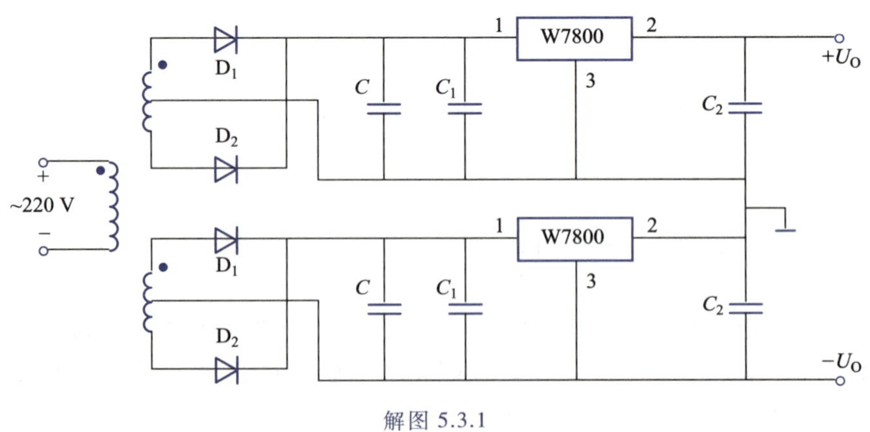

解图 5.3.1

解图 5.3.1 所示电路 C 为整流后滤波;C_1 为抵消输入端接线较长时的电感效应,防止产生自激振荡;C_2 用于改善负载的瞬时响应,当瞬时增减负载电流时,不致引起输出电压的较大波动。

注意:解图 5.3.1 所示电路,各电容参考值可取 $C=2\ 200\ \mu F$, $C_1=0.33\ \mu F$, $C_2=0.1\ \mu F$。另外,该电路中的整流变压器加工较为复杂,且体积相对较大。因而对要求有正、负电压双输出集成稳压电源,可采用由 W78××与 W79××构成。

5.3.2 串联型稳压电路有哪些主要环节?调整管工作在何种状态?电路中引入何种类型的负反馈?

解:(1) 串联型稳压电路除了变压、整流、滤波外,稳压部分一般有:采样环节、基准电压、比较放大和调整环节 4 个主要环节。

(2) 调整管放大输出电流,工作在放大区,饱和与截止状态的晶体管一般用在开关状态。一般串联型稳压电路中的调整管工作在线性区域。

(3) 串联型稳压电路中引入了深度电压负反馈(电压串联负反馈),目的是稳定输出电压,只有在满足深度负反馈的条件下,才能实现输出电压的精确稳定。

§5.5 习题解答

5.1 图 5.01 所示为单相全波整流电路,变压器二次绕组有中间抽头,两端的电压有效值均为 U。

(1) 标出负载电阻 R_L 两端电压 U_O 和滤波电容 C 的极性;

(2) 画出无电容滤波和有电容滤波两种情况下 U_O 的波形;

(3) 二极管所承受的最高反向电压是多少(包括有电容滤波和无电容滤波两种情况)?

(4) 如果将 D_2 的极性接反,电路能否正常工作?为什么?

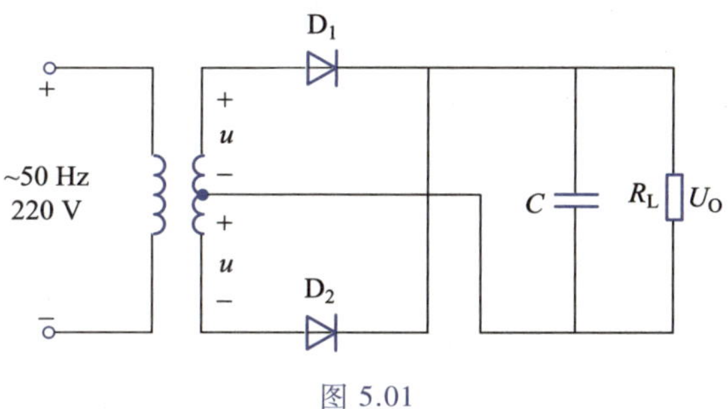

图 5.01

分析:本题目的要求是熟悉单相全波整流电容滤波电路的工作情况,对有关故障原因分析具有实际意义。

解:(1) 电路中从二极管连接可知,输出电压 U_O 的极性上正(+),下负(−),滤波电容 C 连接时也应保证上正(+),下负(−),这样才能保证电路正常工作,如解图 5.01(a)所示。

(2) 无电容滤波的输出电压波形如解图 5.01(b)所示。有电容滤波时输出电压波形如解图 5.01(c)所示。

(3) 电路无论是否有电容滤波,二极管截止时所承受的最高反向电压都为 $U_{DRM}=2\sqrt{2}U$。滤波电容的引入仅改变了导通管的导通时间,增大了导通管的冲击电流,不影响截止管上所承受的最大反向电压值。

(4) 如果 D_2 管的极性接反,则变压器的二次电压瞬时值上正(+)、下负(−),二极管 D_1、D_2 同时导通,使变压器二次侧短路,此时两只二极管中若有 1 只二极管烧坏,则形成开路,否则可能会烧坏变压器。因此,D_2 接反电路无法正常工作。

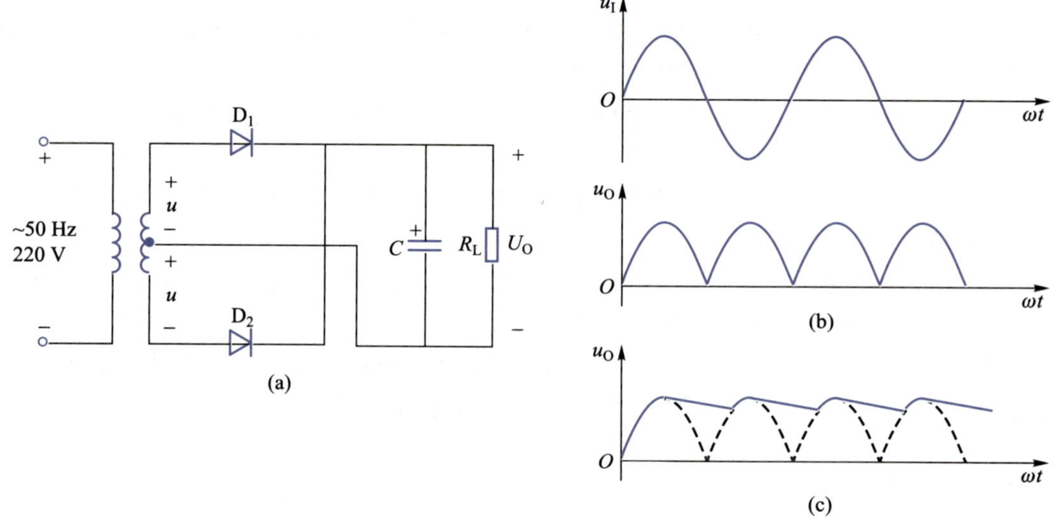

解图 5.01

注意: 请读者回答以下两个问题:

(1) 如果 D_2 管虚焊,输出电压 U_0 是否为正常值的一半?如果变压器二次侧中心抽头虚焊,这时会有输出电压 U_0 吗?

(2) 如果将 D_1、D_2 同时接反,电路是否仍有整流作用导通?为什么?

5.2 有一整流电路如图 5.02 所示,试求:

(1) 负载电阻 R_{L1}、R_{L2} 上的整流电压的平均值 U_{O1}、U_{O2},并标出实际极性;

(2) 二极管 D_1、D_2、D_3 中流过的平均电流 I_{D1}、I_{D2} 和 I_{D3};

(3) 二极管 D_1、D_2、D_3 分别所承受的最高反向电压。

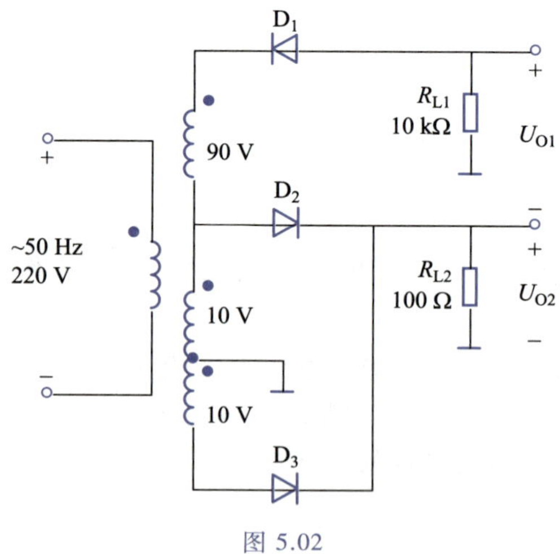

图 5.02

分析: 图 5.02 所示电路由半波和全波整流电路组合而成。半波整流由 90 V 和 10 V(上端)二次绕组,以及 D_1 和电阻 R_{L1} 组成;全波整流由 10 V 的 2 个二次绕组、D_2、D_3 和电阻 R_{L2} 组成。

解: (1) 半波整流输出电压为

$$U_{O1}=0.45U_2=0.45\times(90+10)\text{ V}=45\text{ V}$$

电压极性上"-",下"+"。

全波整流输出电压为

$$U_{O2}=0.9U_2=0.9\times10\ \text{V}=9\ \text{V}$$

电压极性上“+”,下“-”。

（2）通过 D_1 的平均电流为

$$I_{D1}=I_{L1}+\frac{U_{O1}}{R_{L1}}=\frac{45}{10}\ \text{mA}=4.5\ \text{mA}$$

D_1 的最高反向电压为

$$U_{DRM}=\sqrt{2}U_2=\sqrt{2}\times(90+10)\ \text{V}=141\ \text{V}$$

（3）通过 D_2、D_3 的电流为

$$I_{D2}=I_{D3}=\frac{1}{2}\frac{U_{O2}}{R_{L2}}=\frac{1}{2}\times\frac{9}{100}\ \text{mA}=45\ \text{mA}$$

D_2、D_3 的最高反向电压为

$$U_{DRM2}=U_{DRM3}=2\sqrt{2}U_2=2\sqrt{2}\times10\ \text{V}=28.2\ \text{V}$$

5.3 某直流稳压电源，负载电压 $U_O=30$ V，电流 $I_O=150$ mA，拟采用单相桥式整流电路，带电容滤波。已知交流电源的频率 $f=50$ Hz。要求：

（1）选择适当的二极管型号；

（2）选择滤波电容 C。

分析：本题已经限定了直流稳压电源的结构形式，要求根据选定选择整流二极管 D 和滤波电容 C。题目选定电路结构的依据 $I_{Om}=2I_D$，$U_{DRM}=\sqrt{2}U$，$R_LC\geqslant(3\sim5)\frac{T}{2}$。

解：（1）选取二极管

二极管的平均电流为

$$I_D=\frac{1}{2}I_O=\frac{1}{2}\times150\ \text{mA}=75\ \text{mA}$$

因全波整流电容滤波电路有 $U_O=1.2U$，则有

$$U=\frac{U_O}{1.2}=\frac{30}{1.2}\ \text{V}=25\ \text{V}$$

二极管承受的最高反向电压为

$$U_{DRM}=\sqrt{2}U=\sqrt{2}\times25\ \text{V}=35.25\ \text{V}$$

因此，经查手册可选二极管 2CZ52C(2CP12)，其参数为 $I_{Om}=100$ mA，$U_{RWM}=100$ V。

（2）选取滤波电容

根据电容选取式

$$R_LC\geqslant(3\sim5)\frac{T}{2}$$

即有

$$R_L=\frac{U_O}{I_O}=\frac{30}{150\times10^{-3}}\ \Omega=200\ \Omega$$

故

$$C=\frac{5T}{2R_L}=\frac{5}{2fR_L}=\frac{5}{2\times50\times200}\ \text{F}=250\ \mu\text{F}$$

因此，可选容量 250 μF，耐压 50 V 的极性电容。

5.4 图 5.03 所示电路中已知 $R=600\ \Omega$, $R_L=1\ \text{k}\Omega$, $u=20\sqrt{2}\sin\omega t\ \text{V}$，稳压管的 $U_Z=9\ \text{V}$, $I_Z=5\ \text{mA}$, $I_{ZM}=26\ \text{mA}$。

(1) S_3闭合，S_1、S_2断开时，求 U_O；

(2) S_1、S_3闭合，S_2断开时，求 U_O；

(3) S_1、S_2、S_3均闭合，断开时，求 I_Z；

(4) S_1、S_2闭合，S_3断开时，稳压管能否正常工作？

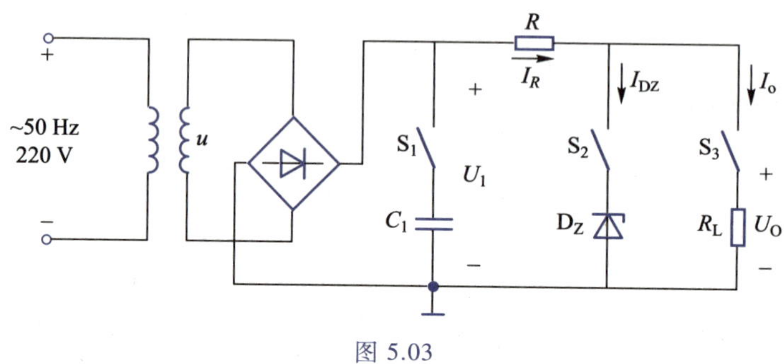

图 5.03

解：(1) S_3闭合，S_1、S_2断开时，无滤波电容，输出电压为

$$U_O=\frac{0.9U}{R+R_L}R_L=\frac{0.9\times20}{(0.6+1)\times10^3}\times1\times10^3\ \text{V}=11.25\ \text{V}$$

(2) S_1、S_3闭合，S_2断开时，有滤波电容，输出电压为

$$U_O=\frac{1.2U}{R+R_L}R_L=\frac{1.2\times20}{(0.6+1)\times10^3}\times1\times10^3\ \text{V}=15\ \text{V}$$

(3) S_1、S_2、S_3均闭合，断开时，稳压管电流为

$$I_{DZ}=\frac{1.2U-U_Z}{R}-\frac{U_Z}{R_L}$$

$$=\frac{1.2\times20-9}{0.6\times10^3}-\frac{9}{1\times10^3}\ \text{A}=16\ \text{mA}$$

(4) S_1、S_2闭合，S_3断开时，稳压管电流为

$$I_{DZ}=\frac{1.2U-U_Z}{R}=\frac{1.2\times20-9}{0.6\times10^3}\ \text{A}=25\ \text{mA}$$

因为，$I_Z<I_{DZ}<I_{ZM}$，故稳压管可以正常工作。

5.5 一直流稳压电源如图 5.04 所示，已知 $U_Z=15\ \text{V}$。

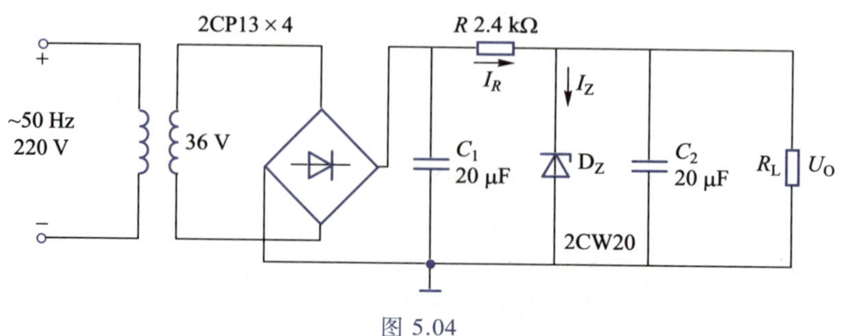

图 5.04

(1) 问输出电压 U_O 的极性和大小是多少？

(2) 负载电阻最小应为多少？

(3) 如将稳压管 D_Z 反接，后果又如何？

(4) 如 $R=0$，又将是如何？

解：(1) 输出电压 $U_O=U_Z=15\ \text{V}$，为上"+"、下"−"。

(2) 查手册 2CW20 的稳定工作电流 $I_Z=5\ \text{mA}$，最大稳定电流 $I_{ZM}=15\ \text{mA}$。又因为

$$I_R=\frac{U_{C1}-U_Z}{R}\approx\frac{43-15}{2.4\times10^3}\ \text{A}=11.67\ \text{mA}$$

当负载电阻 R_L 最小时，应保证 $I_Z=5\ \text{mA}$，故

$$R_L\geqslant=\frac{U_Z}{I_R-I_Z}=\frac{15}{11.67-5}\ \text{k}\Omega\ =2.25\ \text{k}\Omega$$

所以有

$$R_{\text{Lmin}}\approx2.25\ \text{k}\Omega$$

(3) 如果将稳压管 D_Z 接反，稳压管在电路中作用等同二极管，则限定输出约为 0.7 V。

(4) 如果限流电阻 $R=0$ 时，电路将失去调节作用；稳压管 D_Z 与电容 C_1 并联，则稳压管的端电压大于 15 V，故流过稳压管 D_Z 的电流过大而使其损坏。

5.6 图 5.05 所示的三端稳压器组成的电路，已知电流 $I_W=5\ \text{mA}$。要求：

(1) 写出图 5.05(a)所示电路中电流 I_L 表达式，当 $R_L=5\ \Omega$，求 I_L；

(2) 写出图 5.05(b)所示电路中电压 U_O 表达式，当 $R_L=5\ \Omega$，求 U_O；

(3) 说明两个电路分别具有什么功能。

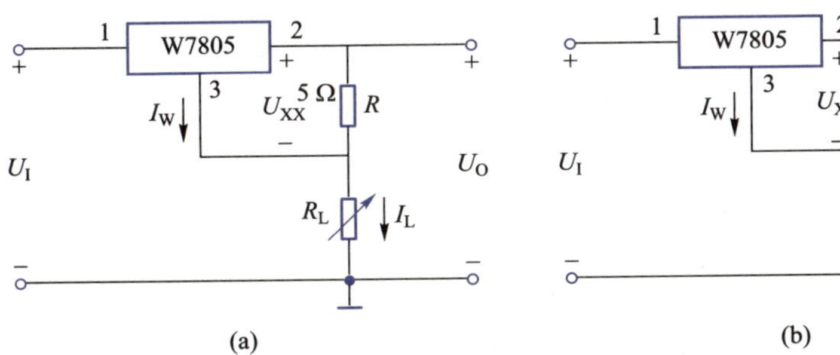

图 5.05

分析：由于 W7805 的输出电压恒定，故 $U_{XX}=5\ \text{V}$。

解：(1) 流经电阻 R 电流为

$$I_{XX}=\frac{U_{XX}}{R}=\frac{5}{5}\ \text{A}=1\ \text{A}$$

流经负载电阻 R_L 电流为

$$I_L=I_R+I_W=(1+5\times10^{-3})\ \text{A}=1.005\ \text{A}$$

输出电压为

$$U_O=U_{XX}+R_LI_L=(5+5\times1.005)\ \text{V}=10.025\ \text{V}$$

故图 5.05(a)所示电路相当于一个可调电流源。

(2) 流经电阻 R_1 电流为

$$I_{R_1}=\frac{U_{XX}}{R_1}=\frac{5}{5}\ \text{A}=1\ \text{A}$$

流经电阻 R_2 电流为

$$I_{R_2}=I_{R_1}+I_W=(1+5\times10^{-3})\ \text{A}=1.005\ \text{A}$$

电阻 R_2 端电压为

$$U_{R_2}=R_L I_{R_2}=5\times1.005\ \text{V}=5.025\ \text{V}$$

电路输出电压为

$$U_O=U_{R_1}+U_{R_2}=U_{XX}+U_{R_2}=(5+5.025)\ \text{V}=10.025\ \text{V}$$

所以,图 5.05(b)所示电路相当于一个可调电压源。

5.7 利用 W7805 和运算放大器组成输出电压可调的稳压电源,如图 5.06 所示。试计算输出电压的调节范围。

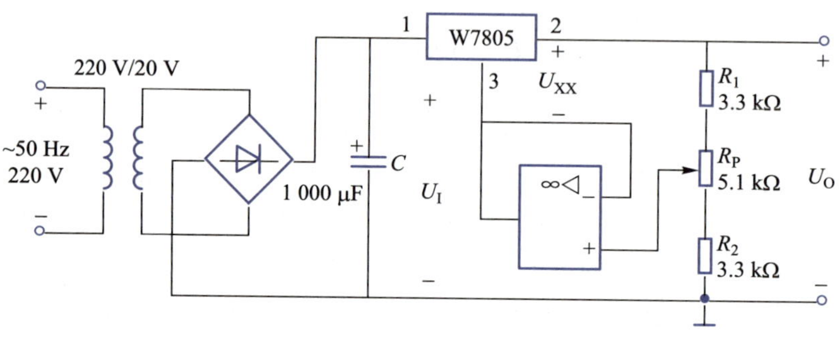

图 5.06

分析:图中运算放大器接成电压跟随器,其输出端电位(即 W7805 的 3 端电位)与同相输入端电位相同。

解:因运算放大器工作在线性区,故有 $u_-\approx u_+$,W7805 的输出电压 $U_{XX}=5$ V。可得

$$U_{XX}=\frac{R_1+R_p'}{R_1+R_p+R_2}U_O$$

即有

$$U_O=\frac{R_1+R_p+R_2}{R_1+R_p'}U_{XX}$$

电位器 R_P 滑动到最上端时 $R_p'=0$ 时,输出电压最大值为

$$U_{Omax}=\frac{R_1+R_p+R_2}{R_1}U_{XX}=\frac{3.3+5.1+3.3}{3.3}\times5\ \text{V}=17.73\ \text{V}$$

当电位器 R_P 滑动最下端 $R_p'=R_P$ 时,输出电压最小值为

$$U_{Omin}=\frac{R_1+R_p+R_2}{R_1+R_p}U_{XX}=\frac{3.3+5.1+3.3}{3.3+5.1}\times5\ \text{V}=6.96\ \text{V}$$

所以,U_O 的可调范围为 6.96 V~17.73 V。

5.8 在图 5.07 所示电路中,已知 $I_W=4.5$ mA,电阻 $R=100\ \Omega$,$R_L=200\ \Omega$。试求:

(1) 负载电阻电流 I_L;

(2) 电路的输出电压 U_O。

分析:由于 W7805 的输出电压恒定,故 $U_R=5$ V。

解:(1) 电路中负载电流为

$$I_L=I_W+\frac{U_R}{R}=\left(4.5+\frac{5}{100\times10^{-3}}\right)\ \text{A}=54.5\ \text{mA}$$

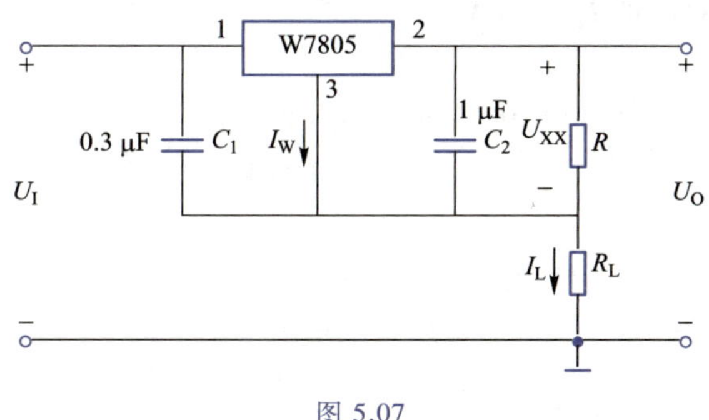

图 5.07

（2）电路的输出电压为

$$U_O = U_{XX} + R_L I_L = (5+54.5\times0.2)\ \text{V} = 15.9\ \text{V}$$

注意：根据上述分析计算可见，负载电流 I_L 与负载电阻 R_L 无关。当电阻 R 确定后，I_L 为定值。因此，电路可为负载提供恒定电流。

§5.6 补充拓展题和解答

5.9 图 5.08 所示的电路中，已知 $U_I = 30$ V，2CW4 型稳压管的参数为：稳定电压 $U_Z = 12$ V，最大稳定电流 $I_{ZM} = 20$ mA。电压表中的电流可以忽略不计。

（1）开关 S 闭合，电压表 V 和电流表 A_1、A_2 的读数各为多少？流过稳压管的电流又是多少？

（2）开关 S 闭合，且 U_I 升高 10%，问各个量又有何变化？

（3）$U_I = 30$ V 时将开关 S 断开，流过稳压管的电流是多少？

（4）U_I 升高 10%时将开关 S 断开，稳压管工作状态是否正常？

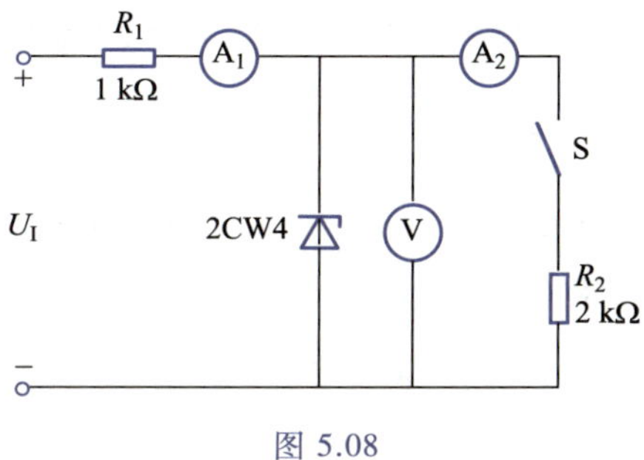

图 5.08

解：（1）开关 S 闭合后，稳压管具有稳压作用，此时电压表 V 的读数为 $U_Z = 12$ V；电流表 A_1 的读数为

$$I_1 = \frac{U_I - U_Z}{R_1} = \frac{30-12}{1\times10^3}\ \text{A} = 18\ \text{mA}$$

电流表 A_2 的读数为

$$I_2 = \frac{U_Z}{R_2} = \frac{12}{2\times10^3}\ \text{A} = 6\ \text{mA}$$

稳压管的电流为

$$I_Z = I_1 - I_2 = (18-6)\ \text{mA} = 12\ \text{mA}$$

（2）开关 S 闭合、U_i 升高 10%时，稳压管的稳定电压不变，故电压表 V 的读数不变，即 $U_Z =$

12 V;电流表 A_2的读数不变,即 $I_2=6$ mA。

电流表 A_1的读数为

$$I_1=\frac{U_1(1+10\%)-U_Z}{R_1}=\frac{30\times1.1-12}{1\times10^3}\ \text{A}=21\ \text{mA}$$

稳压管的电流为

$$I_Z=I_1-I_2=(21-6)\ \text{mA}=15\ \text{mA}$$

(3) $U_1=30$ V 时,开关 S 断开,流过稳压管的电流为

$$I_Z=I_1=\frac{U_1-U_Z}{R_1}=\frac{30-12}{1\times10^3}\ \text{A}=18\ \text{mA}$$

(4) U_1升高 10%时,S 断开,稳压管的电流为

$$I_Z=I_1=\frac{U_1(1+10\%)-U_Z}{R_1}=\frac{30\times1.1-12}{1\times10^3}\ \text{A}=21\ \text{mA}$$

故有 $I_Z(21\ \text{mA})>I_{ZM}(20\ \text{mA})$,所以稳压管工作状态不正常。

5.10 图 5.09 所示电路中 $u=\sqrt{2}U\sin\omega t$ V。试求输出电压 U_O,并说明电路性质。

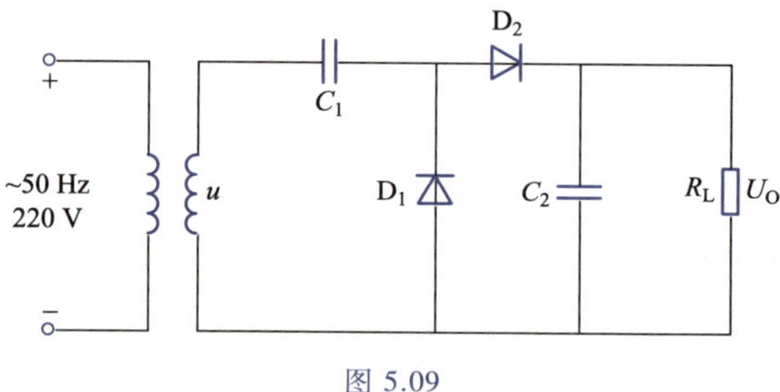

图 5.09

解:(1) 当二次电压 u 处于负半周时,即"1"端为负,"2"端为正,二极管 D_1导通,u 通过 D_1向电容 C_1充电,C_1的充电电压为

$$u_{C_1}=\sqrt{2}U$$

(2) 当二次电压 u 处于正半周时,即"1"端为正,"2"端为负,二极管 D_2导通,D_1截止。电压 u 与 u_{C_1}串联($u+u_{C_1}$),向电容 C_2充电,则有

$$u_{C_2}=2\sqrt{2}U$$

解图 5.09

(3) 如果负载电阻 R_L选取较大,负载电流则较小。C_2充电后,放电时间常数 C_2R_L很大,故输出电压为

$$U_O\approx2\sqrt{2}U$$

可见，输出电压是变压器二次侧的二倍，故称该电路为二倍压整流电路。

5.11 图5.10所示为一串联型稳压电路，已知稳压管 D_Z 的稳定电压 $U_Z=5.4\ V$，电阻 $R_1=R_2=R_P=3\ k\Omega$。

（1）试求输出电压的 U_O 的可调节范围；

（2）如果 $U_{CE1}=3\ V$，变压器二次电压的有效值 U 是多少？

（3）分析电路的稳压过程。

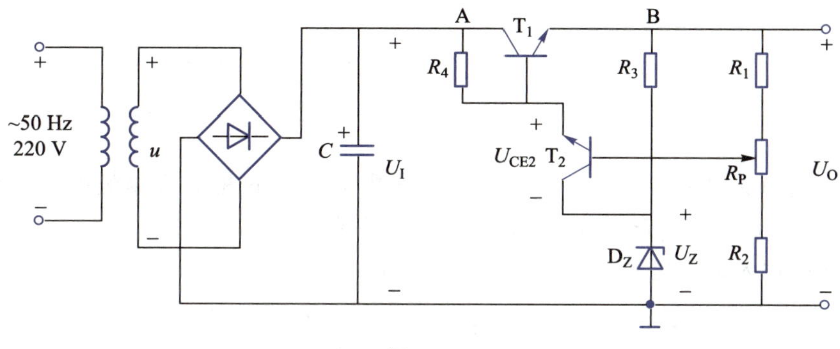

图5.10

解：（1）流过 R_1、R_2、R_P 的电流远大于 T_2 管的偏流 I_{B2}，则有

$$U_{B2}\approx U_Z。$$

当 R_P 调至最上端时，有

$$U_{Omax}=\frac{R_1+R_2+R_P}{R_2+R_P}(U_Z+U_{BE2})$$

$$=\frac{3+3+3}{3+3}(5.4+0.6)\ V=9\ V$$

当 R_P 调至最下端时，有

$$U_{Omax}=\frac{R_1+R_2+R_P}{R_2}(U_Z+U_{BE2})$$

$$=\frac{3+3+0}{3}(5.4+0.6)\ V=18\ V$$

所以，输出电压的调节范围为 $U_o=9\sim18\ V$。

（2）对桥式电容滤波电路有 $U_i=1.2U$。即有

$$1.2U=U_{CE1}+U_{Omax}$$

故变压器二次电压的有效值为

$$U=\frac{U_{BE1}+U_{Omax}}{1.2}=\frac{3+18}{1.2}\ V=17.5\ V$$

（3）如果因电源或负载变化，引起输出电压 U_O 升高，则稳压过程为：

$$U_O\uparrow\rightarrow(T_1)U_{BE1}\uparrow\rightarrow I_{B1}\uparrow\rightarrow I_{C1}\uparrow\rightarrow(T_1)U_{B1}\downarrow$$

$$U_O\downarrow\longleftarrow(T)U_{CE}\downarrow\longleftarrow(T)U_B\downarrow\longleftarrow$$

5.12 图5.11所示电路利用集成运放和W7805组成输出电压可调稳压电路。试求输出电压的调节范围。

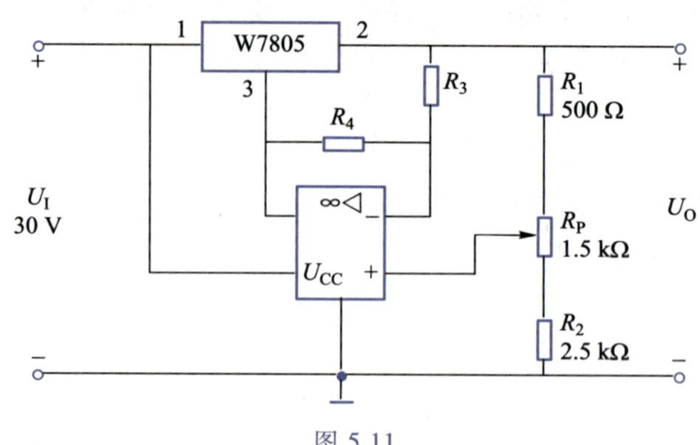

图 5.11

分析:本题电路能够调节输出电压的关键在于集成运放同相输入端的电压取样可变,即通过可变电阻 R_P 进行调节。W7805 的输出电压 $U_{XX}=5\ V$。

解:电路同相输入端电压的最大、最小值分别为

$$U_{+max}=\frac{R_2+R_P}{R_1+R_2+R_P}U_O=\frac{2.5+1.5}{0.5+2.5+1.5}U_O=\frac{8}{9}U_O$$

$$U_{+min}=\frac{R_2}{R_1+R_2+R_P}U_O=\frac{2.5}{0.5+2.5+1.5}U_O=\frac{5}{9}U_O$$

集成运放反向输入端电压为

$$U_-=U_O-U_{R_3}$$

其中,$U_{R_3}+U_{R_4}=U_{XX}=5\ V$,$R_3=R_4$。则有

$$U_-=U_O-2.5\ V$$

集成运放工作在线性区,则有 $U_-=U_+$。

当 $U_+=U_{+max}$ 时,有

$$U_O-2.5\ V=\frac{8}{9}U_O$$

可得

$$U_O=22.5\ V$$

当 $U_+=U_{+min}$ 时,有

$$U_O-2.5\ V=\frac{5}{9}U_O$$

可得

$$U_O=5.265\ V$$

可见,电路输出电压 U_O 的调节范围为 5.265~22.5 V。

第6章 电力电子技术

§6.1 学习要求

1. 了解电力电器件普通晶闸管(SCR)、可关断晶闸管(GTO)、双向晶闸管(TRIAC)、电力晶体管(GTR)、电力场效应晶体管(P-MOSFET)、绝缘栅双极型晶体管(IGBT)和单结晶体管等的工作原理、特性曲线和主要参数。

2. 理解单相可控整流电路(AC-DC)的可控原理、整流电压、电流的分析计算和波形的变化。

3. 了解单相可控整流电路的单结晶体管触发电路工作原理和同步概念。

4. 了解逆变电路(DC-AC)、交流调制电路和斩波电路的工作原理和应用。

§6.2 学习辅导

1. 电力电子技术器件与分类

电力电子技术是以电力电子器件为核心,融合电子技术和控制技术,实现以弱电对强电电路的变换和控制的学科。

(1) 普通晶闸管(SCR)是典型的半控型器件,其导通的条件是:阳极与阴极间加正向电压,并且给控制极(门极)与阴极间加适当的正向触发脉冲信号,阳极电流应大于维持电流。晶闸管导通后,其控制极失去控制作用,要使其关断,必须在阳极与阴极间加反向电压或设法使阳极电流下降到维持电流以下。

(2) 双向晶闸管(TRIAC)的结构和特性相当一对反向并联的普通晶闸管。可关断晶闸管属全控型器件,除具有普通晶闸管的特性外,还有独特的优点——给控制极加负脉冲可将其关断。

(3) 电力晶体管(GTR)、绝缘栅双极型晶体管(IGBT)、电力场效应晶体管(P-MOSFET)等。IGBT是以VDMOS为输入级、以GTR为输出级复合而成的器件,综合了前者开关速度快、驱动功率小、输入阻抗高,以及后者导通压降低、载流密度大的优点;P-MOSFET和SCR复合而成的器件,也综合了这二者的优点。

(4) 电力电子器件根据不同的开关特性可分为三类:

① 不控器件:这种器件的导通和关断无可控的功能,如整流二极管等。

② 半控器件:这种器件通过控制信号只能控制其导通,而不能控制其关断,如普通晶闸管等。

③ 全控器件:这种器件通过控制信号既能控制其导通,又能控制其关断,如可关断晶闸管、功率晶体管、功率场效应晶体管等。

2. 可控整流电路

晶闸管可控整流电路(即主电路)是由晶闸管输出可控电压的大小控制整流电路输出直流

电压和电流的大小。直流输出电压的平均值 U_0 是控制角 α 和输入的交流电压有效值 U 的函数，其函数关系如下。

(1) 单相半波可控整流电路的输出电压和电流分别为

$$U_0 = 0.45U\frac{1+\cos\alpha}{2}$$

$$I_0 = \frac{U_0}{R_L}$$

(2) 单相半控桥式整流电路的输出电压和电流分别为

$$U_0 = 0.9U\frac{1+\cos\alpha}{2}$$

$$I_0 = \frac{U_0}{R_L}$$

这里要特别注意两点：

(1) 单相半波可控整流电路接电感负载的情况：当电源电压由零变为负时，电感中电流不能突变，但电流仍继续流动，故负载上的电压会出现负值，因而输出电压的平均值减小。为防止上述情况的发生，通常在负载两端并联一个续流二极管，使电源负半周的电压也通过二极管加在晶闸管上，从而使晶闸管承受的反向电压关断。

(2) 续流二极管的正、负极连接必须正确。

3. 晶闸管触发电路

(1) 晶闸管的正常导通，除加在阳极和阴极间正向电压外，还应控制阳极与阴极间加正向触发电压。产生触发电压的电路称为晶闸管触发电路，晶闸管的触发电路种类较多，如单结晶体管组成的触发电路、555 定时器和 RC 组成的触发电路等。

(2) 当单结晶体管的发射极 E 和第一基极 B_1 间所加电压 U_E 等于峰点电压 U_p 时，单结晶体管导通。导通后发射极电压随之降低，当发射极电压低于谷点电压 U_V 时，E、B_1 间恢复截止。

(3) 用单结晶体管组成触发电路时，必须保证触发电路与主电路同步，通常采用同一电源变压器同步供电。

4. 几种常用电力电子电路

电力电子电路的类型较多，本教材介绍几种常用电路，主要有调压器(AC-AC)、直流斩波器(DC-DC)、变频电路(AC-DC-AC)和逆变电路(DC-AC)电路等，以供读者了解这些电路的基本结构、工作原理和具体应用。

§6.3 重点和难点

1. 重点

(1) 了解晶闸管的工作原理与使用方法。

(2) 理解单相可控整流电路的工作原理。

(3) 了解单结晶体管触发电路的工作原理。

(4) 理解单结晶体管触发电路与交流电路同步。

2. 难点

(1) 理解晶闸管的导通与关断条件。

(2) 掌握桥式单相可控整流电路接电感性负载的分析计算。

§6.4　练习与思考题解答

6.1.1　不可控型器件、半控型器件、全控型器件的主要区别是什么?

解:区别主要在于原理、特点和分类不同。

(1) 原理不同。不可控型器件,如电力二极管有 1 个 PN 结,在其界面处两侧形成空间电荷层,并建有自建电场。半控型器件是通过控制信号既可以控制其导通,又可以控制其关断的电力电子器件。全控型器件是通过控制信号可以控制其导通而不能控制其关断的电力电子器件。

(2) 特点不同。不可控型器件,如电力二极管具有单方向导电性,在电路中电流只能从二极管的正极流入,负极流出。半控型器件的伏安特性类似二极管的反向特性;晶闸管处于反向阻断状态时,只有极小的反向漏电流通过。全控型器件的输入阻抗高,驱动电路简单,需要的驱动功率小;开关速度快,工作频率高;热稳定性优于 GTR。

(3) 分类不同。不可控器件,如电力二极管、有普通二极管、快恢复二极管、肖特基二极管。半控型器件,主要是晶闸管及其大部分派生器件。全控型器件,如可关断晶闸管(GTO)、电力场效应晶体管(P-MOSFET)和绝缘栅双极晶体管等。

6.1.2　电流型、电压型器件的主要区别是什么?

解:(1) 电流型器件有 SCR、GTO、BJT 等;电压型器件有 P-MOSFET、IGBT、MCT 等。

(2) 区别在于:电流型器件通态压降小,损耗低;驱动功率大,工作频率低;电压型器件输入阻抗高,驱动功率小,驱动电路简单,通态压降大,损耗大,工作频率高。

6.1.3　晶闸管与普通二极管、晶体管有什么不同?

解:(1) 结构与工作原理不同:二极管由 1 个 PN 结构成,有 2 个极(正极、负极或阳极、阴极)。其具有单向导电性(正向导通,反向截止)。晶体管由 2 个 PN 结(发射结和集电结)的叠加而成,分 NPN 型和 PNP 型,有 3 极(发射极 E、基极 B 和集电极 C),具有电流放大作用(以基极电流微小变化,控制集电极电流较大变化),放大条件是发射结正偏,集电结反偏。晶闸管(可控硅)由 PNPN 四层半导体构成,有 3 个极(阳极 A,阴极 K 和控制极 G),具有开关作用。晶闸管工作条件是加正向电压、控制极加触发电压控制其导通,导通后控制极失去作用。

(2) 工作状态不同:晶闸管仅工作在开关状态,以小功率控制大功率,功率放大倍数很高;普通二极管工作在导通与截止两种状态,相当于开关状态;晶体管既可工作在放大状态,也可工作在开关状态。

6.1.4　晶闸管导通的条件是什么?导通后的阳极电流由什么决定?晶闸管截止时承受电压的大小由什么决定?

解:(1) 晶闸管导通两个条件:晶闸管正向阳极电压,即阳极电位高于阴极;在控制极与阴极间外加正向触发脉冲。

(2) 晶闸管导通时阳极电流决定于电源电压和负载电阻的大小。

(3) 晶闸管有正向阻断和反向阻断两种情况,阻断时承受的电压决定于电源电压。无论何种阻断,晶闸管所承受的电压不应超过其转折电压,否则会造成击穿而损坏。

6.1.5　晶闸管导通后如何关断它?

解:使通过晶闸管的正向电流 I_F 减小至小于维持电流 I_H。若晶闸管内部的正反馈无法进行,则可实现导通状态的晶闸管关断。

6.1.6 试说明 GTO、VDMOS 和 IGBT 各自的优缺点?

解:(1) GTO 优点:电压、电流容量大,适用于大功率场合,具有电导调制效应,其同流能力很强。缺点:电流关断增益很小,关断时门极负脉冲电流大、开关速度低,驱动功率大,驱动电路较为复杂。

(2) VDMOS 优点:可获得较大电流(可达几百安),具有较高的耐压水平(可达几百伏),驱动功率小,频率特性好,开关速度较快。缺点:结构和工艺较为复杂,成本较高,主要应用兼容性要求较高的集成电路,一般 VDMOS 使用较少。

(3) IGBT 优点:开关速度高、损耗小,具有耐脉冲电流冲击的能力,通态压降较低,输入阻抗高,驱动功率小。缺点:开关速度低于电力 MOSFET,电压、电流容量不如 GTO。

6.2.1 在图 6.2.6 的单相半控桥式整流电路中,变压器二次交流电压的有效值为 300 V,是否可以选用 400 V 的晶闸管?

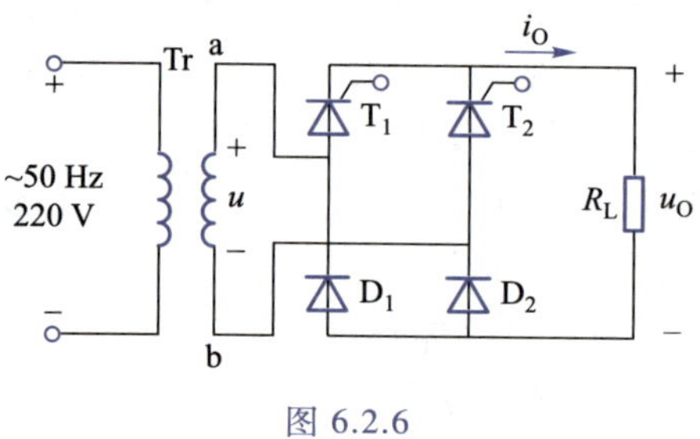

图 6.2.6

解:晶闸管所承受的最高正向电压 U_{FM} 和最高反向电压 U_{RM} 为 $300\sqrt{2}$(≈424)V,故不可以选用 400 V 的晶闸管。可按下式选择晶闸管的 U_{FM} 和 U_{RM},即分别为

$$U_{DRM} \geqslant (2\sim3)U_{FM} = (2\sim3)\sqrt{2}U \text{ V}$$
$$= (2\sim3)\times\sqrt{2}\times300 \text{ V} = 848.5\sim1\ 272.8 \text{ V}$$
$$U_{RRM} \geqslant (2\sim3)U_{RM} = (2\sim3)\sqrt{2}U \text{ V}$$
$$= (2\sim3)\times\sqrt{2}\times300 \text{ V} = 848.5\sim1\ 272.8 \text{ V}$$

为保证晶闸管安全可靠工作,不至于出现过电压而损坏,应留有一定的余量,本题可选用 1 000 V 的晶闸管

6.2.2 为什么接电感性负载的单相半波整流电路(如图 6.2.3 所示)的负载上会出现负电压?而接续流二极管后负载上就不会出现负电压了,又是为什么?

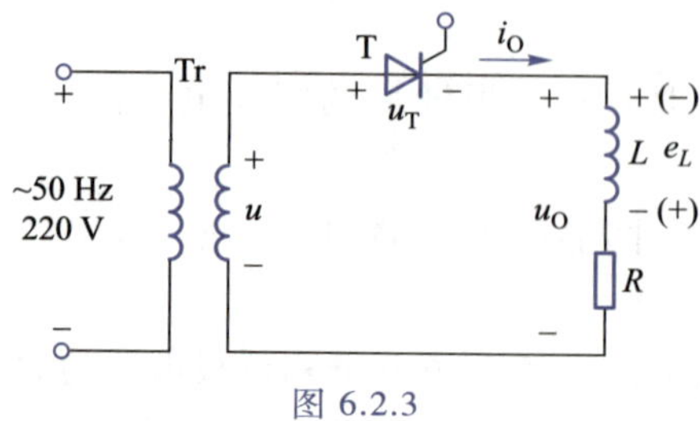

图 6.2.3

解:接电感性负载的单相半波整流电路,如解图 6.2.3(a)所示。当晶闸管触发导通时,输出电压与变压器二次电压相等,即 $u_O = u$。对电感性负载电路中电流不能跃变,电流滞后于电压的

变化，当 u 从正向幅值衰减到零时，电感电流仍然大于零，晶闸管处于导通状态，则 $e_L<0$，$u_O=0$。当 u 变化到负半周时，只要 $|e_L|>|u|$，电感电流大于 I_H，晶闸管将继续维持导通，使得输出电流出现负值，在负载上也就出现了负电压。

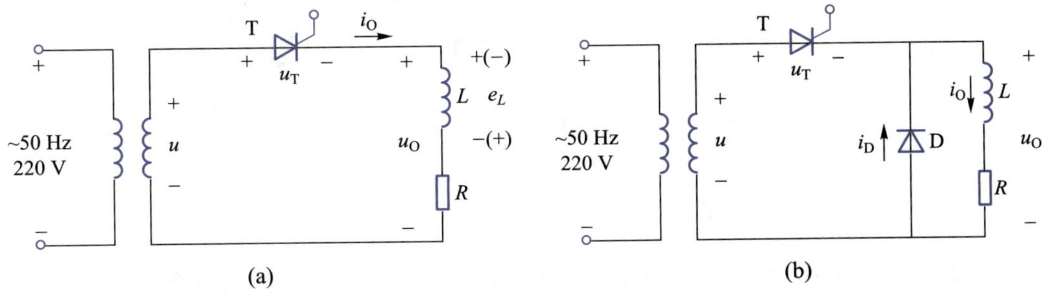

解图 6.2.3

为使晶闸管在 u 降到零时能及时关断，使负载上不再出现负电压，通常在电感性负载两端并联一个二极管 D，如解图 6.2.3(b) 所示。当交流电压 u 过零值变负后，二极管 D 因承受正向电压而导通，负载上由 e_L 产生的电流经过二极管 D 形成回路，故称该二极管 D 为续流二极管。这时负载两端电压近似为零，晶闸管因承受反向电压而关断。负载电阻上消耗的能量是电感元件释放的能量。

6.2.3　设 $U_{BB}=20$ V，$U_D=0.7$ V，单结晶体管的分压比 $\eta=0.3$。试问发射极电压升高到多少伏管子导通？如果 $U_{BB}=15$ V，情况又如何？

解：当 $U_{BB}=20$ V，$U_D=0.7$ V，$\eta=0.3$ 时，发射极电压应升高的值为

$$U_E=\eta U_{BB}+U_D=(0.3\times20+0.7)\ \text{V}=6.7\ \text{V}$$

当 $U_{BB}=15$ V 时，则有

$$U_P=\eta U_{BB}+U_D=(0.3\times15+0.7)\ \text{V}=5.2\ \text{V}$$

6.2.4　为什么触发电路要与主电路同步？在本书中是如何实现同步的？

解：触发电路要与主电路同步，以保证每一个周期晶闸管的控制角相等。在本书中触发电路和主电路由同一个整流（电源）变压器供电，故两者完全同步。

6.2.5　何谓触发脉冲的“移相”？在图 6.2.12 和图 6.2.14 中是如何实现移相的？移相的目的是什么？

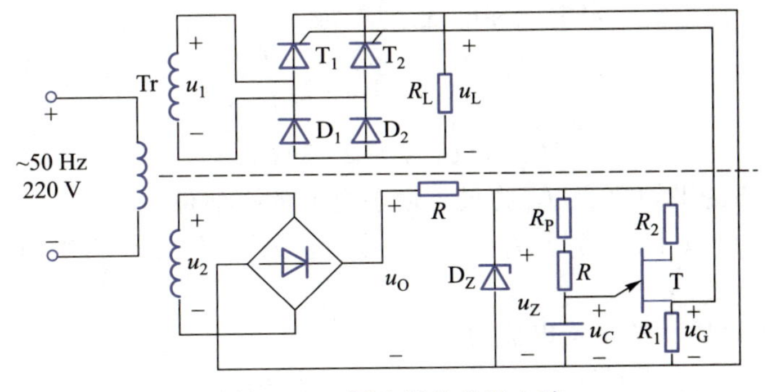

图 6.2.12　同步触发整流电路

解：所谓的“移相”就是通过控制晶闸管导通角 θ 来控制晶闸管输出电压，从而改变负载上所加的功率。

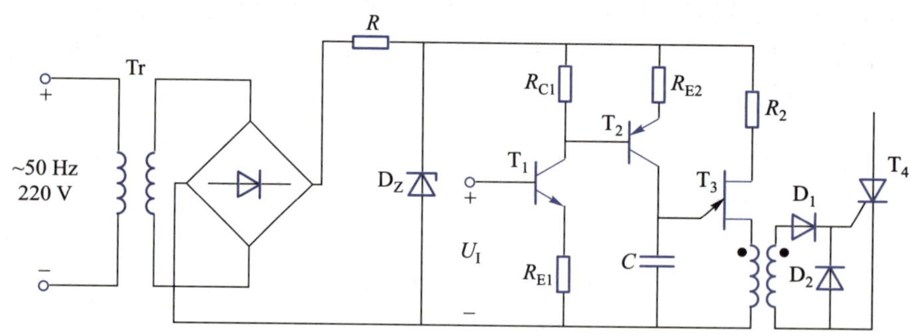

图 6.2.14　实用单结晶体管触发电路

在图 6.2.12 所示电路中,通过调节电位器 R_P 的阻值,对第 1 个脉冲进行移相。

在图 6.2.14 所示电路中,通过调节晶体管 T_2 的静态电阻值,对输出脉冲进行移相。

移相的目的在于,通过调节脉冲信号的相位移动,调节输出直流电压的大小。

§6.5　习题解答

6.1　图 6.01 所示的是单相半波可控整流电路的两种正弦半波电流波形。图 6.01(a)的控制角为 0;图 6.01(b)的控制角为 π/3,两者的最大值都是 $I_m = 30$ A。试问:

(1) 这两种电流的平均值和有效值分别是多少?

(2) 如果电路采用额定正向电流为 10 A 的晶闸管,能否满足要求?

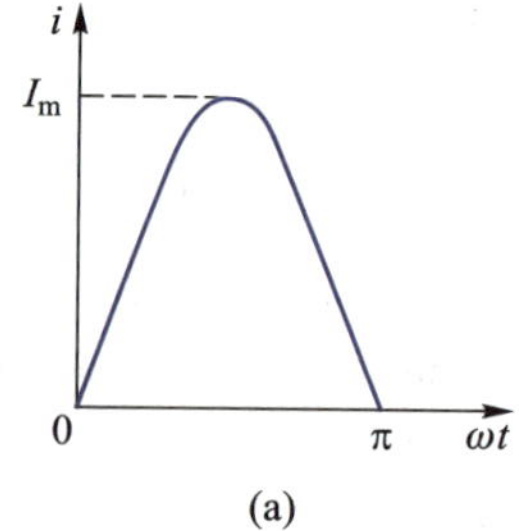

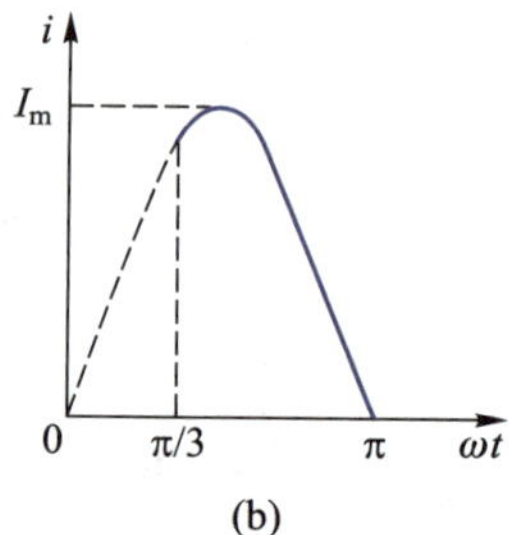

图 6.01

分析:晶闸管的选择考虑一定电流和电压余量,故有

$$I_F = I_{T(AV)} \geqslant (1.5 \sim 2)\frac{I_{TM}}{1.57}$$

$$U_{DRM} = U_{RRM} = (2 \sim 3)U_{RM}$$

式中,$I_{T(AV)}$ 为通态的平均电流;I_{TM} 为最大通态电流的有效值。

通常选晶闸管也可按下式选择:$I_F = (1.5 \sim 2)I_0$,其中 I_0 为平均电流;$U_{FRM} = U_{RRM} = (2 \sim 3)U_{RM}$。

解:(1) 图 6.01(a)所示的平均电流为

$$I_0 = \frac{1}{2\pi}\int_0^{\pi} I_m \sin \omega t \mathrm{d}(\omega t) = \frac{I_m}{\pi} = \frac{30}{\pi}\ \text{A} = 9.55\ \text{A}$$

有效电流为

$$I = \sqrt{\frac{1}{2\pi}\int_0^{\pi}(I_m \sin \omega t)^2 \mathrm{d}(\omega t)} = \frac{I_m}{2} = 15\ \text{A}$$

图 6.01(b)所示的平均电流为

$$I_0=\frac{1}{2\pi}\int_{\frac{\pi}{3}}^{\pi}I_m\sin\omega t d(\omega t)=\frac{3I_m}{4\pi}=\frac{3\times30}{4\pi}\text{ A}=7.16\text{ A}$$

有效电流为

$$I=\sqrt{\frac{1}{2\pi}\int_{\frac{\pi}{3}}^{\pi}(I_m\sin\omega t)^2 d(\omega t)}=0.45I_m=0.45\times30\text{ A}=13.5\text{ A}$$

(2) 因 $I_T=I_0=7.16$ A,故采用额定正向电流为 10 A 的晶闸管可满足要求。

注意:要求掌握不同波形电流平均值、有效值的计算方法,以及晶闸管在不同波形时的电流平均值。

6.2 有一单相半波可控整流电路,负载电阻 $R_L=10\ \Omega$,直接由 220 V 电网供电,控制角 $\alpha=60°$。

(1) 试求整流电压的平均值、整流电流的平均值和电流的有效值;

(2) 选用何种晶闸管?

解:(1) 整流电压的平均值为

$$U_0=0.45U\frac{1+\cos\alpha}{2}=0.45\times220\times\frac{1+\cos 60°}{2}\text{ V}=74.25\text{ V}$$

整流电流的平均值为

$$I_0=\frac{U_0}{R_L}=\frac{74.25}{10}\text{ A}=7.425\text{ A}$$

整流电流的有效值为

$$I=\frac{U_0}{R_L}\sqrt{\frac{1}{4\pi}\sin 2\alpha+\frac{\pi-\alpha}{2\pi}}$$

$$=\frac{220}{10}\sqrt{\frac{1}{4\pi}\sin 120°+\frac{180°-60°}{360°}}\text{ A}=13.95\text{ A}$$

(2) 选用晶闸管

晶闸管平均电流为

$$I_{T(AV)}=I_0=7.425\text{ A}$$

晶闸管和二极管承受的最高正、反向电压为

$$U_{FM}=U_{RM}=\sqrt{2}U=311\text{ V}$$

故可选 KP10 型晶闸管($I_F=10$ A,$U_{RRM}=100\sim3\,000$ V)。

6.3 单相半波可控整流电路,电阻性负载。要求输出的直流平均电压在 50~92 V 之间连续可调,最大输出直流电流为 30 A,由交流 220 V 供电。试问:

(1) 晶闸管控制角应有的调整范围为多少?

(2) 选择晶闸管的型号规格是什么?

解:(1) 单相半波可控整流电路(电阻性负载)的输出电压为

$$U_0=0.45U\frac{1+\cos\alpha}{2}$$

当 $U_0=50$ V 时,则有

$$\cos\alpha=\frac{2U_0}{0.45U}-1=\frac{2\times50}{0.45\times220}-1\approx0$$

故控制角 $\alpha=90°$。

当 $U_0=92$ V 时,则有

$$\cos\alpha=\frac{2U_0}{0.45U}-1=\frac{2\times92}{0.45\times220}-1\approx0.86$$

故控制极 $\alpha=30^\circ$。

经上述分析可见,控制角 α 的调节范围应在 0~90°。

(2) 选用晶闸管

因有 $I_0=30$ A,根据$\left(\text{安全余量的 2 倍},\frac{I_{TM}}{I_0}=1.66\right)$,则有

$$I_{TM}=1.66I_0=1.66\times30\ \text{A}=49.8\ \text{A}$$

故

$$I_{T(AV)}=2\,\frac{I_{TM}}{1.57}=2\times\frac{49.8}{1.57}\ \text{A}=63.44\ \text{A}$$

晶闸管和二极管承受的最高正、反向电压为

$$U_{FM}=U_{RM}=2\sqrt{2}\,U=2\times\sqrt{2}\times220\ \text{V}=622.25\ \text{V}$$

经分析可选 KP200 型晶闸管($I_F=200$ A,$U_{RRM}=100\sim3\ 000$ V)。

6.4 试分析图 6.02 所示的可控整流电路的工作情况。

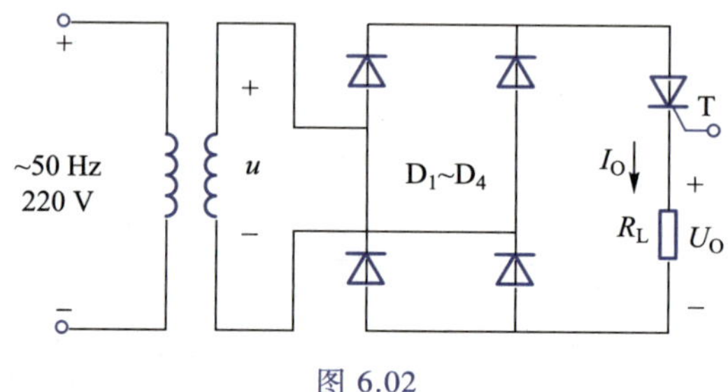

图 6.02

解:图 6.02 所示为单相桥式整流电路,其输出为单相脉动电压,利用晶闸管对输出电压进行调压,即利用改变晶闸管的导通角,达到调整负载电阻 R_L 上直流电压 U_0。其输出电压的平均值为 $U_0=0.45U\,\frac{1+\cos\alpha}{2}$,输出波形与半控桥式整流波形相同。电路中晶闸管承受的最高正向电压为变压器二次电压的峰值,平均电流等于负载电阻的平均电流。

6.5 试分析图 6.03 所示电路的工作情况。

解:图 6.03 所示电路由稳压电路、单结晶体管触发电路、小功率晶闸管触发电路和大功率晶闸管控制的主电路四部分组成。

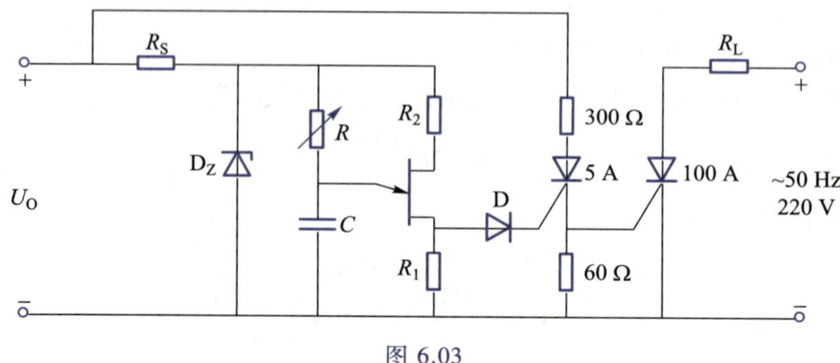

图 6.03

稳压电路由续流电阻 R_S 和稳压管 D_Z 组成，为单结晶体管触发电路提供电源。

单结晶体管触发电路由电阻 R、R_2、R_1、电容 C 和单结晶体管组成，以产生触发脉冲，触发 5 A 的晶闸管，可调电阻 R 可以调节控制角 α 的大小。

小功率晶闸管触发电路由 300 Ω、60 Ω 的电阻和 5 A 的晶闸管和二极管 D 组成，由于 100 A 的晶闸管对触发信号要求较大，单结晶体管触发电路能够提供的功率较小，故电路中采用了两极触发方式。当单结晶体管先触发 5 A 的晶闸管导通后，在 60 Ω 电阻产生电压再使主电路中 100 A 的晶闸管导通。当 100 A 晶闸管导通后，其正向电压很低，使流过 5 A 晶闸管的电流减小，当小于其维持电流时将自行关断。其中二极管 D 的作用是防止 5 A 晶闸管的控制极（门极）与阴极间反向击穿。

主电路与负载连接，为负载提供所需电流。

6.6 在单相半控桥式整流电路中，$\alpha=0$ 时，输出电压 $U_0=150\ \text{V}$，$I_0=10\ \text{A}$。

（1）求变压器二次电压和二次电流，并选择整流二极管和晶闸管；

（2）输出平均电压降至 $U_0=100\ \text{V}$ 时，导通角 θ 应等于多少？

解：（1）根据已知条件，变压器二次电压有效值为

$$U'=\frac{U_0}{0.9}=\frac{150}{0.9}\ \text{V}=166.7\ \text{V}$$

考虑电网电压波动约 10%时，二次电压实际有效值为

$$U=1.1U'=1.1\times166.7\ \text{V}=183.37\ \text{V}$$

变压器二次电流的有效值为

$$I=\frac{U}{R_L}\sqrt{\frac{1}{2\pi}\sin 2\alpha\ \frac{\pi-\alpha}{\pi}}=\frac{183.37}{166.7/10}\ \text{A}=11\ \text{A}$$

为保证晶闸管瞬态出现过电压时不致损坏，晶闸管承受的最大正、反向电压分别为

$$U_{DM}=U_{RM}=\sqrt{2}U'=\sqrt{2}\times166.7\ \text{V}=235.75\ \text{V}$$

当考虑留有一定余量，则晶闸管正反向重复峰值电压为

$$U_{DRM}=U_{RRM}\geqslant(2\sim3)U_{DM}=(471.5\sim707.25)\text{V}$$

流经晶闸管和二极管的平均电流为

$$I_T=I_D=\frac{1}{2}I_0=5\ \text{A}$$

因此，可以选 $I=20\text{A}$、$U=100\sim2\ 000\ \text{V}$ 的晶闸管。查手册可知，晶闸管可选 KP10 型，二极管可选 2CZ58K 型。

（2）如果输出电压 U_0 降至 100 V，则有

$$U_0=0.9U'\frac{1+\cos\alpha}{2}=0.9\times166.7\times\frac{1+\cos\alpha}{2}$$

由此可得

$$\cos\alpha=\frac{100}{75}-1=0.33$$

即

$$\alpha=\cos^{-1}0.33=70.73^\circ$$

故导通角为

$$\theta=\pi-\alpha=180^\circ-70.73^\circ=109.27^\circ$$

6.7 单相半控桥式整流电路（阻性负载）中，控制角 $\alpha=0^\circ$ 时，输出电压 $U_0=150\ \text{V}$，$I_0=$

10 A。

(1) 试求:变压器二次电压和二次电流,并选择整流二极管和晶闸管;

(2) 输出平均电压降至 $U_O=100$ V 时,导通角 θ 应等于多少?

解:(1) 根据已知条件,变压器二次电压的有效值为

$$U'=\frac{U_O}{0.9}=\frac{150}{0.9}\ \text{V}\approx 166.7\ \text{V}$$

考虑电网电压波动约 10%时,二次电压实际有效值为

$$U=1.1U'=1.1\times 166.7\ \text{V}=183.37\ \text{V}$$

变压器二次电流的有效值为

$$I=\frac{U}{R_L}\sqrt{\frac{1}{2\pi}\sin 2\alpha\frac{\pi-\alpha}{\pi}}=\frac{183.37}{166.7/10}\ \text{A}=11\ \text{A}$$

为保证晶闸管瞬态出现过电压时不致损坏,晶闸管承受的最大正、反向电压分别为

$$U_{DM}=U_{RM}=\sqrt{2}U'=\sqrt{2}\times 166.7\ \text{V}=235.75\ \text{V}$$

考虑留有一定余量,晶闸管正反向重复峰值电压为

$$U_{DRM}=U_{RRM}\geqslant(2\sim3)U_{DM}=(471.5\sim707.25)\text{V}$$

流经晶闸管和二极管的平均电流为

$$I_T=I_D=\frac{1}{2}I_O=5\ \text{A}$$

因此,可以选 $I=20$ A、$U=100\sim2\ 000$ V 的晶闸管。查手册可知,晶闸管可选 KP10 型,二极管可选 2CZ58K 型。

(2) 如果输出电压 U_O 降至 100 V,则有

$$U_O=0.9U'\frac{1+\cos\alpha}{2}=0.9\times 166.7\times\frac{1+\cos\alpha}{2}$$

由此可得

$$\cos\alpha=\frac{100}{75}-1=0.33$$

即

$$\alpha=\arccos 0.33=70.73°$$

故导通角为

$$\theta=\pi-\alpha=180°-70.73°=109.27°$$

6.8 图 6.04 所示是一交流调压电路,试分析其工作原理。

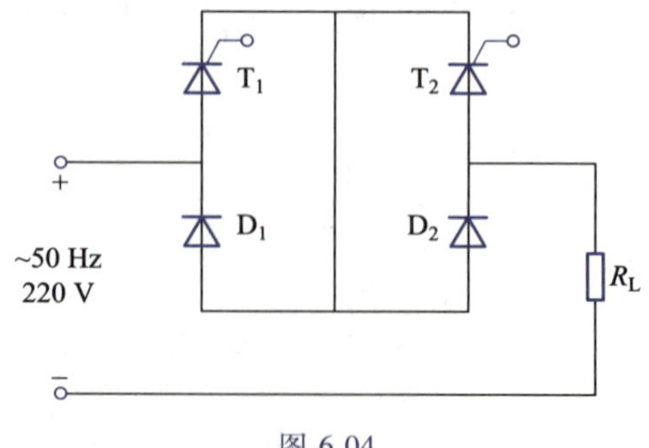

图 6.04

解：图 6.04 所示电路为交流调压电路。当电源为正半周（A（+）、B（-））时，晶闸管 T_1 承受正向电压导通，通过 A（+）→T_1→D→R_L→B（-）形成通路，负载电阻 R_L 上的电压上正、下负。电源为负半周（B（+）、A（-））时，晶闸管 T_2 承受正向电压导通，通过 B（+）→T_2→D→R_L→A（-）形成通路，负载电阻 R_L 上的电压上负、下正。晶闸管 T_1 和 T_2 的触发电路，要求在半周内只有触发一个晶闸管，故该电路为一交流调压电路。

§6.6 补充拓展题和解答

6.9 有一电阻性负载，需可调直流电压 $U_O=0\sim80$ V，电流 $I_O=0\sim10$ A，拟采用单相半控桥式整流电路。要求：

（1）如果采用变压器，试计算变压器二次电压，并选择整流元件；

（2）如果不采用变压器，而将整流电路的输入端直接接在 220 V 的交流电源上，试计算输入电流的有效值，并选择整流元件。

分析：晶闸管单相半控桥式整流电路的两种不同连接方式，如解图 6.05 所示。

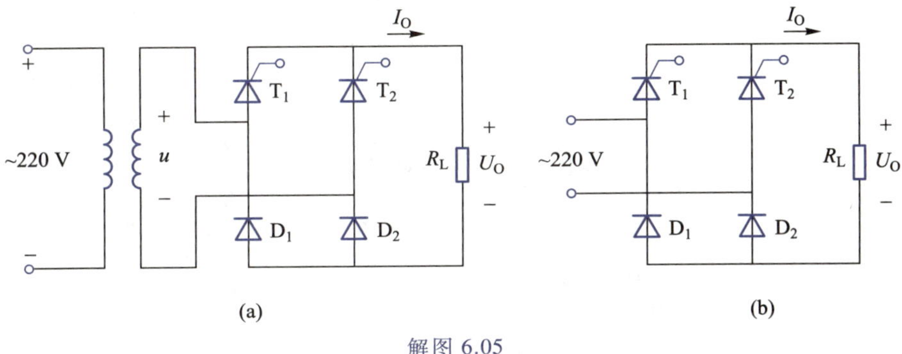

解图 6.05

解：（1）采用变压器时，整流电路如解图 6.05（a）所示。则有

$$U_O=0.9U\frac{1+\cos\alpha}{2}$$

根据要求 $U_O=0\sim80$ V，应分别对应 $\alpha=108°\sim0°$。当 $\alpha=0°$时，有

$$U_O=0.9U=80\ \text{V}$$

变压器二次电压的有效值为

$$U=\frac{80}{0.9}\ \text{V}=88.89\ \text{V}$$

二极管的最高反向电压为

$$U_{DRM}=\sqrt{2}U=\sqrt{2}\times88.89\ \text{V}=125.7\ \text{V}$$

晶闸管承受的最高正、反向电压为

$$U_{FM}=U_{RM}=\sqrt{2}U=\sqrt{2}\times88.89\ \text{V}=125.7\ \text{V}$$

晶闸管和二极管的平均电流为

$$I_D=I_T=\frac{1}{2}I_O=\frac{1}{2}\times10\ \text{A}=5\ \text{A}$$

考虑安全系数，则最高正、反向电压为

$$U_{FFM}=U_{RRM}=(2\sim3)U_{FM}=(2\sim3)\times125.7\ \text{V}=(251.4\sim377.1)\text{V}$$

故可选 KP10 型晶闸管(10 A、100~3 000 V),二极管 2ZP19(100 A,500 V)。

(2) 当直接接在 220 V 交流电源,电路如图 6.05(b)所示。

$$U_o = 0.9U\frac{1+\cos\ \alpha}{2} = 0.9\times220\times\frac{1+\cos\ \alpha}{2}\ \text{V} = 80\ \text{V}$$

故

$$\cos\ \alpha = \frac{80}{110\times0.9} - 1 = -0.19$$

$$\alpha = \arccos(-0.19) = 101°$$

输入电流的有效值为

$$I = \sqrt{\frac{1}{\pi}\int_0^{\pi}\left(\frac{\sqrt{2}U}{R_L}\sin\ \omega t\right)^2 \mathrm{d}(\omega t)} = \frac{\sqrt{2}U}{R_L}\sqrt{\frac{1}{2\pi}\left(\pi - \alpha + \frac{1}{2}\sin\ \alpha\right)}$$

$$= \frac{\sqrt{2}U}{R_L}\sqrt{\frac{1}{2\pi}\left(\pi - 1.76 + \frac{1}{2}(-0.72)\right)} = \frac{\sqrt{2}U}{R_L}\times0.4$$

根据已知条件,则

$$R_L = \frac{U_o}{I_o} = \frac{80}{10}\ \Omega = 8\ \Omega$$

所以有

$$I = \frac{\sqrt{2}U}{R_L}\times0.4 = \frac{\sqrt{2}\times220}{8}\times0.4\ \text{A} = 15.6\ \text{A}$$

晶闸管所承受的最高正、反向电压与二极管所承受的最高反向电压均相等,即

$$U_{FM} = U_{RM} = U_{DRM} = \sqrt{2}U = \sqrt{2}\times220\ \text{V} = 310\ \text{V}$$

晶闸管和二极管电流平均电流为

$$I_D = I_T = \frac{1}{2}I_o = \frac{1}{2}\times10\ \text{A} = 5\ \text{A}$$

考虑安全系数,则最高正、反向电压为

$$U_{FFM} = U_{RRM} = (2\sim3)U_{FM} = (2\sim3)\times310\ \text{V} = (620\sim930)\ \text{V}$$

根据上述条件,可选 KP10 型晶闸管(10 A、100~3 000 V);二极管 2ZP19(100 A,500 V)。

6.10 电感性负载采用单相半控整流电路,如图 6.06 所示。电路中有续流二极管,已知负载电阻 $R_L = 5\ \Omega$,输入交流电压 $U = 220$ V,$\alpha = 60°$。

(1) 求晶闸管、二极管的平均电流值和有效值:

(2) 画出电压和电流的波形图;

(3) 说明续流二极管 D_3的作用。

解:(1) 当 $\alpha = 60°$时,负载电压的平均值为

$$U_o = 0.9U\frac{1+\cos\ \alpha}{2} = 0.9\times220\times\frac{1+\cos\ 60°}{2}\ \text{V} = 148.5\ \text{V}$$

负载电流为

$$I_o = \frac{U_o}{R_L} = \frac{148.5}{5}\ \text{A} = 29.7\ \text{A}$$

晶闸管 T_1、T_2和二极管 D_1、D_2每个周期导通角为

$$\theta = 180° - \alpha = 180° - 60° = 120°$$

每个晶闸管和二极管电流平均值为

$$I_{OT}=I_{OD}=\frac{\theta}{360^\circ}I_O=\frac{120^\circ}{360^\circ}\times 29.7\ \text{A}=9.9\ \text{A}$$

有效值为

$$I_T=I_D=\sqrt{\frac{\theta}{360^\circ}}I_O=\sqrt{\frac{120^\circ}{360^\circ}}\times 9.9\ \text{A}=5.716\ \text{A}$$

(2) 电路中各点的电压和电流波形,如解图 6.06 所示。

(3) 在电感性负载中当电源电压由零变为负时,由于电感中电流不能突变,则此时负载上电压 u_O 出现负值,使得 u_O 平均值减小。并联续流二极管 D_3后,当电压转为负半周时,电感中的电流可通过二极管继续流动,而电源负半周的电压也通过二极管加在晶闸管上,从而使晶闸管承受反向电压而关断。

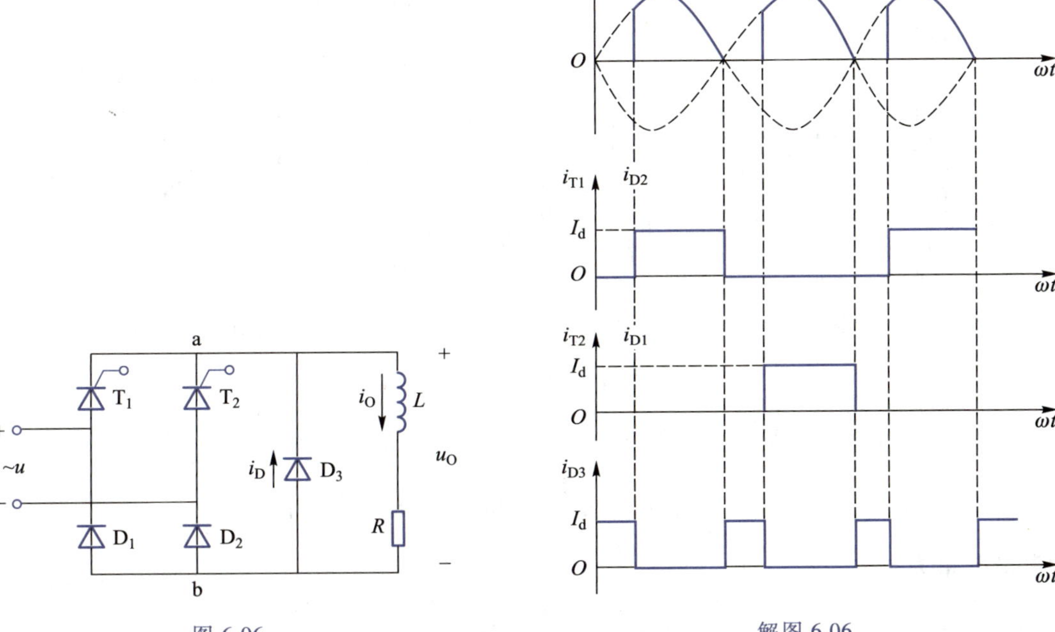

图 6.06　　解图 6.06

6.11　图 6.07 所示单相交流调压电路中,已知 $L=5.516$ mH,$R=1\ \Omega$。试求:

(1) 控制角的移相范围;

(2) 如果 $U_O=200$ V 时,负载电流的有效值;

(3) 最大输出功率 P_m。

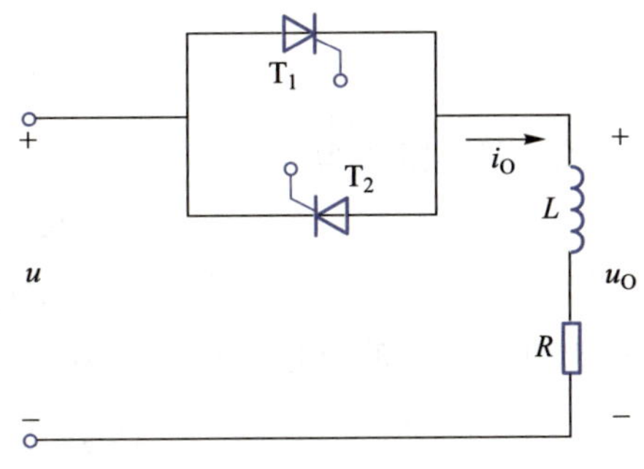

图 6.07

解:(1) 电路功率因数角为

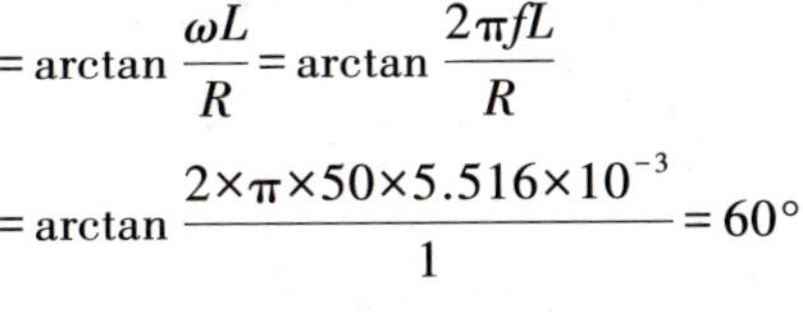

$$\varphi=\arctan\frac{\omega L}{R}=\arctan\frac{2\pi fL}{R}$$

$$=\arctan\frac{2\times\pi\times 50\times 5.516\times 10^{-3}}{1}=60^\circ$$

故控制角的移相范围为

$$\varphi\leqslant\alpha\leqslant\pi$$

(2) 负载电流的有效值为

$$I_o=\frac{U_o}{|Z|}=\frac{U_o}{\sqrt{R^2+(\omega L)^2}}=\frac{200}{\sqrt{1^2+(2\pi fL)^2}}$$
$$=\frac{200}{\sqrt{1^2+(2\times\pi\times50\times5.516\times10^{-3})^2}}\ \text{A}=\frac{200}{2}\ \text{A}=100\ \text{A}$$

(3) 最大输出功率为

$$P_m=U_oI_o\cos\varphi=200\times100\times\cos 60°\ \text{W}$$
$$=200\times100\times0.5\ \text{W}=10\ \text{kW}$$

6.12 桥式逆变电路如图 6.08(a)所示,电路的输出电压 u_0 为一方波如图 6.08(b)所示。已知输入电压 $U_i=110$ V,逆变电路频率 $f=50$ Hz,负载电阻 $R=10\ \Omega$,$L=0.02$ H。试求:

(1) 输出电压的基波分量的有效值 U_{o1};

(2) 输出电流的基波分量的有效值 I_{o1}。

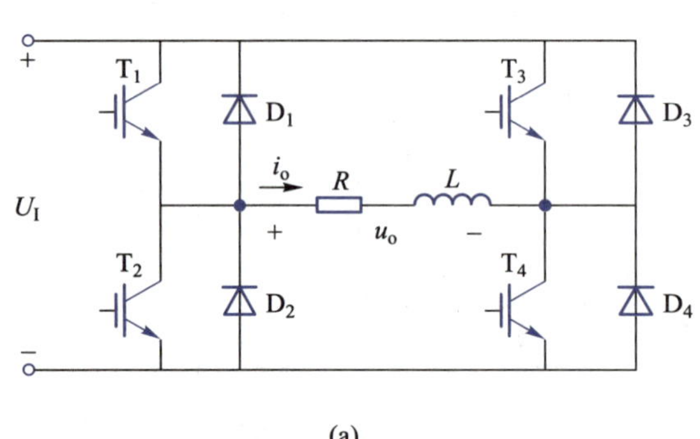

(a)

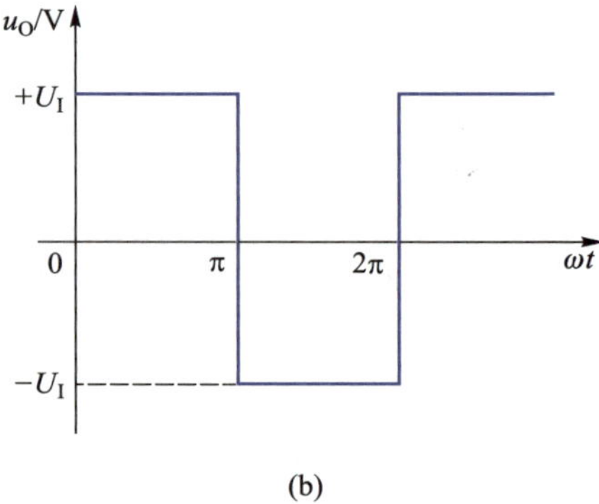

(b)

图 6.08

解:(1) 对图 6.08(b)所示方波展开,有

$$u_0=\frac{4U_I}{\pi}\left(\sin\omega t+\frac{1}{3}\sin 3\omega t+\frac{1}{5}\sin 5\omega t+\cdots\right)$$

其中基波分量为

$$u_{01}=\frac{4U_1}{\pi}\sin\omega t$$

基波分量的有效值为

$$U_{01}=\frac{4U_1}{\sqrt{2}\pi}=\frac{4\times110}{\sqrt{2}\pi}\ \text{V}\approx99\ \text{V}$$

(2) 基波阻抗为

$$|Z_1|=\sqrt{R^2+(\omega L)^2}=\sqrt{10^2+(2\pi\times50\times0.02)^2}\ \Omega$$
$$=18.59\ \Omega$$

故输出电流的基波分量的有效值为

$$I_{01}=\frac{U_0}{|Z_1|}=\frac{99}{18.59}\ \text{A}=5.325\ \text{A}$$

第 7 章　门电路与组合逻辑电路

§7.1　学习要求

1. 掌握基本门电路的逻辑功能、逻辑符号、真值表和逻辑表达式。了解 TTL 门电路、CMOS 门电路的特点。

2. 掌握逻辑代数的基本运算法则，学会化简逻辑函数。

3. 理解卡诺图原理，每个元素和最小项的对应关系，用卡诺图化简逻辑函数。

4. 掌握组合逻辑电路的分析和设计流程、方法，并能够实现功能扩展。

5. 理解加法器、编码器、译码器等常用组合逻辑电路的工作原理和功能。

6. 了解数字集成电路的使用方法。

§7.2　学习辅导

1. 正逻辑和负逻辑

（1）所谓逻辑是指“条件”与“结果”的关系，在电路中输入信号反映“条件”，输出信号反映“结果”。

（2）逻辑有正、负之分，若规定高电平为 **1**，低电平为 **0**，则称为正逻辑；反之则称为负逻辑。本教材分析均采用正逻辑。

2. 分立元件门电路

（1）所谓门就是一种开关，它能按照一定的条件去控制信号的通过或者不通过。门电路是用以实现逻辑关系的电子电路，其输入和输出之间存在一定的逻辑关系（因果关系），故门电路又称为逻辑门电路。

（2）分立元件门电路在实际中用的较少，但其电路结构简单，用于说明工作原理方便。本章重点在于掌握**与**、**或**、**非**等几种逻辑运算的相关概念和工作原理。几种分立元件门电路的逻辑状态，如表 7.01 所示。

表 7.01

名称	逻辑表达式	逻辑功能
与　门	$Y=A\cdot B$	有 **0** 出 **0**，全 **1** 出 **1**
或　门	$Y=A+B$	有 **1** 出 **1**，全 **0** 出 **0**
非　门	$Y=\overline{A}$	有 **1** 出 **0**，有 **0** 出 **1**
与非门	$Y=\overline{A\cdot B}$	有 **0** 出 **1**，全 **1** 出 **0**
或非门	$Y=\overline{A+B}$	有 **1** 出 **0**，全 **0** 出 **1**
异或门	$Y=A\overline{B}+\overline{A}B$	同态出 **0**，异态出 **1**
同或门	$Y=AB+\overline{A}\,\overline{B}$	同态出 **1**，异态出 **0**

(3)集成门电路是目前应用较为广泛器件,如TTL、CMOS等,其内部结构较为复杂。但从应用的观点出发,重点在于掌握其逻辑功能和外部特性。

3. 逻辑代数和逻辑函数

逻辑代数是逻辑电路分析与综合的数学依据,其不同于普通代数,有相应的运算规律。逻辑代数仅定义了**与**、**或**、**非**三种基本运算。常用逻辑代数运算法则和定律,如表7.02所示。

表 7.02

序号	名称	恒等式	
1	0−1律	$\mathbf{0}+A=A$	$\mathbf{1}\cdot A=A$
		$\mathbf{1}+A=\mathbf{1}$	$\mathbf{0}\cdot A=\mathbf{0}$
2	交换律	$A+B=B+A$	$AB=BA$
3	结合律	$A+(B+C)=(A+B)+C$	$A(BC)=(AB)C$
4	分配律	$A(BC)=(A+B)(A+C)$	$A(B+C)=AB+AC$
5	互补律	$A+\overline{A}=\mathbf{1}$	$A\cdot\overline{A}=\mathbf{0}$
6	吸收律	$A+AB=A$	$A(A+B)=A$
		$AB+A\overline{B}=A$	$(A+B)(A+\overline{B})=A$
		$A+\overline{A}B=A+B$	$A(\overline{A}+B)=AB$
7	重叠律	$A+A=A$	$A\cdot A=A$
8	反演律	$\overline{A+B}=\overline{A}\ \overline{B}$	$\overline{AB}=\overline{A}+\overline{B}$
9	对合律	$\overline{\overline{A}}=A$	

4. 逻辑函数化简

逻辑函数化简应注意两个重要方面,即最简表达式和化简方法。

(1)最简表达式。通常逻辑函数用**与或**表达式给出,所谓的最简**与或**表达式是指表达式所含的**与**项个数最少,且每项所含的变量最少。

(2)化简方法。常用化简方法有代数法和卡诺图法。

代数法是以基本运算法则和定律为依据,通过消去法、吸收法、并项法、分配法等,使所给表达式变换为最简的**与或**表达式。

卡诺图法是通过在特定图形(卡诺图)上的并项操作,使表达式变换为最简的**与或**表达式。

5. 组合逻辑电路分析

组合逻辑电路分析是指已知组合逻辑电路图,求逻辑电路功能。分析过程为

逻辑电路→写函数表达式→列状态表(真值表)→确定逻辑功能

6. 组合逻辑电路设计

组合逻辑电路设计是指已知逻辑功能,设计实现该逻辑功能的电路图。设计过程为

逻辑功能→列状态表→写函数表达式→化简表达式→画逻辑电路

7. 逻辑函数的集中表达式形式及其相互转换

一个逻辑函数可用多种表示方法，如逻辑表达式、逻辑电路图、状态表(真值表)。它们之间可以相互转换，掌握这些相互转换是学习数字电路的一个基本要求。逻辑函数表达形式间的信号转换，如图 7.1 所示。

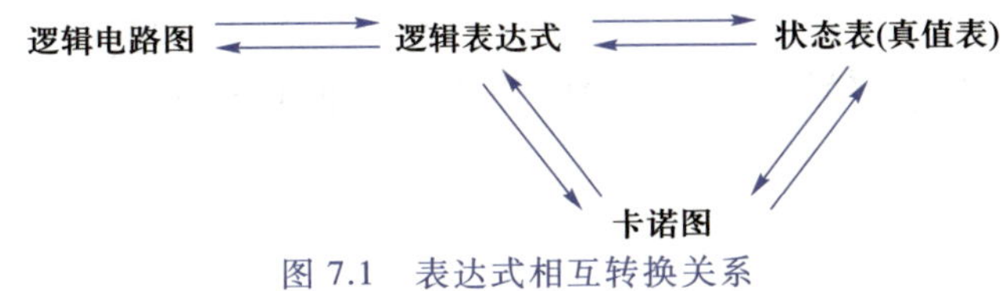

图 7.1　表达式相互转换关系

8. 组合逻辑电路主要内容的相互转换关系

组合逻辑电路主要内容的相互转换关系，如图 7.2 所示。

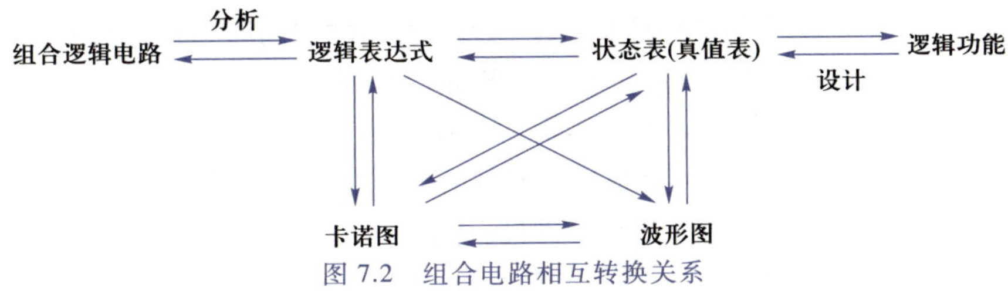

图 7.2　组合电路相互转换关系

§7.3　重点和难点

1. 重点

(1) 逻辑代数基本运算法则和定律。

(2) 逻辑函数的表达方式相互转换。

(3) 逻辑函数公式化简方法和卡诺图化简法。

(4) 基本门电路的逻辑功能。

(5) 组合逻辑电路分析和设计方法。

2. 难点

(1) 逻辑函数状态表、最简表达式、逻辑功能。

(2) 逻辑函数的公式和卡诺图化简方法。

(3) 组合电路中的编码器、译码器分析。

(4) 最简逻辑函数的逻辑电路设计实现

§7.4　练习与思考题解答

7.2.1　什么叫**与**门、**或**门、**非**门？分别画出它们的逻辑符号。

解：(1) 所谓门就是一种开关，它能按照一定的条件控制信号的通过或不通过。门电路的输入和输出之间存在一定的逻辑关系(因果关系),所以门电路又称为逻辑门电路。基本逻辑关系为**与**、**或**、**非**三种。

(2) **与**是指当决定某事件的条件全部具备时,该事件才发生。**与**门电路的功能为有**0**出**0**,全**1**出**1**。逻辑符号如图7.2.1(a)所示。

(3) **或**是指当决定某事件的条件之一具备时,该事件就发生。**或**门电路的功能为有**1**出**1**,全**0**出**0**。逻辑符号如图7.2.1(b)所示。

(4) **非**是否定或相反的意思。**非**门电路的功能为有**0**出**1**,全**1**出**0**。逻辑符号如图7.2.1(c)所示。

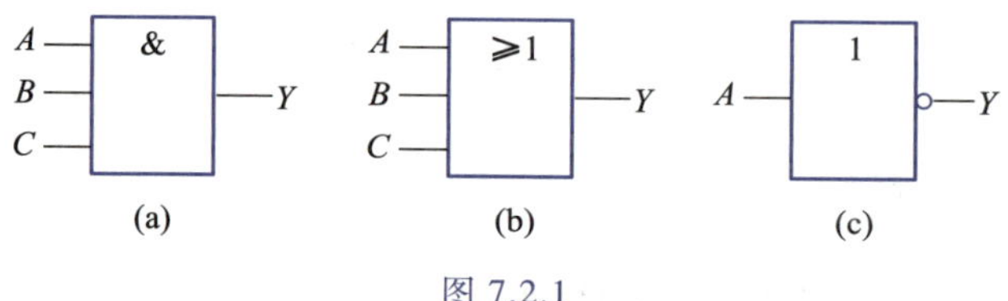

图 7.2.1

7.2.2 为什么不能将两个**与非**门的输出端接到后级**与非**门的同一输入端上?

解:如果将两个普通**与非**门输出端接在后级**与非**门的同一输出端,相当于将两个**与非**门的输出端并联在一起,这种做法是不允许的。原因是:如果两个**与非**门中一个高电平(门开)、一个低电平(门关),则后级的输出端既非高电平也非低电平,不仅会造成逻辑功能混乱,还会出现较大的"灌电流"(超出正常使用值很多),烧坏器件。

7.2.3 TTL门电路和CMOS门电路各有什么特点?

解:(1) TTL门电路:由晶体管构成,电流控制器件;传输速度快,传输延迟时间短(5~10 ns);功耗较大(10 mW),输入阻抗较低;输入电平约3.5 V,低电平0.8~0.4 V,高低电平差值较小;电源电压为+5 V,多余输入端悬空相当于接高电平,抗干扰能力和驱动能力较弱。

(2) CMOS门电路:由场效晶体管构成,电压控制器件;输入高电平电压约为$0.9U_{CC}$(接近电源电压),低电平接近于0 V,高低电平差值较大;抗干扰和驱动能力较强;电源电压在3~18 V内均可正常工作,多余输入端不允许悬空。

7.2.4 如图7.2.19所示CMOS**非**门电路,改为T_2用NMOS,T_1用PMOS,行不行?为什么?

解:不行。因为如果将两只管子T_1、T_2的位置对调,则PMOS管的源极接"地",管子不会正常导通;如果将NMOS管的源极接电源$+U_{DD}$,管子也不会正常导通。

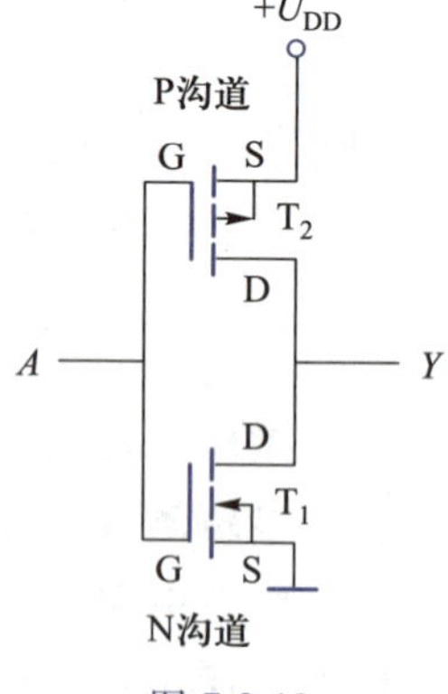

图 7.2.19

7.4.1 逻辑代数有哪些基本运算法则和定理?试说明它们与普通代数式的区别。

解:(1) "逻辑"是指事物之间的因果关系,而不是数量关系,也不是普通代数中数量运算。"逻辑代数"是指用数学的方式表征逻辑关系,也称布尔代数。逻辑代数与普通代数一样可用A、B、C等表示变量,但每个逻辑变量只有**0**、**1**两种取值。

(2) 逻辑代数的基本运法则(定律)与普通代数不同,逻辑代数基本运算法则有逻辑**与**($Y=AB$)、逻辑**或**($Y=A+B$)、逻辑**非**($Y=\overline{A}$)。由三种基本逻辑运算可推导出以下逻辑运算法则和定理:0-1律、交换律、结合律、分配律、互补律、吸收律、重叠律、反演律和对合律,如表7.02所示。

7.4.2 能否将$AB=AC$、$A+B=A+C$这两个逻辑式化简为$B=C$?

解:不能。只能说明两式的逻辑运算结果相同,并不能说明等式两边变量间存在确定的关系(因为逻辑代数中没有"逻辑减"和"逻辑除"运算)。例如,当 $A=\mathbf{0}, B=\mathbf{1}, C=\mathbf{0}$ 时,则有 $AB=AC$、$A+B=A+C$,但 $B \neq C$。又如当 $A=\mathbf{1}, B=\mathbf{0}, C=\mathbf{1}$ 时,则有 $AB=AC$、$A+B=A+C$,但 $B \neq C$。

7.4.3 逻辑函数有四种表达方式:逻辑式、逻辑图、逻辑状态表、卡诺图,说明它们之间是如何转换的。

解:(1) 将逻辑状态表转换为其他三种表达方式。

① 转换为逻辑式。从状态表中选取为 **1** 的变量组合,其中变量值为 **1** 的写成原变量,变量值为 **0** 的写成反变量;对应于函数值为 **1** 的每一个组合可写出一个**与**项,将所有**与**项相**或**,即可得到逻辑函数的**与或**式。

② 转换为逻辑图。由状态表写出逻辑式,用基本逻辑运算法则(或卡诺图)进行化简和变换,得到逻辑元件表示的各种逻辑关系,画出相应的逻辑图。

③ 转换为卡诺图。将状态表中输出变量为 **1** 的各变量取值组合,在对应的卡诺图小方格内填入 **1**,其余的填入 **0** ,即可得到逻辑函数的卡诺图。

(2) 将逻辑式转换为其他三种表达方式。

① 转换为状态表。将逻辑式变换为对应的最小项形式的表达式,在状态表中把每个最小项所对应的变量组合函数值填 **1**,其余填 **0**,即可得到对应的逻辑状态表。

② 转换为逻辑图。对逻辑式进行化简,从而得到由基本逻辑运算及其组合表示的最简逻辑式,用相应的逻辑单元实现,即可得到对应的逻辑图。

③ 转换为卡诺图。将逻辑式变换为对应的最小项形式的表达式,在卡诺图中将**与**表达式的每个最小项对应的小方格内填入 **1**,其余的填入 **0** ,即可得到改逻辑式的卡诺图。

(3) 将逻辑图转换为其他三种表达方式。

① 转换为状态表:将逻辑图转换为逻辑式,再将逻辑式变换为对应的最小项形式的表达式,在状态表中将每个最小项所对应的变量组合函数值填 **1**,其余填 **0**,即可得到对应的逻辑状态表。也可直接计算逻辑式在变量不同取值下的函数值,填入表中即可得到逻辑状态表。

② 转换为逻辑式。对逻辑图逐门、逐级写出逻辑运算结果并综合在一起,即可得到对应的逻辑式。

③ 转换为卡诺图。先将逻辑图转换为逻辑式,再将逻辑式变换为其对应的最小项形式的表达式,在卡诺图中将**与**表达式的每个最小项对应的小方格内填入 **1**,其余的填入 **0**,即可得到对应的卡诺图。

(4) 将卡诺图转换为其他三种表达方式。

① 转换为状态表。将卡诺图中为 **1** 的小方格代表的最小项所对应的函数值取 **1**,将卡诺图中为 **0** 的小方格代表的最小项所对应的函数值取 **0**,即可得到逻辑状态表。

② 转换为逻辑式。将卡诺图中取值为 **1** 的逻辑相邻的小方格圈成圈,被圈的小方格的个数为 $2,4,8,\cdots,2^n$;圈数应最少,圈中的小方格数应尽量多;每个圈中至少有一个小方格不在其他圈中出现过。取各圈中所有小方格对应最小项中的相同变量并相**与**,得到的各个**与**项相**或**,即可得到最简**与或**逻辑式。

③ 转换为逻辑图。先将卡诺图转换为最简逻辑式,变换为所要求的基本逻辑关系,用相应的逻辑单元去实现,即可得到对应的逻辑图。

7.4.4 画出一个用 3 个**与**门和一个**或**门组成的 3 变量表决器的逻辑图。

解:用 3 个**与**门和 1 个**或**门组成的 3 变量表决器的逻辑状态,如解表 7.4.4 所示。**与或**逻辑式为

$$Y=\overline{A}BC+A\overline{B}C+AB\overline{C}+ABC$$

故逻辑电路如解图 7.4.4 所示。

解表 7.4.4

输入			输出
A	B	C	Y
0	0	0	0
0	0	1	0
0	1	0	0
0	1	1	1
1	0	0	0
1	0	1	1
1	1	0	1
1	1	1	1

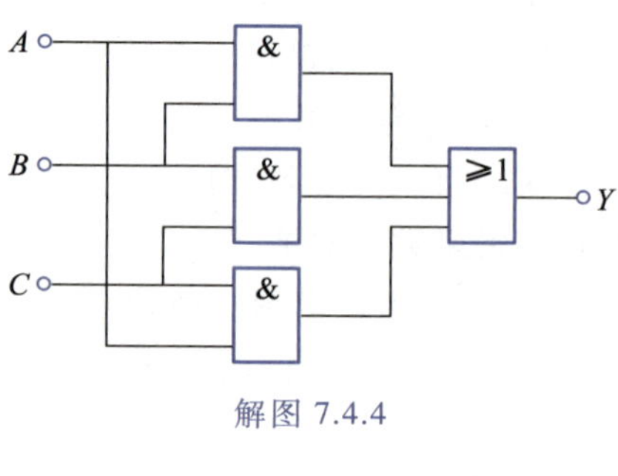

解图 7.4.4

§7.5　习题解答

7.1　将二进制数(**110101**)$_2$和(**10101011**)$_2$转换为十进制数。

分析:二进制数(n位)按"权"转换为十进制数的展开式为

$$(N)_2=d_{n-1}2^{n-1}+d_{n-2}2^{n-2}+\cdots+d_12^1+d_02^0=\sum_{i=0}^{i-1}d_i2^i$$

解:转换后十进制数分别为

$$(\mathbf{110101})_2=2^0+2^2+2^4+2^5=(53)_{10}$$

$$(\mathbf{10101011})_2=2^0+2^1+2^3+2^5+2^7=(171)_{10}$$

7.2　将 8421BCD 代码(**10010101**)$_{BCD}$;(**100001111000**)$_{BCD}$,转换为十进制数。

分析:8421BCD 码是采用 4 位二进制码来表示十进制数值,高位到低位的权值分别为 8,4,2,1,只要将每 4 位二进制码对应的"权"值相加即可得到对应的十进制数。

解:转换后的十进制数分别为

$$(\mathbf{10010101})_{BCD}=(95)_{10}$$

$$(\mathbf{100001111000})_{BCD}=(878)_{10}$$

7.3　将 8421BCD 代码(**110000010**)$_{BCD}$;(**100101100011**)$_{BCD}$,转换为二进制。

分析:先将 8421BCD 代码转换为十进制数,再由十进制数转换为二进制码。

解:转换后的二进制代码分别为

$$(\mathbf{110000010})_{BCD}=(182)_{10}=(\mathbf{10110110})_2$$

$$(\mathbf{100101100011})_{BCD}=(963)_{10}=(\mathbf{1111000011})_2$$

7.4　已知输入信号 A、B、C、D 的波形如图 7.01(a)所示。试画出图 7.01(b)、(c)、(d)、(e)、(f)、(g)各图所示门电路的输出波形。

分析:各门电路的逻辑表达式与逻辑功能为

(1) **与非门**:$Y=\overline{A\cdot B}$;有 **0** 出 **1**,全 **1** 出 **0**。

(2) **或非门**:$Y=\overline{A+B}$;有 **1** 出 **0**,全 **0** 出 **1**。

(3) **异或非门(同或门)**:$Y=\overline{A\cdot\overline{B}+\overline{A}\cdot B}=\overline{A\oplus B}=A\odot B$;输入相同出 **1**,输入不同为 **0**。

(4) **与或非门**:$Y=\overline{A\cdot B+C\cdot D}$;输入全 **0** 出 **1**,输入有 **1** 出 **0**。

解:(1) 图 7.01(b)所示为**与非门**。其逻辑表达式为

$$Y=\overline{A\cdot B}=\overline{A\cdot \mathbf{1}}=\overline{A}$$

则输出波形如解图 7.01(a)所示。

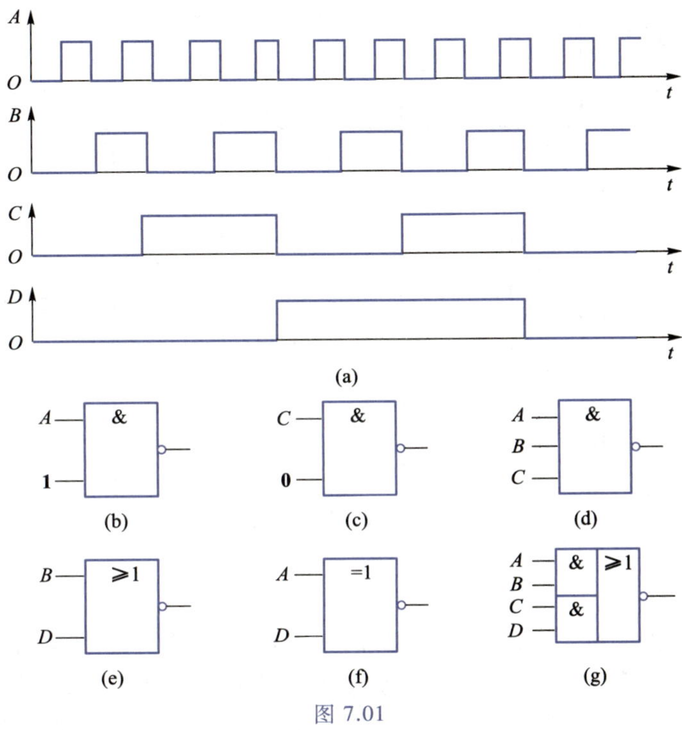

图 7.01

(2) 图 7.01(c)所示为**与非门**。其逻辑表达式为

$$Y=\overline{A\cdot B}=\overline{A\cdot \mathbf{0}}=\mathbf{1}$$

输出波形如解图 7.01(b)所示。

(3) 图 7.01(d)所示为**与非门**。其逻辑表达式为

$$Y=\overline{A\cdot B\cdot C}=\overline{A}+\overline{B}+\overline{C}$$

输出波形如解图 7.01(c)所示。

(4) 图 7.01(e)所示为**或非门**。其逻辑表达式为

$$Y=\overline{A+D}=\overline{A}\cdot\overline{D}$$

输出波形如解图 7.01(d)所示。

(5) 图 7.01(f)所示为**同或门**。其逻辑表达式为

$$Y=\overline{A\cdot\overline{B}+\overline{A}\cdot B}=\overline{A\oplus B}$$

输出波形如解图 7.01(e)所示。

(6) 图 7.01(f)所示为**与或非门**。其逻辑表达式为

$$Y=\overline{A\cdot B+C\cdot D}$$

输出波形如解图 7.01(f)所示。

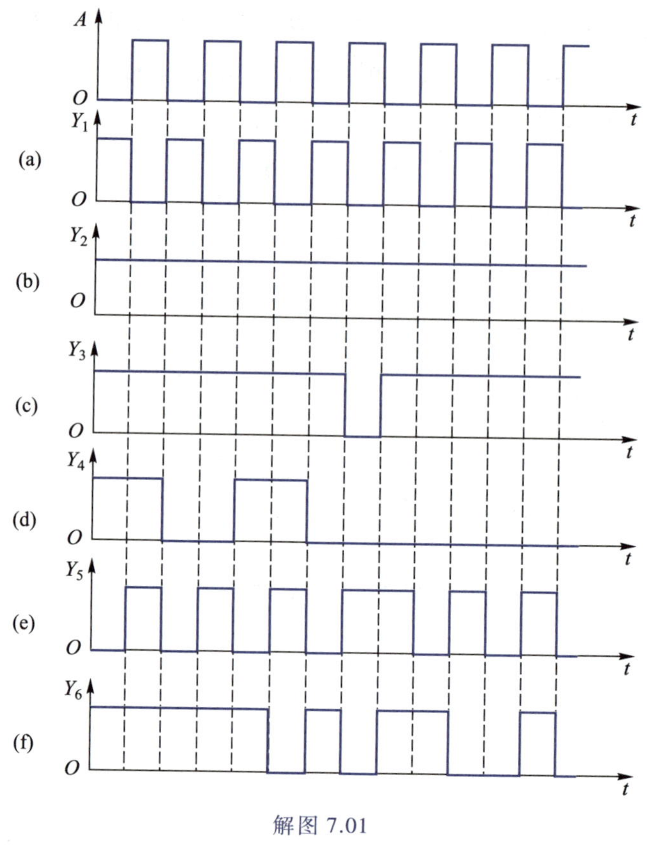

解图 7.01

7.5 门电路除了能完成一定的逻辑功能外，还可以作为控制元件，控制信号的流通。如果**与**门的两个输入端 A 为信号输入端，B 为控制端，A 信号的波形如图 7.02 所示。当控制端 $B=\mathbf{1}$ 和 $B=\mathbf{0}$ 时，试画出输出波形。如果是**与非**门、**或**门、**或非**门又如何？分别画出输出波形，总结上述四种电路的控制作用。

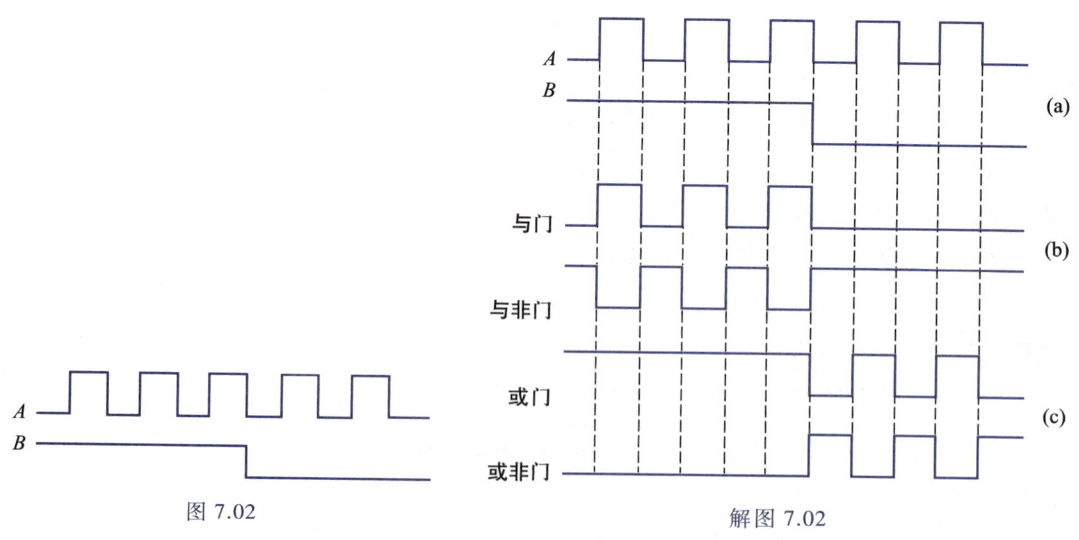

图 7.02　　解图 7.02

分析：分析思路同 7.4 题，列出逻辑表达式，令 $B=\mathbf{1}$ 和 $B=\mathbf{0}$，得到输出 Y 的简化表达式，最后画出波形图。

解：(1) 当控制端 $B=1$ 和 $B=0$ 状态时，**与非**门输出波形如解图 7.02(a) 所示、**或**门输出波形如解图 7.02(b) 所示、**或非**门输出波形如解图 7.02(c) 所示。

(2) 4 种门电路的控制作用分别为

① **与**门和**与非**门：当控制信号 $B=1$ 时，门打开，信号 A 通过(二者输出信号相位相反)。

② **或**门和**或非**门：当控制信号 $B=0$ 时，门打开，信号 A 通过(二者输出信号相位相反)。

7.6 图 7.03 所示电路的逻辑功能是什么？

解：(1) 电路的逻辑状态如解表 7.01 所示。

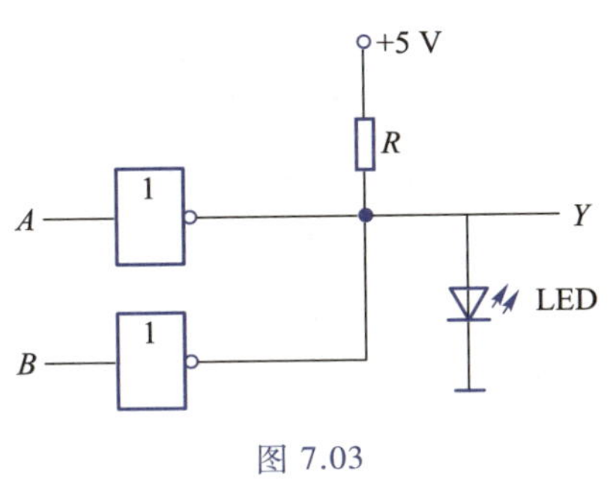

图 7.03

解表 7.01

输入		输出
A	B	Y
0	0	1
0	1	1
1	0	1
1	1	0

(2) 由状态表可知"有 **0** 出 **1**，全 **1** 出 **0**"。故该电路的逻辑功能为**与非**门。

7.7 对下列函数指出当变量(A、B、C…)取哪些组合时，$Y=1$。

(1) $Y=AB+AC$；

(2) $Y=\overline{A+B\overline{C}}(A+B)$。

分析：一般的分析思路是先用最简列出状态表；从表中找出使逻辑函数 $Y=1$、输入变量取值为 **1** 的组合。

解：(1) $Y=AB+AC$ 以为最简逻辑函数，列出状态表(省略)。由状态表可见，当 ABC 输入组合为 **101**、**110**、**111** 中任一种时，$Y=1$。

(2) 对逻辑函数进行化简，即

$$Y=\overline{A+B\overline{C}}(A+B)=\overline{A}\cdot\overline{B\overline{C}}(A+B)$$

$$=\overline{A}\cdot(\overline{B}+C)\cdot(A+B)=\overline{A}BC$$

当 ABC 输入组合仅为 **011** 时，$Y=1$。

7.8 用基本运算法则和定理证明下列等式。

(1) $A\overline{B}+BD+\overline{A}D+DC=A\overline{B}+D$；

(2) $BC+D+\overline{D}(\overline{B}+\overline{C})(DA+B)=B+D$；

(3) $AB+A\overline{B}+\overline{A}B+\overline{A}\,\overline{B}=1$；

(4) $A\overline{B}+B\overline{C}+C\overline{A}=\overline{A}B+\overline{B}C+\overline{C}A$。

分析：本题是利用逻辑代数公式和定理将等式两边化为完全相同的形式，即等式左右两边相等，则等式成立。

解：(1) 左边 $=A\overline{B}+BD+\overline{A}D+DC$

$$=A\overline{B}D+A\overline{B}\,\overline{D}+BD+\overline{A}\,\overline{B}D+\overline{A}BD+CD$$

$$=\overline{B}D+A\overline{B}\,\overline{D}+BD+\overline{A}BD+CD$$

$=A\overline{B}+D=$ 右边

原式左右两边相等,故原式成立。

(2) 左边 $=BC+D+\overline{D}\cdot(\overline{B}+\overline{C})\cdot(DA+B)$

$=BC+D+(\overline{B}\,\overline{D}+\overline{C}\,\overline{D})\cdot(DA+B)$

$=BC+D+B\overline{C}\,\overline{D}$

$=BCD+BC\overline{D}+D+B\overline{C}\,\overline{D}$

$=B\overline{D}+D+BCD$

$=B\overline{D}+D\cdot(\mathbf{1}+BC)$

$=B\overline{D}+D=B+D=$ 右边

原式左右两边相等,故原式成立。

(3) 左边 $=AB+A\overline{B}+\overline{A}B+\overline{A}\,\overline{B}$

$=A(B+\overline{B})+\overline{A}(B+\overline{B})$

$=A+\overline{A}$

$=\mathbf{1}=$ 右边

原式左右两边相等,故原式成立。

(4) 左边 $=A\overline{B}+B\overline{C}+C\overline{A}$

$=A\overline{B}C+A\overline{B}\,\overline{C}+AB\overline{C}+\overline{A}B\overline{C}+\overline{A}BC+\overline{A}\,\overline{B}C$

$=\overline{A}B(C+\overline{C})+B\overline{C}(A+\overline{A})+\overline{C}A(B+\overline{B})$

$=\overline{A}B+B\overline{C}+\overline{C}A=$ 右边

原式左右两边相等,故原式成立。

注意:证明一个等式成立,可从左边开始,经过恒等变形,使其在形式上与右边相等,反之亦然。逻辑函数的证明过程实质上是逻辑代数运算法则的灵活应用过程。

7.9 化简下列各逻辑表达式,列出状态表并画出各逻辑电路图。

(1) $Y=BC\,\overline{\overline{AC+\overline{A}BC}+\overline{B}C+AB\overline{C}}$;

(2) $Y=A(A+B+C)+B(A+B+C)+C(A+B+C)$;

(3) $Y=(A+B)(\overline{A}+\overline{B})\overline{B}$。

分析:学习运用各种运算法则和定律化简逻辑函数,并根据得到的最简逻辑表达式画出逻辑电路。

解:(1) $Y=BC\,\overline{\overline{AC+\overline{A}BC}+\overline{B}C+AB\overline{C}}$

$=BC\,\overline{\overline{AC+\overline{A}BC}}\cdot\overline{\overline{B}C+AB\overline{C}}$

$=BC(AC+\overline{A}BC)\cdot(\overline{\overline{B}C}\cdot\overline{AB\overline{C}})$

$=(ABC+BC)\cdot(B+\overline{C})\cdot(\overline{A}+\overline{B}+C)$

$=(ABC+BC)\cdot(\overline{A}B+BC+\overline{A}\,\overline{C}+\overline{B}\,\overline{C})$

$=ABC+\overline{A}BC=BC$

其状态如解表 7.02(a)所示，逻辑电路如解图 7.04(a)所示。

(2) $Y=A(A+B+C)+B(A+B+C)+C(A+B+C)$

$=(A+B+C)\cdot(A+B+C)$

$=A+B+C$

其状态如解表 7.02(b)所示，逻辑电路如解图 7.04(b)所示。

(3) $Y=(A+B)(\overline{A}+\overline{B})\overline{B}$

$=(A+B)\cdot(\overline{A}\,\overline{B}+\overline{B}\,\overline{B})=(A+B)\cdot(\overline{A}\,\overline{B}+\overline{B})$

$=(A+B)\cdot(\overline{A}+\mathbf{1})\overline{B}=(A+B)\overline{B}$

$=A\overline{B}+B\overline{B}=A\overline{B}$

其状态如解表 7.02(c)所示，逻辑电路如解图 7.04(c)所示。

解表 7.02

(a)

B	C	Y
0	0	0
0	1	0
1	0	0
1	1	1

(b)

A	B	C	Y
0	0	0	0
0	0	1	1
0	1	0	1
0	1	1	1
1	0	0	1
1	0	1	1
1	1	0	1
1	1	1	1

(c)

A	B	Y
0	0	0
0	1	0
1	0	1
1	1	0

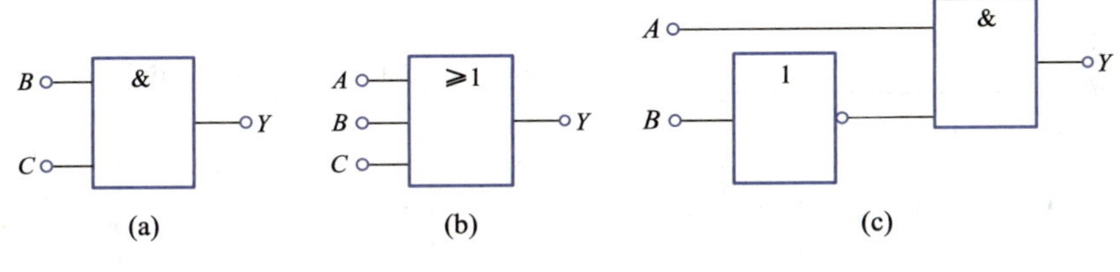

解图 7.04

7.10　要求用卡诺图化简下列各式为最简**与或**表达式。

(1) $Y=AB+\overline{A}BC+\overline{A}B\overline{C}$;

(2) $Y=\overline{B}\,\overline{C}A\overline{D}+\overline{A}B\overline{C}D+\overline{A}BCD+A\overline{B}C\overline{D}$;

(3) $Y=A+\overline{A}B+\overline{A}\,\overline{B}\,C+\overline{A}\,\overline{B}\,\overline{C}$;

(4) $Y=\overline{A}\,\overline{B}\,\overline{D}+A\overline{B}\,\overline{C}+ABD+\overline{A}B\overline{C}D+\overline{A}BCD$。

分析：用卡诺图化简逻辑函数的一般方法是：将已知的逻辑表达式通过去**非**号、去括号、配项等过程求出最小项表达式；根据变量的个数画出卡诺图；用卡诺图表示逻辑函数，依据相邻（逻辑相邻、几何相邻）性在卡诺图上画包围圈化简；求出化简后的逻辑函数表达式。所谓的逻辑相邻是指头尾、左右相邻，即两个最小项只有一个变量取值不同。所谓的几何相邻是指相接（紧挨）相邻、相对（行列两头）相邻（最上行和最下行；最左列和最右列）、相重（对折后）相邻。

解:(1) $Y=AB+\bar{A}BC+\bar{A}B\bar{C}$

$$=AB(C+\bar{C})+\bar{A}BC+\bar{A}B\bar{C}$$

$$=ABC+AB\bar{C}+\bar{A}BC+\bar{A}B\bar{C}$$

原表达式中 AB 不是最小项,通过配项($C+\bar{C}$),利用分配律去括号,求得 Y 的最小项表达式,三个变量的卡诺图如解图 7.05(a)所示。由于所给逻辑函数含有 4 个最小项,分别在各最小项对应的小方格内填 **1**。可见 4 个为 **1** 的小方格相邻,因此可用 1 个包围圈将其圈在一起。在这个包围圈中分别有两个小方格包含 A 和 $\bar{A}$,可利用 $A+\bar{A}=\mathbf{1}$ 消去变量 A。可用同样的方法包含两个小方格中变量 C。变量 B 取值为 **1**,故不可消去。最终化简结果为

$$Y=B$$

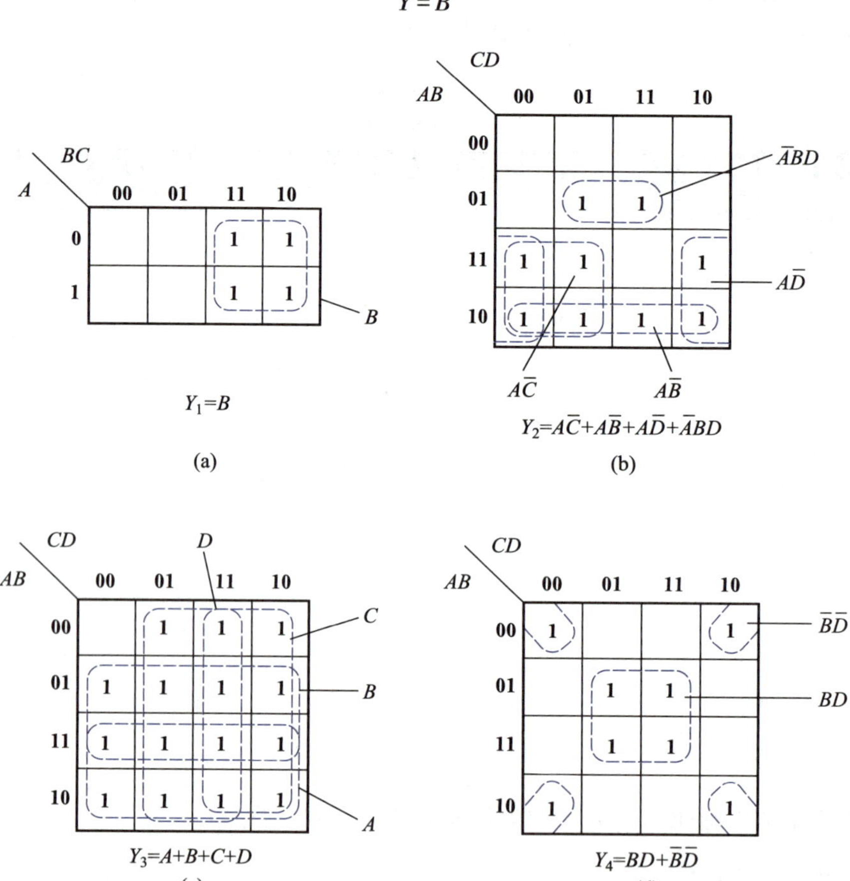

解图 7.05

(2) $Y=\bar{B}\,\bar{C}A\bar{D}+\bar{A}B\bar{C}D+\bar{A}BCD+A\bar{B}C\bar{D}$

$$=A\,\overline{B+C+D}+\bar{A}B\bar{C}D+\bar{A}BCD+A\bar{B}C\bar{D}$$

$$=A\bar{B}+A\bar{C}+A\bar{D}+\bar{A}B\bar{C}D+\bar{A}BCD+A\bar{B}C\bar{D}$$

经去**非**号、去括号后,进行配项求得最小项表达式,但实际中常采用**与或**表达式直接在卡诺图上填 **1** 的方式。本题作 4 变量卡诺图如解图 7.05(b)所示。在变换后的表达式中 $\bar{A}B\bar{C}D$、$\bar{A}BCD$、$A\bar{B}C\bar{D}$ 对应的小方格里填 **1**;**与**项 $A\bar{B}$ 对应卡诺图中第 4 行的 4 个小方格,**与**项 $A\bar{D}$ 对应的最小项为 m_8、m_{10}、m_{12}、m_{14},$A\bar{C}$ 对应卡诺图左下角 4 个小方格,在所有最小项对应的小方格均填

1。化简结果为

$$Y=A\overline{B}+A\overline{C}+A\overline{D}+\overline{A}BD$$

（3）$Y=A+\overline{A}B+\overline{A}\,\overline{B}C+\overline{A}\,\overline{B}\,\overline{C}$

可直接用该式最小项在对应的小方格填 **1**，则有 4 个包围圈，每个包围圈含 8 个小方格，如解图 7.05(c)所示。8 个小方格合并，可消去 3 个变量，最终化简结果为

$$Y=A+B+C+D$$

值得注意的是：卡诺图为 **0** 的最小项比较少，可以直接用为 **0** 的最小项画包围圈，即对上式两边取**非**，可得

$$\overline{\overline{Y}}=\overline{\overline{A+B+C+D}}=Y$$

$$=\overline{\overline{A}\,\overline{B}\,\overline{C}\,\overline{D}}=A+B+C+D$$

可见，包围圈最小项圈 **0** 或圈 **1** 的结论完全一致。

（4）$Y=\overline{A}\,\overline{B}\,\overline{D}+A\overline{B}\,\overline{C}+ABD+\overline{A}B\overline{C}D+\overline{A}BCD$

该卡诺图为 4 变量，直接在卡诺图对的最小项填 **1**，如解图 7.05(d)所示。根据相邻性原则，4 个对角上的 4 个小方格为 1 个包围圈。则最终化简结果为

$$Y=BD+\overline{B}\,\overline{D}$$

注意：(1) 圈"**1**"和相邻性原则：包围圈圈"**1**"个数应为 2^n 个；必须保证几何相邻、逻辑相邻。

(2) 合并相邻最小项原则：两个相邻最小项，合并一**与**项，可消去一个变量；4 个相邻最小项，合并一个**与**项，可消去两个变量；8 个相邻最小项，合并一个**与**项，可消去 3 个变量。

7.11　写出图 7.06 所示电路的逻辑表达式。

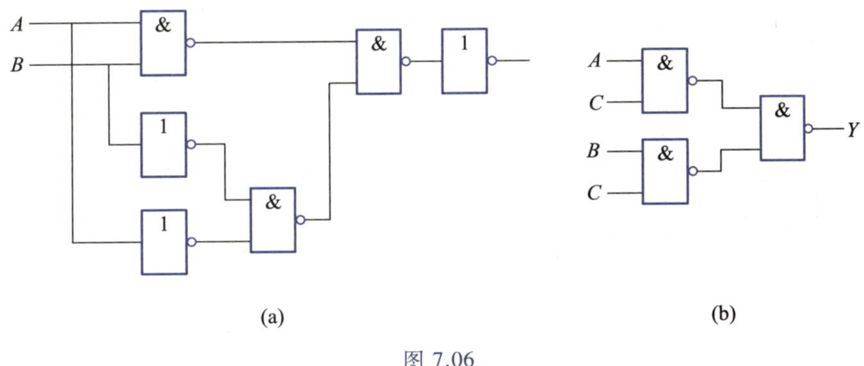

图 7.06

分析：根据逻辑电路写出逻辑表达式，并对逻辑表达式进行化简。

解：(1) $Y=\overline{\overline{\overline{AB}\cdot\overline{\overline{A}\,\overline{B}}}}=\overline{AB}\cdot\overline{\overline{A}\,\overline{B}}$

$$=(\overline{A}+\overline{B})\cdot(A+B)=A\overline{B}+\overline{A}B$$

(2) $Y=\overline{\overline{AC}\cdot\overline{BC}}=AC+BC$

7.12　用**与非**门实现下列各逻辑关系，画出逻辑图。

(1) $Y=AB+\overline{A}C$；　　(2) $Y=A+B+\overline{C}$；

(3) $Y=\overline{A}\,\overline{B}+(\overline{A}+B)\overline{C}$；　　(4) $Y=AB+A\overline{C}+\overline{A}B\overline{C}$。

分析:本题中各逻辑表达式均为与或表达式。首先检查表达式是否需要进行化简,表达式越简单所用**与非**门则最少;将化简后表达式转换为**与非**表达式;再画出**与非**门实现电路。

解:(1) $Y=AB+\bar{A}C=\overline{\overline{AB+\bar{A}C}}=\overline{\overline{AB}\cdot\overline{\bar{A}C}}$

其电路如解图 7.07(a)所示。

(2) $Y=A+B+\bar{C}=\overline{\overline{A+B+\bar{C}}}=\overline{\bar{A}\,\bar{B}C}$

其电路如解图 7.07(b)所示。

(3) $Y=\bar{A}\,\bar{B}+(\bar{A}+B)\bar{C}=\bar{A}\,\bar{B}+\bar{A}\,\bar{C}+B\bar{C}$

$=\bar{A}\,\bar{B}+B\bar{C}=\overline{\overline{\bar{A}\,\bar{B}}\cdot\overline{B\bar{C}}}$(或 $=\overline{\overline{\bar{A}\bar{B}+B\bar{C}}}$)

其电路如解图 7.07(c)所示。

(4) $Y=AB+A\bar{C}+\bar{A}B\bar{C}=AB+(A+\bar{A}B)\bar{C}$

$=AB\cdot(A+B)\bar{C}=AB+A\bar{C}+B\bar{C}$

$=\overline{\overline{AB}\cdot\overline{A\bar{C}}\cdot\overline{B\bar{C}}}$

其电路如解图 7.07(d)所示。

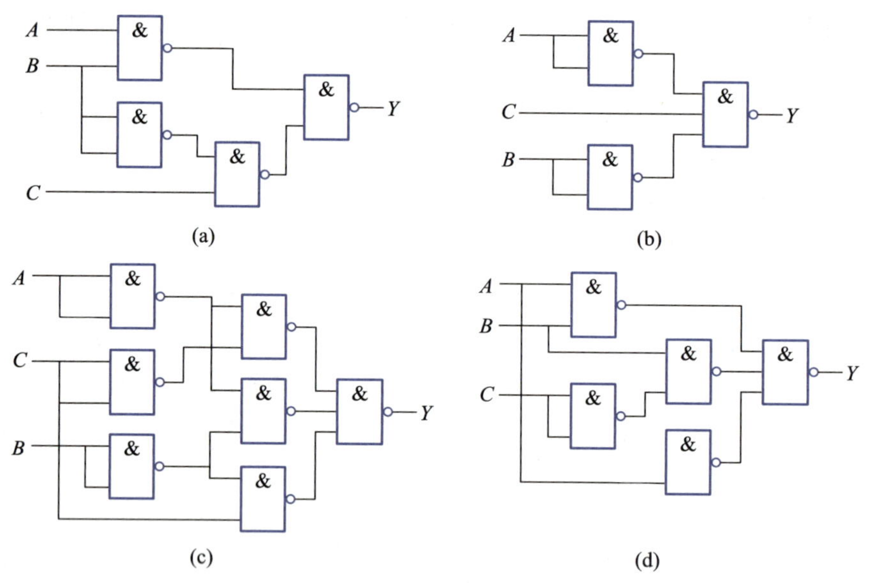

解图 7.07

7.13　化简 $Y=AD+\bar{C}\,\bar{D}+\bar{A}\,\bar{C}+\bar{B}\,\bar{C}+C\bar{D}$,并画出用 74LS20 双 4 输入端**与非**门组成的电路图。

解:(1) 对逻辑表达式用卡诺图化简,如解图 7.08(a)所示。则有

$$Y=AD+\bar{C}=\overline{\overline{AD+\bar{C}}}=\overline{\overline{AD}\cdot C}$$

(2) **与非**门实现电路如解图 7.08(b)所示。

注意:题目要求用 74LS20 双 4 输入端**与非**门组成电路实现逻辑功能,因此就涉及门电路多余输入端的处理问题,处理原则是多余输入端的连接应保证不影响原函数所要求逻辑功能的实现。常采用的方法如下:

(1) 将多余输入端并联作为一个变量的输入端,如解图 7.08(b)、(c)所示。例如,4 变量输

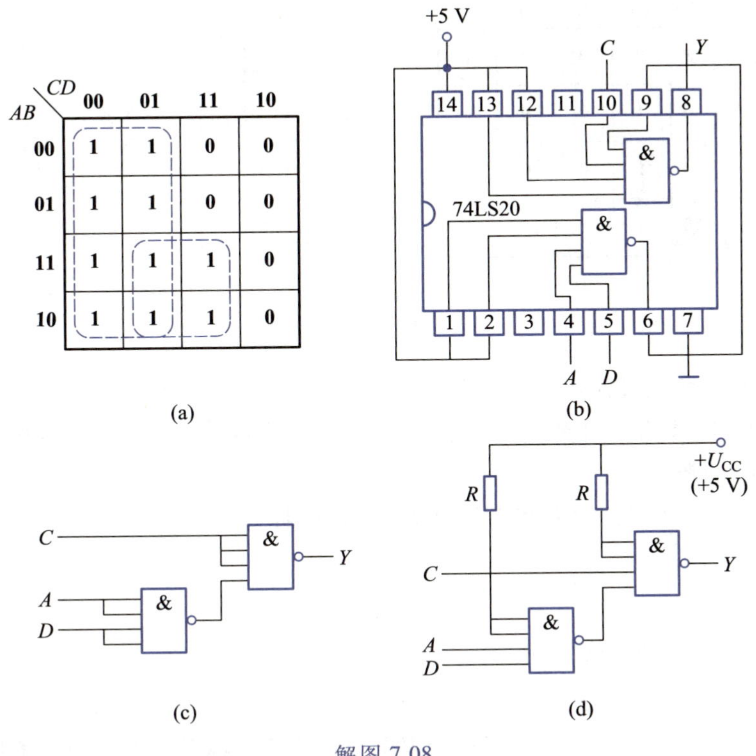

解图 7.08

入端**与非**门 $Y=\overline{ABCD}$，当 4 变量输入端并联作为变量 A 的输入端时，则有

$$Y=\overline{AAAA}=\overline{A}$$

即可实现反相器的功能。

（2）对**与**门、**与非**门电路，多余输入端（并联）通过电阻 $R(=1\sim3\ \text{k}\Omega)$ 接电源（+5 V），如解图 7.08(d) 所示。或者通过较大的电阻 $R(\approx10\ \text{k}\Omega)$ 接"地"，保证其输入端为逻辑 **1**。例如，4 变量输入端**与非**门，当其中一个输入端接变量 A，其余三个输入端接逻辑 **1** 时，则有

$$Y=\overline{A\cdot\mathbf{1}\cdot\mathbf{1}\cdot\mathbf{1}}=\overline{A}$$

7.14　设 $Y(A,B,C,D)=\sum m(2,4,8,9,10,12,14)$。要求：

（1）化简逻辑表达式；

（2）画出用**与非**门实现的逻辑电路图。

分析：本题为 4 变量逻辑函数，可以画出 4 变量卡诺图，在已知的最小项对应的方格中填 **1**，用卡诺图将逻辑函数化简为最简**与或**式，再将**与或**式转换为**与非**式，即可得到需要的实现逻辑电路。

解：（1）化简逻辑函数，卡诺图如解图 7.09(a) 所示，则**与或**式为

$$Y=B\overline{C}\,\overline{D}+A\overline{D}+\overline{B}C\overline{D}$$

将该**与或**式转换为**与非**式，即

$$Y=\overline{\overline{B\overline{C}\,\overline{D}+A\overline{D}+\overline{B}\,C\overline{D}}}=\overline{\overline{B\overline{C}\,\overline{D}}\cdot\overline{A\overline{D}}\cdot\overline{\overline{B}C\overline{D}}}$$

（2）根据最简**与非**式画出用**与非**门实现的逻辑电路，如解图 7.09(b) 所示。

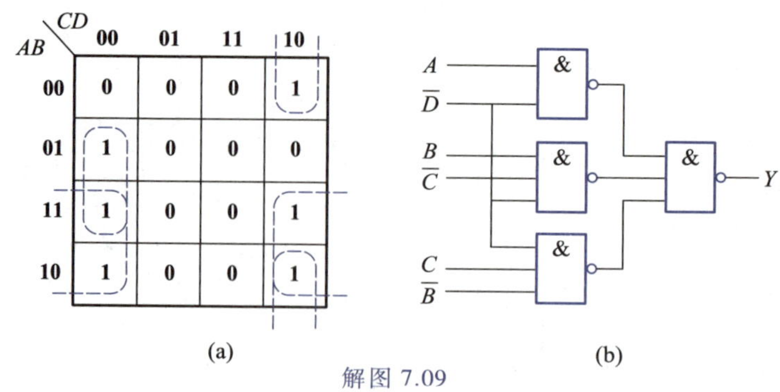

(a) (b)

解图 7.09

7.15 图 7.10 是两处控制照明灯电路。单刀双投开关 A 装在一处,B 装在另一处,两处都可以开闭电灯。设 $Y=\mathbf{1}$ 表示灯亮,$Y=\mathbf{0}$ 表示灯灭;$A=\mathbf{1}$ 表示开关向上扳,$A=\mathbf{0}$ 表示向下扳,B 亦如此。试写出灯亮的逻辑式。

解:根据图 7.10 所示电路可列出逻辑状态关系,如解表 7.03 所示。
由状态表可得

$$Y=\overline{A}\,\overline{B}+AB$$

可见,输出 Y 与输入 A、B 为**同或**关系。

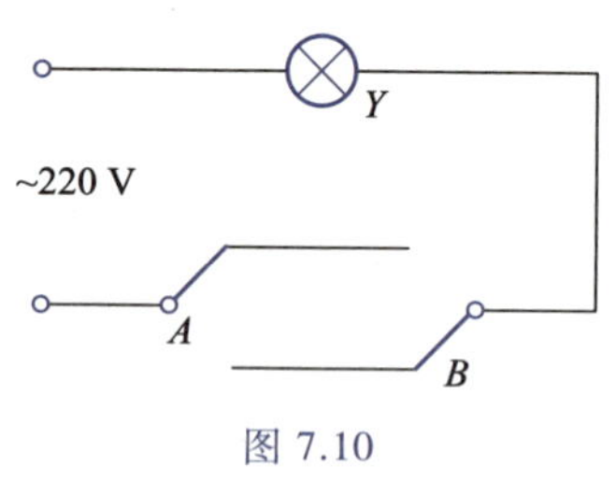

图 7.10

解表 7.03

A	B	Y
0	0	1
0	1	0
1	0	0
1	1	1

7.16 设有两个 1 位二进制数 A、B 进行比较的数字电路,其逻辑状态如表 7.04 所示。试写出各输出端的逻辑式,并画出逻辑电路图。

表 7.04

输入		输出		
A	B	$Y_1(A>B)$	$Y_2(A<B)$	$Y_3(A=B)$
0	0	0	0	1
0	1	0	1	0
1	0	1	0	0
1	1	0	0	1

分析:两个 1 位数 A 和 B 的大小比较有 3 种情况:$A>B$,$A<B$ 和 $A=B$。故比较电路有两个输入端(A、B)和三个输出端。如果 $Y_1=\mathbf{1}$ 时,表示 $A>B$;$Y_2=\mathbf{1}$ 时,表示 $A<B$;$Y_3=\mathbf{1}$ 时,表示 $A=B$。逻辑状态如表 7.04 所示。

解:由逻辑状态表可各输出与输入变量的逻辑表达式,即有

$$Y_1=A\overline{B}$$

$$Y_2 = \overline{A}B$$

$$Y_3 = AB + \overline{A}\,\overline{B} = A \odot B$$

根据输出与输入变量的逻辑表达式,一位数字编辑器的逻辑电路,如解图 7.11 所示。

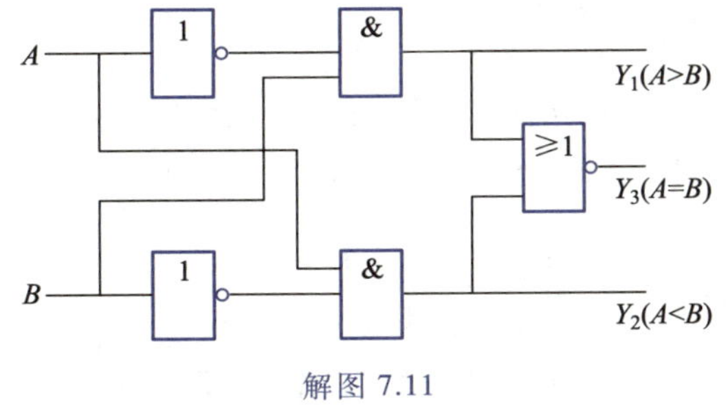

解图 7.11

7.17　用**与非**门设计如下电路,要求:

(1) 3 变量非一致电路;

(2) 4 变量的奇数检测电路(4 变量中有奇数个 **1** 时电路输出为 **1**)。

分析:该题属于组合逻辑电路设计,一般的设计步骤有:

(1) 逻辑抽象。所谓"逻辑抽象"是指将具体问题的自然语言描述转化为逻辑函数的过程。即分析事件的因果关系;确定输入变量(事件原因)与输出变量(事件结果);定义逻辑状态含义(逻辑赋值),用 **0**、**1** 分别表示输入、输出两种变量的不同状态。

(2) 逻辑状态表。根据已知事件的因果关系列出状态表。

(3) 逻辑表达式(**与或**式)。从得到的逻辑状态表写出输入变量与输出变量的逻辑表达**与或**式。

(4) 逻辑函数化简(卡诺图化简)。将逻辑表达式进行化简为最简形式,以使逻辑电路达到三少原则:电路用器件最少、器件的种类最少、器件之间连线最少。

需要指出的是:上述设计步骤并不是一成不变,有的问题较简单,其中的有些设计步骤就可以省略。

解:(1) 3 变量非一致电路设计。

① 逻辑抽象。设 A、B、C 为输入变量,Y 为输出变量。当输入变量不一致时,输出为 **1**,一致时为 **0**。

② 逻辑状态表。根据输入与输出的逻辑关系,逻辑状态如解表 7.05 所示。

解表 7.05

输入			输出
A	B	C	Y
0	**0**	**0**	**0**
0	**0**	**1**	**1**
0	**1**	**0**	**1**
0	**1**	**1**	**1**
1	**0**	**0**	**1**
1	**0**	**1**	**1**
1	**1**	**0**	**1**
1	**1**	**1**	**0**

③ 逻辑函数。由状态表可得逻辑函数最简式为

$$Y=\overline{\overline{A}\,\overline{B}\,\overline{C}+ABC}$$

④ 逻辑函数**与非**式

$$Y=\overline{\overline{A}\,\overline{B}\,\overline{C}+ABC}$$

$$=\overline{\overline{A}\,\overline{B}\,\overline{C}+ABC}=\overline{\overline{A}\,\overline{B}\,\overline{C}}\cdot\overline{ABC}=\overline{\overline{\overline{\overline{A}\,\overline{B}\,\overline{C}}\cdot\overline{ABC}}}$$

⑤ 画逻辑电路。实现 3 变量非一致电路,如解图 7.12 所示。

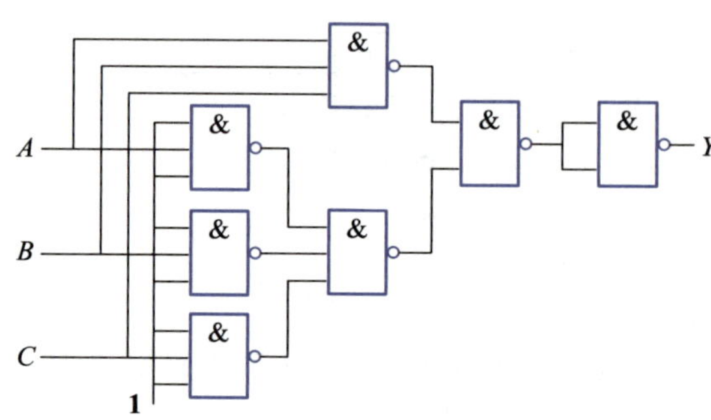

解图 7.12

(2) 4 变量的奇数检测电路

① 逻辑抽象。设输入变量为 A、B、C、D,输出变量为 Y。当 4 个输入变量中 **1** 个数为奇数时,输出 Y 为 **1**,否则为 **0**。

② 逻辑状态表。逻辑状态如解图 7.13 所示。

③ 逻辑表达式。由状态表可知逻辑函数为

$$Y=\overline{A}\,\overline{B}\,\overline{C}D+\overline{A}\,\overline{B}C\overline{D}+\overline{A}B\overline{C}\overline{D}+\overline{A}BCD+$$

$$+A\overline{B}\,\overline{C}\,\overline{D}+A\overline{B}CD+AB\overline{C}D+ABC\overline{D}$$

即有

$$Y(A,B,CD)=\sum \mathrm{m}(1,2,4,7,8,11,13,14)$$

④ 逻辑函数化简。由逻辑表达式可得**异或**门的卡诺图,如解图 7.13 所示。

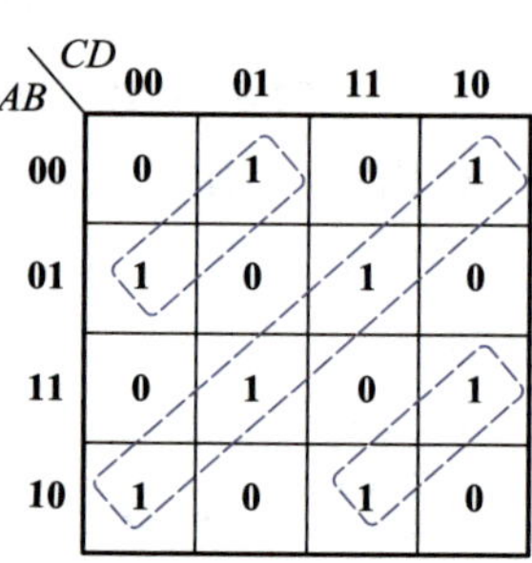

AB \ CD	00	01	11	10
00	0	1	0	1
01	1	0	1	0
11	0	1	0	1
10	1	0	1	0

解图 7.13

化简后可得

$$Y=A\oplus B\oplus C\oplus D$$

本题要求用**与非**门实现,还应将上式转换为**与非**式。因

$$Y_1=A\oplus B=A\overline{B}+\overline{A}B=A\,\overline{AB}+\overline{AB}B=\overline{\overline{A\,\overline{AB}\cdot\overline{AB}B}}$$

同理,可分别得

$$Y_2=Y_1\oplus C=Y_1\overline{C}+\overline{Y}_1C=Y_1\,\overline{Y_1C}+\overline{Y_1C}C=\overline{\overline{Y_1\,\overline{Y_1C}\cdot\overline{Y_1C}C}}$$

$$Y=Y_2\oplus D=Y_2\overline{D}+\overline{Y}_2D=Y_2\,\overline{Y_2D}+\overline{Y_2D}D=\overline{\overline{Y_2\,\overline{Y_2D}\cdot\overline{Y_2D}D}}$$

对上述各式进行简化,即有

$$Y_1 = A\,\overline{AB}+\overline{AB}B = A\overline{B}+\overline{A}B$$

$$Y_2 = Y_1\overline{C}+\overline{Y_1}C = A\overline{B}\,\overline{C}+\overline{A}\,B\overline{C}+\overline{A}\,\overline{B}C+ABC$$

$$Y = Y_2\overline{D}+\overline{Y_2}D = A\overline{B}\cdot\overline{C}\cdot\overline{D}+\overline{A}B\overline{C}\cdot\overline{D}+\overline{A}\cdot\overline{B}C\overline{D}+ABC\overline{D}$$

$$+\overline{A}\cdot\overline{B}\cdot\overline{C}D+\overline{A}BCD+A\overline{B}CD+AB\overline{C}D$$

⑤ 逻辑电路。由解表 7.06 所示状态表可以明显看出，其逻辑电路如解图 7.14 所示。可见该逻辑电路为一检奇电路，当输入 4 位二进制代码 A、B、C、D 的取值中 **1** 的个数为奇数时，输出 Y 为 **1**；反之，输出 Y 为 **0**。

解表 7.06

输入				输出
A	B	C	D	Y
0	**0**	**0**	**0**	**0**
0	**0**	**0**	**1**	**1**
0	**0**	**1**	**0**	**1**
0	**0**	**1**	**1**	**0**
0	**1**	**0**	**0**	**1**
0	**1**	**0**	**1**	**0**
0	**1**	**1**	**0**	**0**
0	**1**	**1**	**1**	**1**
1	**0**	**0**	**0**	**1**
1	**0**	**0**	**1**	**0**
1	**0**	**1**	**0**	**0**
1	**0**	**1**	**1**	**1**
1	**1**	**0**	**0**	**0**
1	**1**	**0**	**1**	**1**
1	**1**	**1**	**0**	**1**
1	**1**	**1**	**1**	**0**

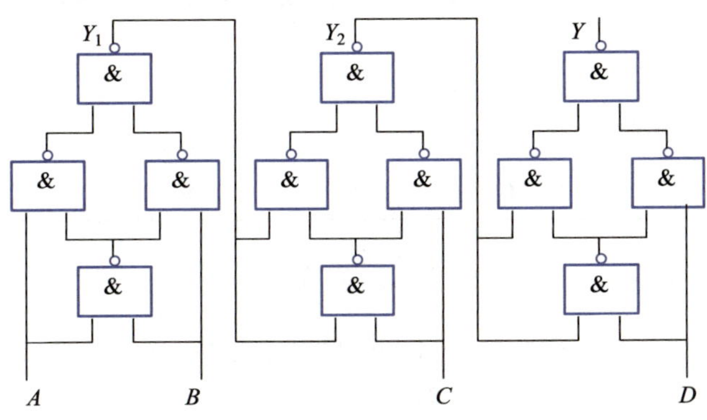

解图 7.14

注意:解图 7.13 所示卡诺图,仅是**异或**门逻辑函数与**同或**门逻辑函数卡诺图的一种形式,还有其他表达形式如解图 7.15 所示。这些卡诺图对逻辑函数化简会有一定的参考价值。

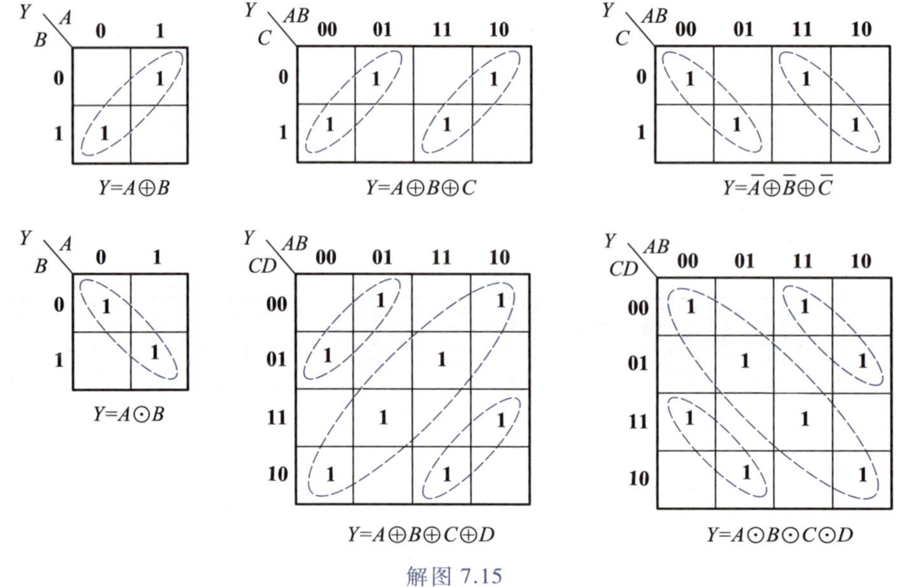

解图 7.15

7.18 试设计用**与非**门组成的半加器。

分析:(1)二进制半加运算是指两个数相加时,仅考虑本位之和,而不考虑低位向本位的进位,实现这种半加运算的电路称为半加器。

(2)在进行两个二进制数之间的运算时,无论是加、减、乘、除,最后都是化为加法运算实现。而加法运算又是通过了解运算来完成的。

解:(1)逻辑抽象。只考虑两个 1 位二进制数 A 和 B 相加,不考虑低位来的进位数。其中 S 为位和数,C 为向高位送出的进位数。A、B 相异时 $S=\mathbf{1}$;当 $A=B=\mathbf{1}$,$C=\mathbf{1}$,$S=\mathbf{0}$。

(2)逻辑状态表,如解表 7.07 所示。

(3)逻辑表达式。由解表 7.07 所示,可得

$$\begin{cases}S=A\overline{B}+\overline{A}B=A\oplus B\\ C=AB\end{cases}$$

解表 7.07

A	B	S	C
0	**0**	**0**	**0**
0	**1**	**1**	**0**
1	**0**	**1**	**0**
1	**1**	**0**	**1**

(4)画逻辑电路。题目要求用**与非**门实现,则有

$$S=A\overline{B}+\overline{A}B=A\,\overline{AB}+\overline{AB}B=\overline{\overline{A\,\overline{AB}}\cdot\overline{\overline{AB}B}}$$

$$C=AB$$

与非门实现的比较器逻辑电路如解图 7.16 所示。

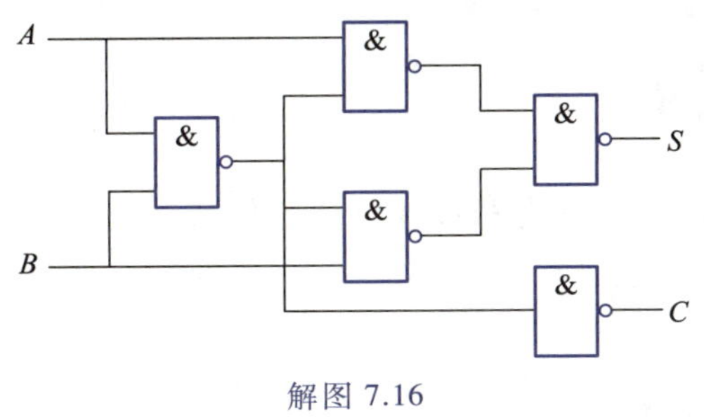

解图 7.16

7.19 图 7.17 所示是一个密码锁控制电路。开锁条件是:拨对密码;钥匙插入锁眼将开关 S 闭合。当两个条件同时满足时,开关信号为"**1**",将锁打开。否则,报警信号为"**1**",接通警铃。试分析密码 $ABCD$ 是多少?

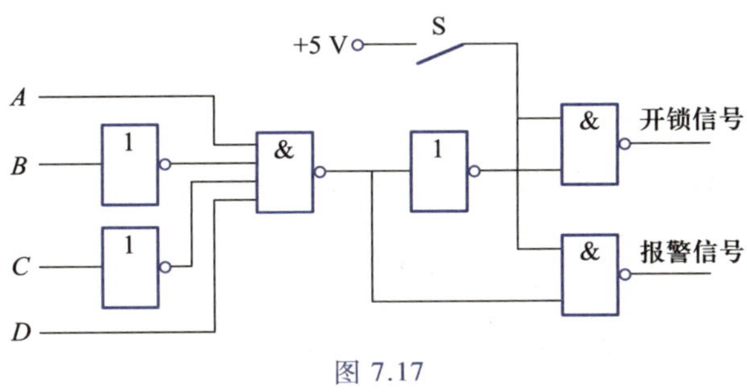

图 7.17

解:设开锁信号为 Y,则

$$Y=S\cdot\overline{\overline{A\bar{B}\,\bar{C}D}}=S\cdot A\bar{B}\,\bar{C}D$$

可见,当 $ABCD=\mathbf{1001}$,$S=\mathbf{1}$ 时,锁被打开,即开锁密码为 **1001**。

7.20 用 74LS151 型 8 选 1 数据选择器实现逻辑函数 $Y(A,B,C)=\sum m(1,2,4,7)$。

分析:74LS151 型为 LSTTL 集成(8 选 1 数据)芯片,当某个输入端悬空时相当于输入高电平 **1**。其输入端为 D_0、D_1 ~ D_7,输出端为 Y。

解:根据已知逻辑函数表达式,可用最小项表示为

$$Y(A,B,C)=\sum m(1,2,4,7)$$

$$=\bar{A}\,\bar{B}C+\bar{A}B\bar{C}+A\bar{B}\hat{C}+ABC$$

将输入变量 A、B 分别对应接到数据选择器的选择端 A_1、A_0。由选择器的功能表(见主教材第 211 页)可知,将数据输入端 D_0 ~ D_4端接 **1**(或选课),其余为 $D_4=C$,$D_5=\bar{C}$,$D_6=\bar{C}$,$D_7=C$。即可实现输出 Y,逻辑电路如解图 7.18 所示。

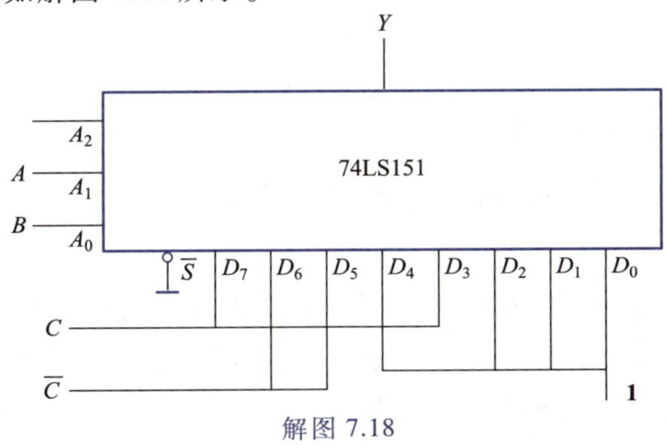

解图 7.18

§7.6 补充拓展题和解答

7.21 图7.19所示各电路中,试分析晶体管的工作状态。

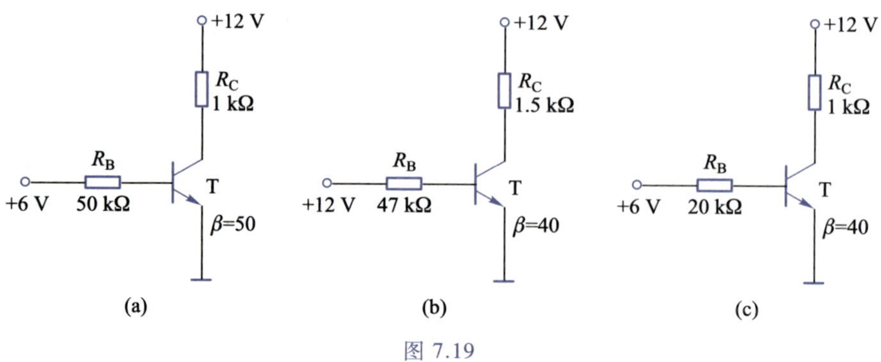

图7.19

解:(1) 图7.19(a)所示电路中,因各参数分别为

$$I_B=\frac{U_B-U_{BE}}{R_B}=\frac{6-0.7}{5\times10^3}\ \text{mA}=0.106\ \text{mA}$$

$$I_C=\beta I_B=50\times0.106\ \text{mA}=5.3\ \text{mA}$$

$$U_{CE}=U_{CC}-R_CI_C=(12-1\times10^3\times5.3)\ \text{V}=6.7\ \text{V}$$

所以,电路中晶体管工作在放大状态。

(2) 图7.19(b)所示电路中,因各参数分别为

$$I_B=\frac{U_B-U_{BE}}{R_B}=\frac{12-0.7}{1.0\times10^3}\ \text{mA}=0.24\ \text{mA}$$

$$I_{CS}\approx\frac{U_{CC}}{R_C}=\frac{12}{1.5\times10^3}\ \text{mA}=8\ \text{mA}$$

$$I_{BS}=\frac{I_{BS}}{\beta}=\frac{8}{40}\ \text{mA}=0.2\ \text{mA}$$

$$I_B=0.24\ \text{mA}>\frac{I_{CS}}{\beta}=0.2\ \text{mA}$$

所以,电路中晶体管工作在饱和状态。

(3) 图7.19(c)所示电路中,因各参数分别为

$$U_{CE}=-6\ \text{V}$$

$$i_B=0\ \text{A}$$

$$i_C\approx0\ \text{A}$$

所以,电路中晶体管工作在截止状态。

7.22 设门电路 A、B、C 各端的输入信号,如图7.20所示。试画出**与非门** $Y_1=\overline{ABC}$和**非门** $Y_2=\overline{A+B+C}$输出信号波形。

解:组合逻辑电路(含门电路)在任一时刻的输出仅与当前输入变量的取值有关。因此,在输入波形图上,按输入变量的不同组合进行分段,由逻辑关系可求出对应各段输入变量取值组合的输出状态,故可得**与非门** Y_1和**非门** Y_2的输出波形,如解图7.20所示。

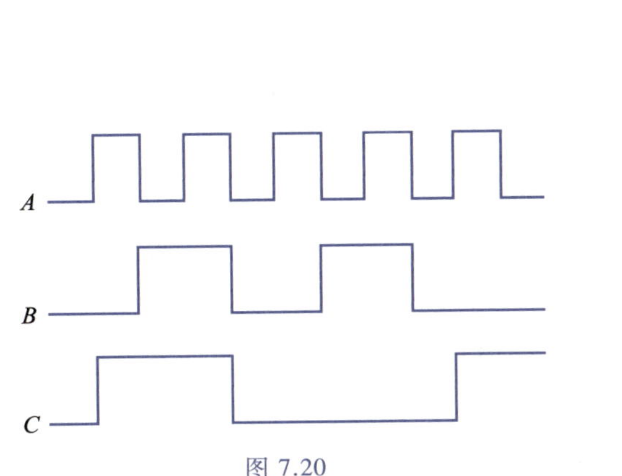

图 7.20

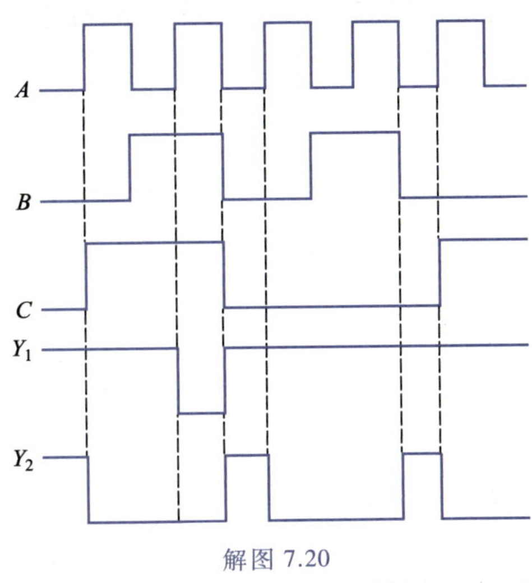

解图 7.20

注意：门电路的输入变量取值组合，可由波形图给出，也可由状态表给出，如解表 7.08 所示。从表中可见，对应输入变量 A、B、C 不同取值组合时 Y_1 和 Y_2 的函数值，该表与**与非**门和**或**门的状态表略有不同，此表输入变量取值组合有重复。

解表 7.08

输入			输出	
A	B	C	Y_1	Y_2
0	0	0	1	1
1	0	1	1	0
0	1	1	1	0
1	1	1	0	0
0	0	0	1	1
1	0	0	1	0
0	1	0	1	0
1	1	0	1	0
0	0	0	1	1
1	0	1	1	0

7.23　试分析图 7.21 所示逻辑电路的逻辑功能。

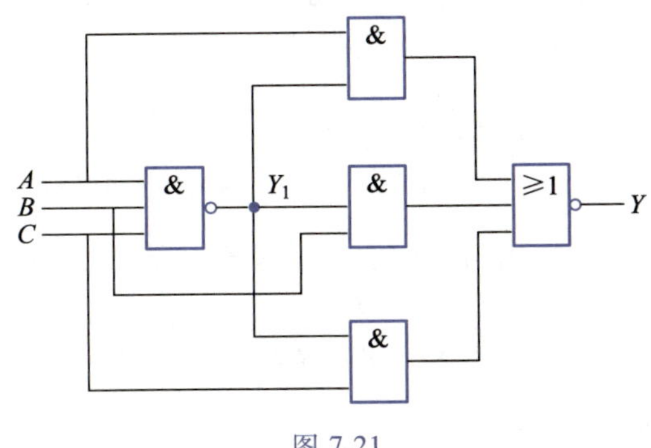

图 7.21

解:根据图 7.22 所示逻辑电路,有输入端到输出逐级写出逻辑函数的表达式。则有

$$Y_1=\overline{ABC}$$

$$\begin{aligned}Y&=\overline{\overline{AY_1}+\overline{BY_1}+\overline{CY_1}}\\&=\overline{A\,\overline{ABC}+B\,\overline{BABC}+C\,\overline{BABC}}\end{aligned}$$

化简逻辑函数 Y,则有

$$\begin{aligned}Y&=\overline{A\,\overline{ABC}+B\,\overline{BABC}+C\,\overline{BABC}}\\&=\overline{\overline{ABC}\cdot(A+B+C)}\\&=ABC+\overline{(A+B+C)}=ABC+\overline{A}\,\overline{B}\,\overline{C}\end{aligned}$$

列出状态表,如解表 7.09 所示。

解表 7.09

A	B	C	Y
0	**0**	**0**	**1**
0	**0**	**1**	**0**
0	**1**	**0**	**0**
0	**1**	**1**	**0**
1	**0**	**0**	**0**
1	**0**	**1**	**0**
1	**1**	**0**	**0**
1	**1**	**1**	**1**

电路的逻辑功能。由状态表可知,当 3 个变量 A、B、C 的取值一致时,$Y=\mathbf{1}$;当 3 个变量不一致时,$Y=\mathbf{0}$。故本题的逻辑电路称为"判一致"电路。

7.24　某车间有 A、B、C 三台电动机,要求:

(1) A 开机则 B 必须开机;

(2) B 开机则 C 必须开机。

如果不满足上述条件要求,则发出报警信号。使用**与非**门电路实现逻辑功能。

解:(1) 逻辑抽象。设 A、B、C 开机为 **1**,不开机为 **0**。不满足要求报警为 **1**,满足不报警为 **0**。

(2) 逻辑状态。根据已知条件列出状态表,如解表 7.10 所示。

(3) 逻辑表达式。由状态表可写出逻辑表达式,并简化。

$$\begin{aligned}Y&=\overline{A}B\overline{C}+A\overline{B}\,\overline{C}+A\overline{B}C+AB\overline{C}\\&=A\overline{B}(\overline{C}+C)+B\overline{C}(\overline{A}+A)=A\overline{B}+B\overline{C}\end{aligned}$$

(4) 逻辑电路。根据题目要求用**与非**门实现该逻辑功能,则有

$$Y=A\overline{B}+B\overline{C}=\overline{\overline{A\overline{B}+B\overline{C}}}=\overline{\overline{A\overline{B}}\cdot\overline{B\overline{C}}}$$

则逻辑电路如解图 7.22 所示。

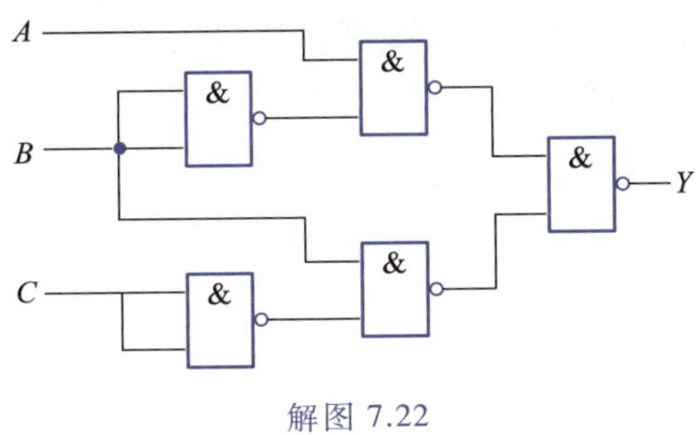

解图 7.22

解表 7.10

A	B	C	Y
0	0	0	0
0	0	1	0
0	1	0	1
0	1	1	0
1	0	0	1
1	0	1	1
1	1	0	1
1	1	1	0

7.25　用 74LS138 型实现一组逻辑函数，$Y_1=A\oplus B\oplus C$ 和 $Y_2=(A\oplus B)C+AB$。

解：74LS138 型是 3-8 线译码器，由三个地址输入端，要实现的逻辑函数也是三变量，则可令地址变量为

$$A_2A_1A_0=ABC$$

当使能端 $S_1=\mathbf{1}$，控制端 $\overline{S}_2+\overline{S}_3=\mathbf{0}$ 时，译码器处于工作状态。74LS138 型芯片的输出函数分别为

$$Y_1=\overline{A}\,\overline{B}\,C+\overline{A}B\overline{C}+A\,\overline{B}\,\overline{C}+ABC$$

$$Y_2=\overline{A}BC+A\overline{B}C+AB\overline{C}+ABC$$

最小项的反函数分别为

$$Y_1=m_1+m_2+m_4+m_7=\overline{\overline{m}_1\overline{m}_2\overline{m}_4\overline{m}_7}$$

$$Y_2=m_3+m_5+m_6+m_7=\overline{\overline{m}_3\overline{m}_5\overline{m}_6\overline{m}_7}$$

要实现一组逻辑函数 Y_1 和 Y_2，只需在 74LS138 型芯片的输出端再附加两个 4 输入与非门即可，实现电路如解图 7.23 所示。

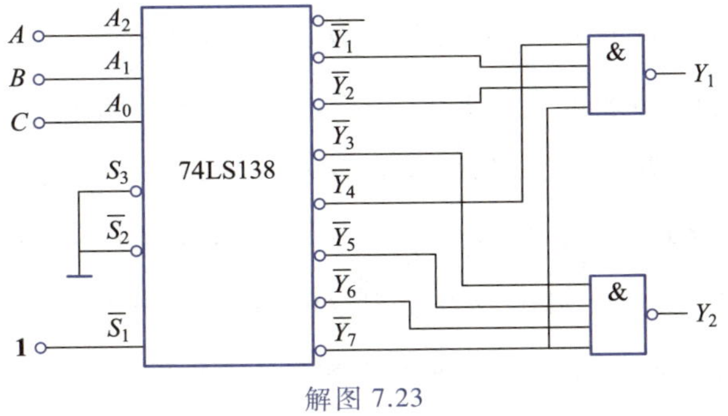

解图 7.23

7.26 用两片 8-3 线优先编码器 74LS148 型芯片组成的逻辑电路,如图 7.24 所示。分析当输入端处于下列几种情况时,电路的输出什么 $D_3D_2D_1D_0$:

(1) 当输入端 $\overline{I}_4$ 为 **0**,其余各端均为 **1**;

(2) 当输入端 $\overline{I}_{10}$为 **0**,其余各端均为 **1**;

(3) 当输入端 $\overline{I}_0$、$\overline{I}_8$ 为 **0**,其余各端均为 **1**。

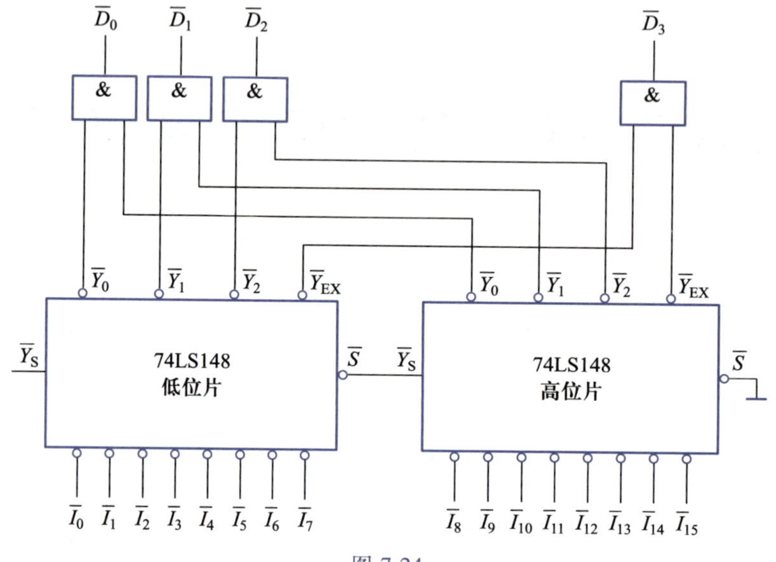

图 7.24

分析:(1) 74LS148 型是一个 8-3 线 8421BCD 码优先编码器,按输入端 $\overline{I}_7 \sim \overline{I}_0$ 的顺序高位优先编码,反码输出。设有一个输入使能端 $\overline{S}$(片选端)。当 $\overline{S}=\mathbf{0}$ 时,编码器使能工作;两个输出使能端 $\overline{Y}_S$ 和 $\overline{Y}_{EX}$。$\overline{Y}_S$ 为选通输出端。当 $\overline{S}=\mathbf{0}$,$\overline{Y}_S=\mathbf{1}$ 时编码器输出有效;$\overline{Y}_{EX}$ 为优先编码标志,当 $\overline{Y}_{EX}=\mathbf{0}$ 时,输出为优先编码代码。$\overline{Y}_S$ 和 $\overline{Y}_{EX}$也可用来扩展编码器功能。

(2) 如图 7.25 所示,电路由两片 74LS148 型串联工作,高位选通输出端 $\overline{Y}_S$ 接低位片输入使能端 $\overline{S}$。当高位片编码工作时,$\overline{Y}_{EX}=\mathbf{1}$,低位片未被使能,即未选中工作时编码器输出 $D_3D_2D_1D_0$ 取决于高位片 $\overline{Y}_2\overline{Y}_1\overline{Y}_0$ 的输出。当高位片输入端 $\overline{I}_7 \sim \overline{I}_0$ 均为高电平 **1** 时,$\overline{Y}_S=\mathbf{0}$ 低位片使能工作,此时 $D_3D_2D_1D_0$取决于低位片 $\overline{Y}_2\overline{Y}_1\overline{Y}_0$ 的输出。

解:(1) 当输入端 $\overline{I}_4$ 为 **0**,其余各端(即 $\overline{I}_{15} \sim \overline{I}_3$、$\overline{I}_2 \sim \overline{I}_0$)均为 **1** 时,低位片使能工作,该片 $\overline{Y}_2\overline{Y}_1\overline{Y}_0=\mathbf{011}$,总编码输出 $\overline{D}_3\overline{D}_2\overline{D}_1\overline{D}_0=\mathbf{1011}$,即 $D_3D_2D_1D_0=\mathbf{0100}$。

(2) 当输入端 $\overline{I}_{10}$为 **0**,其余各端(即 $\overline{I}_{15} \sim \overline{I}_3$、$\overline{I}_9 \sim \overline{I}_0$)均为 **1** 时,高位片使能端工作,该片 $\overline{Y}_2\overline{Y}_1\overline{Y}_0=\mathbf{101}$,总编码输出 $\overline{D}_3\overline{D}_2\overline{D}_1\overline{D}_0=\mathbf{0101}$,即 $D_3D_2D_1D_0=\mathbf{1010}$。

(3) 当输入端 $\overline{I}_0=\overline{I}_8=\mathbf{0}$,其余各端(即 $\overline{I}_{15} \sim \overline{I}_9$、$\overline{I}_7 \sim \overline{I}_1$)均为 **1** 时,对 $\overline{I}_8$ 优先编码,高位片使能端工作,该片 $\overline{Y}_2\overline{Y}_1\overline{Y}_0=\mathbf{111}$,总编码输出 $\overline{D}_3\overline{D}_2\overline{D}_1\overline{D}_0=\mathbf{0111}$,即 $D_3D_2D_1D_0=\mathbf{1000}$。

注意:(1) 如果本题中输入端 $\overline{I}_{15} \sim \overline{I}_0$ 全为 **1** 和仅 $\overline{I}_0=\mathbf{0}$ 两种输入时,分析编码器的工作情况,请读者自己分析。

(2) 优先编码器的功能：允许同时在几个输入端有输入信号，编码器按输入信号排定的优先顺序，只对同时输入的几个信号中优先权最高的一个进行编码。

(3) 74LS147 型是 10-4 线优先编码器，74LS148 型是 8-3 线优先编码器。

(4) 中规模集成组合逻辑电路的分析应用，关键在于了解、掌握其输入、输出使能端的含义。通常使能端即为片选端，表明器件是否选中工作。输出使能端一是作为输出选通信号；二是作输出标志信号，同时也是输出信号的一部分。利用输出与输入使能端，还可以扩展器件的功能。本题是通过两片 8-3 线优先编码器扩展成 16-4 线优先编码器的逻辑电路图，分析说明两个使能端的含义和应用。

7.27　设计一个如图 7.25 所示的译码显示器，用 3 位二进制 A、B、C 控制的共阴极 7 段发光数码管如表 7.11 所示的显示字形。要求：

(1) 列出逻辑状态表；

(2) 画出**与非**门实现 a、b、c 的三字段逻辑电路。

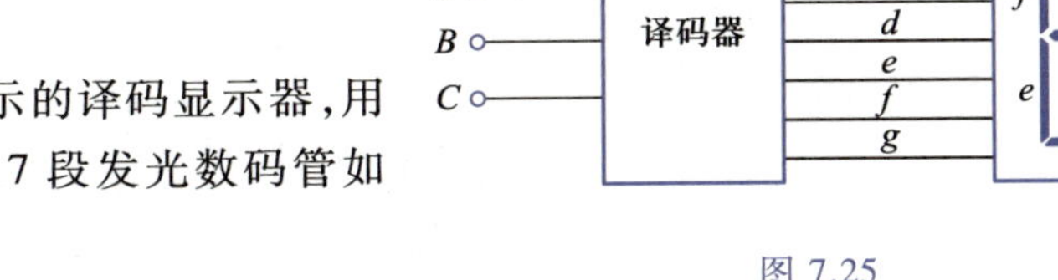

图 7.25

表 7.11

C	B	A	显示字形
0	0	1	1
0	1	0	2
0	1	1	3
1	0	0	4
1	0	1	5
1	1	0	6
1	1	1	7
0	0	0	8

解：(1) 根据题意其逻辑状态如解表 7.12 所示。

解表 7.12

输入			输出						
C	B	A	a	b	c	d	e	f	g
0	0	1	0	1	1	1	0	0	0
0	1	0	1	1	0	1	1	0	1
0	1	1	1	1	1	1	0	0	1
1	0	0	0	1	1	0	0	1	1
1	0	1	1	0	1	1	0	1	1
1	1	0	1	0	1	1	1	1	1
1	1	1	1	1	1	1	1	1	1

(2) 由逻辑状态表，用取值为 **0** 项列表达式，则有

$$a=\overline{A\bar{B}\bar{C}+\bar{A}\bar{B}C}=\overline{A\bar{B}\bar{C}}\cdot\overline{\bar{A}\bar{B}C}$$

$$b=\overline{A\bar{B}C+\bar{A}BC}=\overline{A\bar{B}C}\cdot\overline{\bar{A}BC}$$

$$c=\bar{A}B\bar{C}$$

同理可得 d、e、f、g 的逻辑式。

实现 a、b、c3 个字段的逻辑电路如解图 7.26 所示。

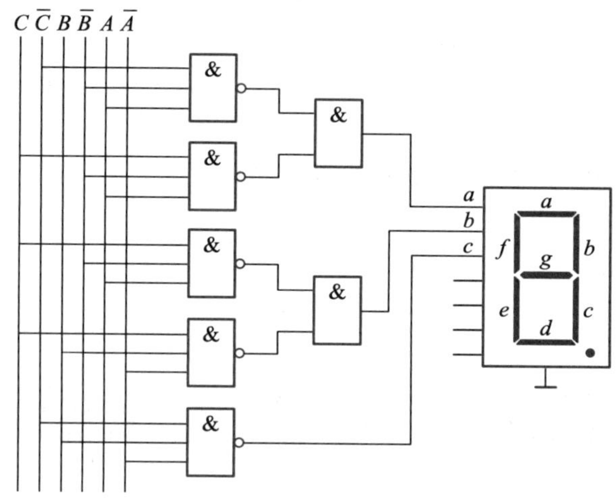

解图 7.26

注意:(1) 请读者分析 d、e、f、g 的逻辑表达式,并在解图 7.26 所示电路中画出。

(2) 每个输入数码的对应的输出不是某一根输出线上的高、电平,而是另一个 7 为的代码,所以其已经不是单纯的译码器。因而,这种显示译码器也可称为数码转换电路。

7.28 某逻辑函数的最小项为 $Y(A,B,C)=AB+\bar{A}C=AB(C+\bar{C})+\bar{A}(B+\bar{B})\cdot C$ 的几种表示形式。

解:一个逻辑函数的最小项常用的有以下 4 种表示形式:

(1) $Y(A,B,C)=AB\bar{C}+\bar{A}BC+\bar{A}\bar{B}C$;

(2) $Y(A,B,C)=m_7+m_6+m_3+m_1$;

(3) $Y(A,B,C)=\sum m(1,3,6,7)$;

(4) $Y(A,B,C)=\sum(1,3,6,7)$。

7.29 试分析图 7.27 各卡诺图中圈的最小项是否正确?如果不正确请更正。

分析:本题要求掌握画最小项表达式对应的卡诺图应注意事项。

解:(1) 图 7.27(a)不正确。圈的面积不够大,其化简结果为

$$Y=B+\bar{A}\bar{B}C$$

正确后的卡诺图如解图 7.27 所示。故化简结果为

$$Y=B+\bar{A}C$$

(2) 图 7.27(b)所示不正确。由于多了 1 个圈,其化简结果为

$$Y=BC+\bar{A}\bar{B}\bar{C}+\bar{A}\bar{C}D+\bar{A}C\bar{D}$$

正确的卡诺图如解图 7.27(b)所示。故化简结果为

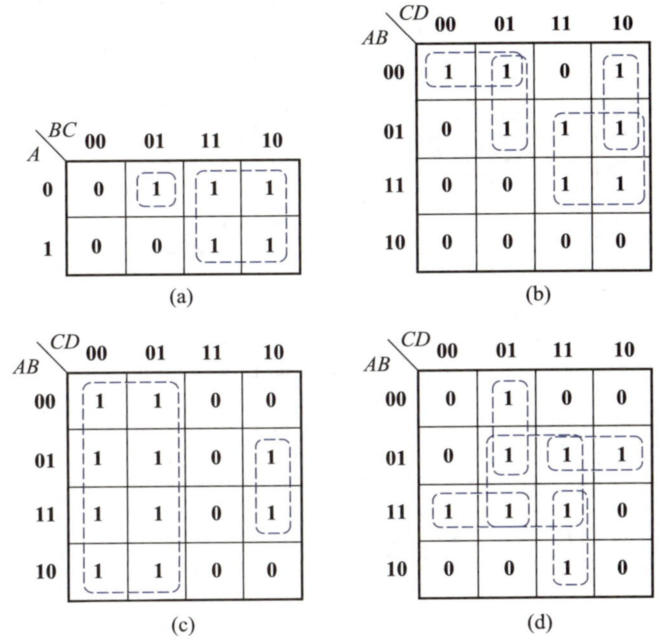

图 7.27

$$Y=BC+\bar{A}\,\bar{C}\,D+\bar{A}\,\bar{B}\,\bar{D}$$

（3）图 7.27(c)不正确。因圈的面积不够大，其化简结果为

$$Y=\bar{C}+BC\bar{D}$$

正确的卡诺图如解图 7.27(c)所示。故化简结果为

$$Y=\bar{C}+B\bar{D}$$

（4）图 7.27(d)不正确。因中间圈为 **1** 的小方格均已被圈过，其化简结果为

$$Y=BD+AB\bar{C}+\bar{A}\,\bar{C}D+\bar{A}BC+ACD$$

正确的卡诺图如解图 7.27(d)所示。故化简结果为

$$Y=AB\bar{C}+\bar{A}\,\bar{C}D+\bar{A}BC+ACD$$

注意：画最小项包围圈时应遵循的原则：

（1）相邻小方格包括上下底相邻、左右边相邻和四角相邻。

（2）每个圈内的小方格数应尽可能多，圈的总个数应尽可能少。因为 1 个圈和 1 个**与**项相对应，圈数越少，**与或**表达式的**与**项就越少。

（3）圈内方格数必须是 2^n 个，$n=0,1,2,\cdots$ 圈的面积越大越好。因为圈越大，可消去的变量就越多，**与**项中的变量就越少。

（4）同 1 小方格可以被重用，每个圈应至少包含 1 个新的 **1** 小方格，否则这个新圈就是多余的。

（5）用卡诺图化简所得到的最简**与或**式不是唯一的；包围圈的圈法可能不唯一，因此化简结果也可能不唯一。

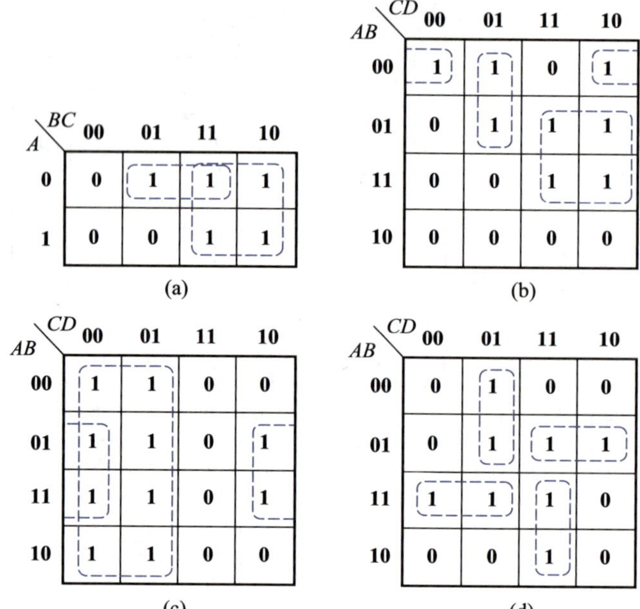

解图 7.27

第 8 章　触发器与时序逻辑电路

§8.1　学习要求

1. 了解 RS、JK、D 触发器的工作原理，掌握它们的逻辑功能和不同结构触发器的触发特点。

2. 了解 JK、D、T、T' 触发器的相互转换。

3. 了解时序电路的结构、特点，以及其与组合逻辑电路的区别。

4. 各种计数器、寄存器的工作原理，以及任意进制计数器的构成方法、逻辑功能和波形图。

5. 掌握时序逻辑电路的分析和设计的思路、方法。

6. 重点掌握利用中规模时序逻辑电路中任意进制计数器的构成。

7. 了解 555 定时器构成的单稳态触发器和多谐振荡器的工作原理。

§8.2　学习辅导

1. 触发器分类

触发器分双稳态和单稳态。双稳态触发器由**与非**门构成，如 TTL 或 CMOS 电路，同一逻辑功能的触发器可由不同的电路结构组成。本章重点是掌握双稳态触发器。双稳态触发可按功能和电路结构分类。

（1）按逻辑功能可分为 RS 触发器、JK 触发器、D 触发器和 T 触发器等。

（2）按电路结构可分为基本触发器、同步触发器、主从型触发器、维持阻塞型触发器等。

2. 触发器的触发方式

（1）触发器的触发方式有电平触发（易空翻）、边沿触发（抗干扰）和脉冲触发。

（2）边沿触发仅在 CP 上升沿（前沿）或下降沿（后沿）翻转。上升或下降沿触发器，在触发器的逻辑符号上用“○”区分：如果触发器逻辑符号上，即脉冲输入端靠近触发器处有“○”，则表示下降沿触发；无“○”时则表示上升沿触发。

3. 触发器功能

（1）各种触发器的逻辑符号和功能，如表 8.01 所示。

（2）Q^n 表示时钟脉冲 CP 到来之前触发器的状态；Q^{n+1} 表示时钟脉冲到来之后的状态；在 RS 触发器中，当 $Q^{n+1}=Q^n$ 时，为触发器的保持状态。

表 8.01

名称	逻辑图形符号	逻辑状态功能表				特性方程	状态转换图
基本 *RS* 触发器	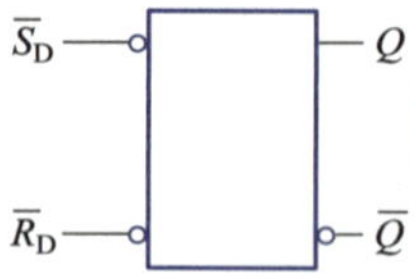 $\overline{S}_D$, $\overline{R}_D$; Q, $\overline{Q}$	$\overline{R}_D$	$\overline{S}_D$	Q^{n+1}	功能	$\begin{cases}Q^{n+1}=S_D+\overline{R_D}\cdot Q^n\\ \overline{R}_D+\overline{S}_D=1\text{（约束条件）}\end{cases}$	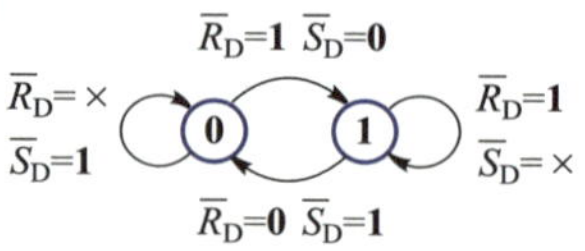 $\overline{R}_D=1\ \overline{S}_D=0$；$\overline{R}_D=\times$ $\overline{S}_D=1$；0，1；$\overline{R}_D=1$ $\overline{S}_D=\times$；$\overline{R}_D=0\ \overline{S}_D=1$
		0	**1**	**0**	置 **0**		
		1	**0**	**1**	置 **1**		
		1	**1**	Q^n	保持		
		0	**0**	不定	禁用		
可控 *RS* 触发器	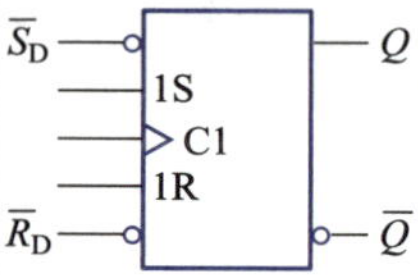 $\overline{S}_D$, 1S, C1, 1R, $\overline{R}_D$; Q, $\overline{Q}$	R	S	Q^{n+1}	功能	$\begin{cases}Q^{n+1}=S+\overline{R}\cdot Q^n\\ R\cdot S=0\text{（约束条件）}\end{cases}$	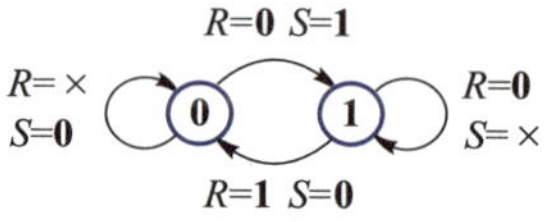 $R=0\ S=1$；$R=\times$ $S=0$；0，1；$R=0$ $S=\times$；$R=1\ S=0$
		0	**0**	Q^n	保持		
		1	**0**	**0**	置 **0**		
		0	**1**	**1**	置 **1**		
		1	**1**	不定	禁用		
JK 触发器	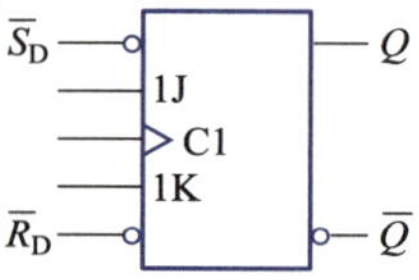 $\overline{S}_D$, 1J, C1, 1K, $\overline{R}_D$; Q, $\overline{Q}$	J	K	Q^{n+1}	功能	$Q^{n+1}=J\cdot\overline{Q}^n+\overline{K}\cdot Q^n$	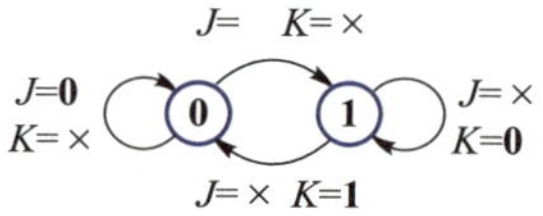 $J=\ \ K=\times$；$J=0$ $K=\times$；0，1；$J=\times$ $K=0$；$J=\times\ K=1$
		0	**0**	Q	保持		
		0	**1**	**0**	置 **0**		
		1	**0**	**1**	置 **1**		
		1	**1**	$\overline{Q}^n$	计数		
D 触发器	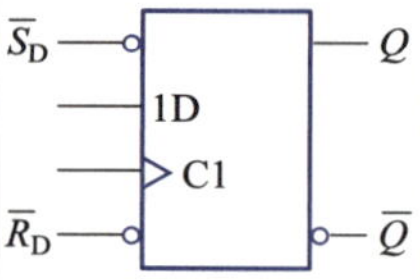 $\overline{S}_D$, 1D, C1, $\overline{R}_D$; Q, $\overline{Q}$	D		Q^{n+1}	功能	$Q^{n+1}=D$	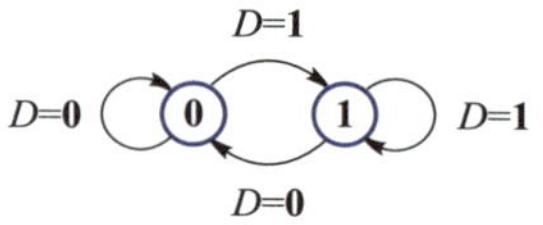 $D=1$；$D=0$；0，1；$D=1$；$D=0$
		0		**0**	置 **0**		
		1		**1**	置 **1**		
T 触发器	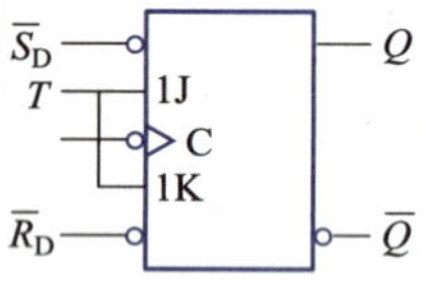 $\overline{S}_D$, T, 1J, C, 1K, $\overline{R}_D$; Q, $\overline{Q}$	T		Q^{n+1}	功能	$Q^{n+1}=T\cdot\overline{Q}^n+\overline{T}\cdot Q^n$	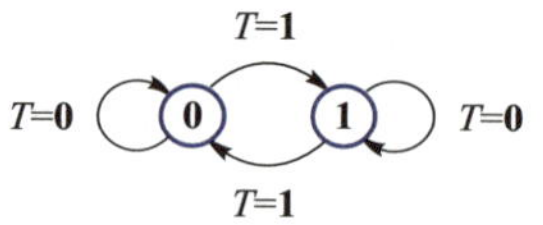 $T=1$；$T=0$；0，1；$T=0$；$T=1$
		0		Q^n	保持		
		1		$\overline{Q}^n$	计数		

4. 时序逻辑电路

时序逻辑电路是指含有双稳态触发器的电路，主要有计数器、寄存器、读/写存储器、顺序脉冲发生器等。时序逻辑电路的输出状态不仅取决于即时的输入状态，而且还取决于电路原来状态，这是因为时序逻辑电路具有记忆功能。而组合逻辑电路的输出状态仅取决于即时的输入，不存在记忆功能。

（1）计数器

计数器作是由触发器（核心部件）构成的，可用来累计输入脉冲 *CP* 个数的时序逻辑电路；计数器数字系统有分频、定时、时序控制等。

计数器按计数过程中的数字增减可分为加法、减法、可逆计数器；按计数脉冲 *CP* 引入方式

可分为同步、异步计数器；按计数制可分为二进制、二－十进制、任意进制计数器。n 进制计数器是指经过 n 个脉冲后循环一次。

常用计数器主要有 74LS290 型（二－十进制异步计数器）、74LS160/161 型（同步十/十六进制计数器）。

计数器的分析步骤：首先判断是几位、几进制；其次判加法还是减法；最后判是同步还是异步。

（2）寄存器

寄存器是由触发器组成的，可将一组二进制数代码暂时存放的时序逻辑电路。n 个触发器可以存放 n 位二进制数。代码寄存方式分为数码寄存器和移位寄存器。

数码寄存器在一个寄存脉冲作用下，将各输入端通过并行输入的方式一次存入。速度快，数据线多，数据并行输出。

移位寄存器在多个寄存脉冲作用下，将待存数码的各位通过串行输入方式逐位依次存入。速度较慢，数据线少，数据可并行或串行输出。可以根据要求设计电路实现左移位、右移位、双向移位。

常用的集成寄存器有 74LS147 型（并行寄存器和双向移位寄存器）。

5. 时序逻辑电路分析与设计

（1）时序逻辑电路分析步骤

① 分析时序逻辑电路的组成。

② 列写各位触发器的逻辑关系式（时钟方程、驱动方程和输出方程）。

③ 列写逻辑状态表（状态转换表、状态转换图和时序图）。

④ 分析逻辑电路的逻辑功能。

（2）时序逻辑电路设计步骤

① 逻辑抽象（根据逻辑要求），分析因果关系，确定输入输出变量，逻辑状态数和含义，找出电路状态间转换关系。

② 画出状态转换图或逻辑状态表。

③ 状态化简就是将等价状态为重复状态合并为一个状态。电路状态数越少，设计的电路就越简单。

④ 状态分配（确定触发器的数目 n），取 $2^{n-1}<N\leqslant 2^n$，N 为状态转换图中的有效状态，给电路的每个状态分配 1 个二进制代码，又称为状态编码，编码方案以组合电路是否最简为标准，选定触发器类型。

⑤ 写出输出方程、状态方程和驱动方程。

⑥ 画出逻辑电路图；检查逻辑电路自启动能力。

上述分析和设计方法既适用于同步时序电路，也适用于异步时序电路；既适用于寄存器电路，又适用于计数器电路。

6. 555 集成定时器

555 集成定时器是一种将模拟功能和逻辑功能集成在一起的中规模集成器件，可构成单稳态触发器、多谐振荡器等时序逻辑电路。

单稳态触发器只有一个稳定状态，另一个是暂稳状态。多谐振荡器没有稳定状态，不需外加脉冲，由自激振荡输出一定频率的矩形脉冲。555 定时器应用电路如表 8.02 所示。

表 8.02

电路名称	电路图	主要波形	主要参数
单稳态触发器	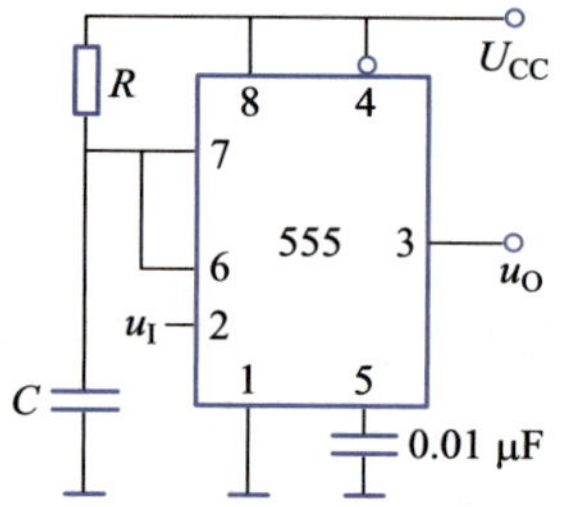	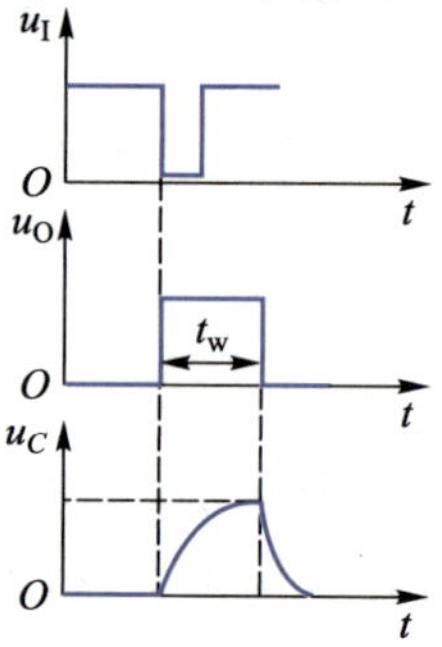	$t_w = 1.1RC$
多谐振荡器	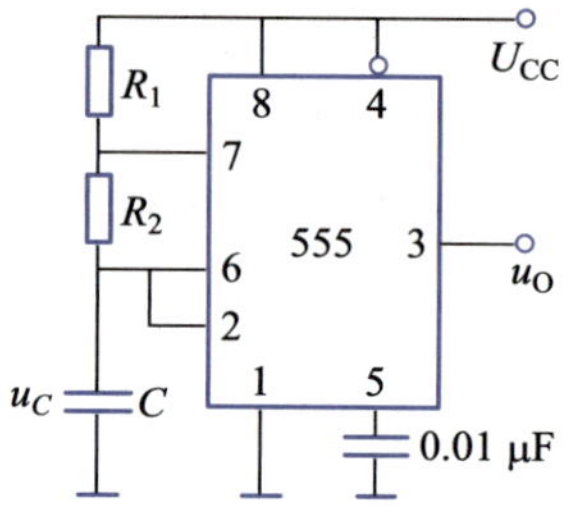	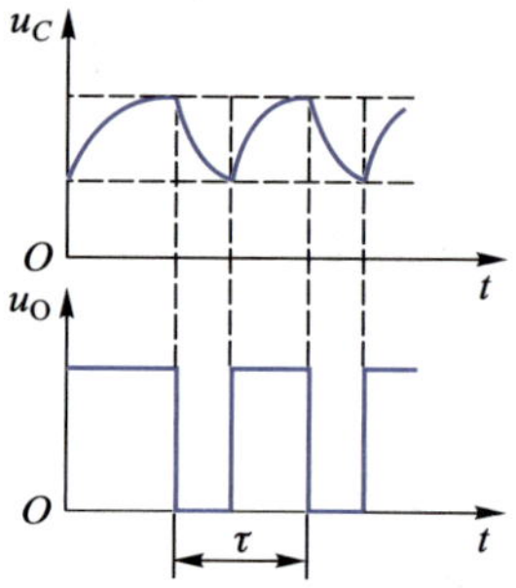	$T=0.7(R_1+2R_2)C$ $f=\dfrac{1.43}{(R_1+2R_2)C}$
多谐振荡器	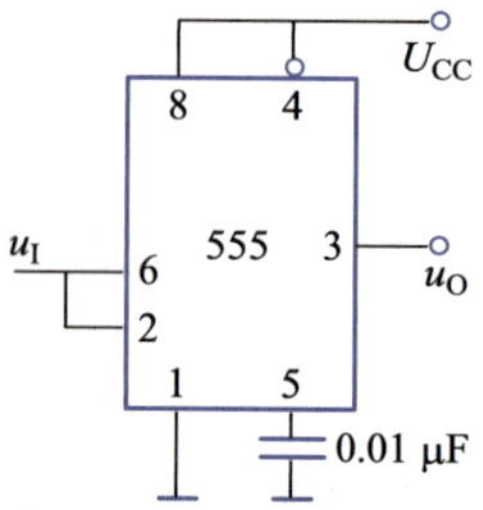	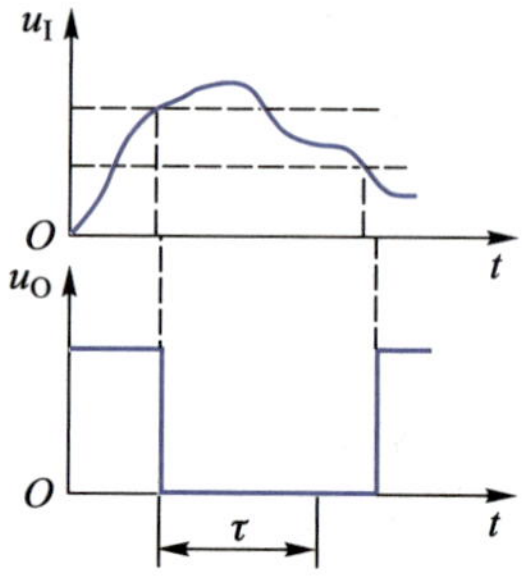	$\Delta U_T=\dfrac{1}{3}U_{CC}$

§8.3　重点和难点

1. 重点

（1）常用基本触发器的逻辑功能、输出波形图。

（2）数据寄存器和移位寄存器的寄存方式和特点。

（3）同步、异步计数器工作原理和分析方法。

（4）集成计数器构成任意进制计数器的方法。

2. 难点

（1）各种不同结构触发器的相互转换。

（2）计数器的分析和设计。

（3）任意进制计数器的分析和设计。

（4）集成电路计数器的分析和设计。

（5）555 集成定时器的分析计算。

§8.4　练习与思考题解答

8.1.1　在基本 *RS* 触发器中，如何定义 **0** 状态和 **1** 状态？这两种状态为什么能在置 **1** 或置 **0** 消失后仍保持不变？

解：基本 *RS* 触发器有两个互补的输出端 Q 和 $\overline{Q}$，若 $Q=\mathbf{1}$，$\overline{Q}=\mathbf{0}$，称置位状态（**1** 态）；反之，若 $Q=\mathbf{0}$，$\overline{Q}=\mathbf{1}$，则称复位状态（**0** 态）。通常称 Q 端的逻辑值为触发器的状态。基本 *RS* 触发器逻辑电路如解图 8.1.1 所示。

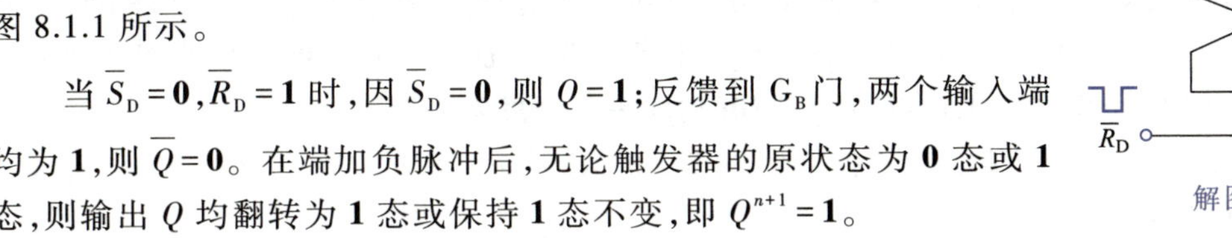

解图 8.1.1

当 $\overline{S}_D=\mathbf{0}$，$\overline{R}_D=\mathbf{1}$ 时，因 $\overline{S}_D=\mathbf{0}$，则 $Q=\mathbf{1}$；反馈到 G_B 门，两个输入端均为 **1**，则 $\overline{Q}=\mathbf{0}$。在端加负脉冲后，无论触发器的原状态为 **0** 态或 **1** 态，则输出 Q 均翻转为 **1** 态或保持 **1** 态不变，即 $Q^{n+1}=\mathbf{1}$。

当 $\overline{S}_D=\mathbf{1}$，$\overline{R}_D=\mathbf{0}$ 时，因 $\overline{R}_D=\mathbf{0}$，则 $\overline{Q}=\mathbf{1}$；反馈到 G_A 门，两个输入端均为 **1**，则 $Q=\mathbf{0}$；再反馈到 G_B 门，即使 $\overline{R}_D$ 的负脉冲消失，仍有 $\overline{Q}=\mathbf{1}$。

因此，无论触发器的原状态为 **1** 态或 **0** 态，则输出 Q 均翻转为 **0** 态或保持 **0** 态不变，即 $Q^{n+1}=\mathbf{0}$。

8.1.2　主从型 *JK* 触发器有哪些较完善的逻辑功能？维持阻塞型 *D* 触发器有哪些主要特点？

解：（1）主从型 *JK* 触发器在时钟脉冲下降沿（或称后沿）触发。其逻辑功能为：

若 $J=\mathbf{0}$，$K=\mathbf{0}$，*CP* 脉冲下降沿到来时，$Q^{n+1}=Q^n$，保持原有状态；

若 $J=\mathbf{0}$，$K=\mathbf{1}$，*CP* 脉冲下降沿到来时，$Q^{n+1}=\mathbf{0}$，置 **0** 状态；

若 $J=\mathbf{1}$，$K=\mathbf{0}$，*CP* 脉冲下降沿到来时，$Q^{n+1}=\mathbf{1}$，置 **1** 状态；

若 $J=\mathbf{1}$，$K=\mathbf{1}$，*CP* 脉冲下降沿到来时，$Q^{n+1}=\overline{Q^n}$，具有计数功能。

其逻辑状态如解表 8.1.2（a）所示，状态转换图如解图 8.1.2（a）所示，特性方程为 $Q^{n+1}=J\overline{Q^n}+\overline{K}Q^n$。

解表 8.1.2

（a）

J	K	Q^{n+1}	功能
0	**0**	Q^n	保持
0	**1**	**0**	置 **0**
1	**0**	**1**	置 **1**
1	**1**	$\overline{Q^n}$	计数

（b）

D	Q^{n+1}	功能
0	**0**	置 **0**
1	**1**	置 **1**

（2）维持阻塞型 *D* 触发器在时钟脉冲 *CP* 上升沿（或称前沿）触发。其逻辑功能为输出端 Q 的状态随输入端 D 的状态变化而变化，但总比输入端状态的变化晚一步，即某个时钟脉冲来到之后，Q 的状态和该 *CP* 来到之前的 D 的状态相同，即有 $Q^{n+1}=D$。其逻辑状态如解表 8.1.2（b）所示，状态转换图如解图 8.1.2（b）所示。特性方程为 $Q^{n+1}=D$。

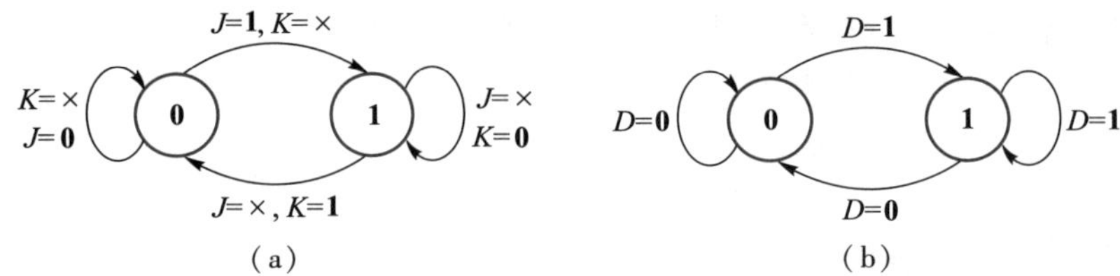

解图 8.1.2

8.3.1 74LS290 型计数器能按 4 位二进制计数器使用吗？为什么？

解：不可以。74LS290 型计数器为二-五-十进制，只能构成 1 位二进制，而 4 位二进制即为十六进制计数器。因此，74LS290 型计数器为不能按 4 位二进制计数器使用。

8.3.2 试用置数法将 74LS290 型计数器组成六进制计数器。

分析：根据功能表可见，74LS290 型计数器有置 **0**、置 9 两种控制功能，或者说它有置 **0** 法和置数法控制功能。置 **0** 法也称反馈清零法；置数法也称置 9 法或反馈置数法。当 74LS290 型的清 **0** 输入端 $R_{0(1)} \cdot R_{0(2)}=\mathbf{1}$ 时，所有触发器清 **0**，即计数器清 **0**($Q_3Q_2Q_1Q_0=\mathbf{0000}$)；当置 9 的输入端 $S_{9(1)} \cdot S_{9(2)}=\mathbf{1}$ 时，计数器置 9，$Q_3Q_2Q_1Q_0=\mathbf{1001}$，即表示十进制数 9。

解：置数法 8421 码输出，其状态转换如解图 8.3.2(a)所示。$S_{9(1)} \cdot S_{9(2)}=Q_3 \cdot Q_1$，$R_{0(1)} \cdot R_{0(2)}=\mathbf{0}$，逻辑电路如解图 8.3.2(b)所示。

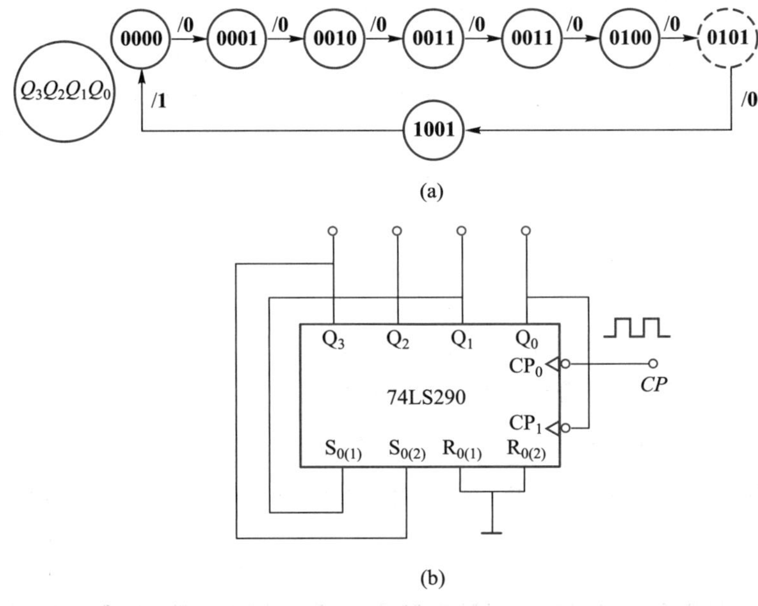

解图 8.3.2

8.3.3 用 74LS161 型计数器实现任意进制计数器，可以用异步清 **0** 法，也可以用同步置数法，这里的“异步”和“同步”有何含义？

解：“异步”是指控制信号到达后，不需要等待计数脉冲 CP 便可直接控制操作；“同步”是指控制信号到达后，还需要等待计数脉冲 CP 也到达，方可进行相应的控制操作。

8.4.1 试画出由 JK 触发器组成的 4 位右移位寄存器。

解：JK 触发器组成的 4 位右移位寄存器，其逻辑电路如解图 8.4.1 所示。图中每个 JK 触发器均接成了 D 触发器的形式(J 与 K 相反，$J=D$，$Q^{n+1}=D$)。

由解图 8.4.1 所示电路可见，经过 4 个移位脉冲信号后，串行输入的 4 位数据(代码)全部移

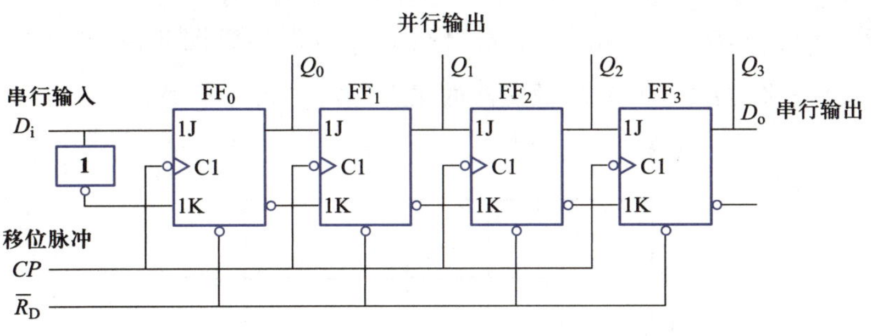

解图 8.4.1

入移位寄存器中,同时在 4 个触发器的输出端得到了并行输出数据。因此利用移位寄存器可以实现数据的串行-并行转换。如果先将 4 位数据并行地置入移位寄存器的 4 个 JK 触发器,则该寄存器也可实现数据的并行-串行转换。还需要注意的是 JK 触发器是脉冲下降沿触发。

8.4.2 数码寄存器的数据被取走以后,寄存器的内容是否变化?移位寄存器的数据被取走以后,寄存器的内容变化吗?

解:(1) 寄存器是以触发器为核心器件组成的时序逻辑电路,1 个触发器只能存放 1 位二进制数,存放 n 位二进制时,要 n 个触发器,因此,寄存器具有记忆功能。由于寄存器有 4 种不同的输入输出方式,即并行输入并行输出、并行输入串行输出、串行输入并行输出、串行输入串行输出。寄存器分为寄存器和移位寄存器,两种寄存器均具有寄存数据(记忆)功能,但取走数据后内容有所不同。

(2) 数码寄存器具有寄存数码功能,对于并行输入并行输出方式的寄存器,当数据被取走以后,只要不存入新的数据,原来存入的数据可以重复取出;只要不被清 **0**,数据将一直保存下去,即寄存器的数据被取走后,寄存器的内容不会变化。

(3) 移位寄存器器不仅具有寄存数码的功能,还具有移位功能。如果寄存器数据为并行输出,当寄存器的数据被取走以后,只要不存入新的数据(或被刷新)或者被清 **0**,原存入数据重复取出,寄存器的内容不会变化;如果寄存器数据为串行输出,即数据从串行输出端一个一个取出,则会有新的数据不断刷新寄存器内容,即寄存器的数据被取走后,寄存器内容会发生变化。

§8.5 习题解答

8.1 基本 RS 触发器的 $\overline{R}_D$ 和 $\overline{S}_D$ 端波形,如图 8.01 所示。试画出 Q 端的输出波形(设初始状态为 **0** 和 **1** 两种情况)。

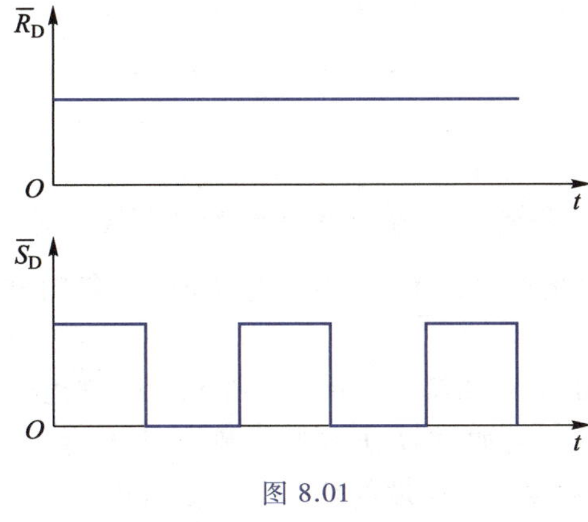

图 8.01

解:由于 $Q^{n+1}=S_D+\overline{R}_DQ^n$,$S_D\cdot R_D\neq\mathbf{1}$。输出端 Q 的波形如解图 8.01 所示。当初始状态为 **0** 时,触发器在 $\overline{S}_D$ 低电平的作用下置 **1**,触发器的状态保持 **1** 状态不变。

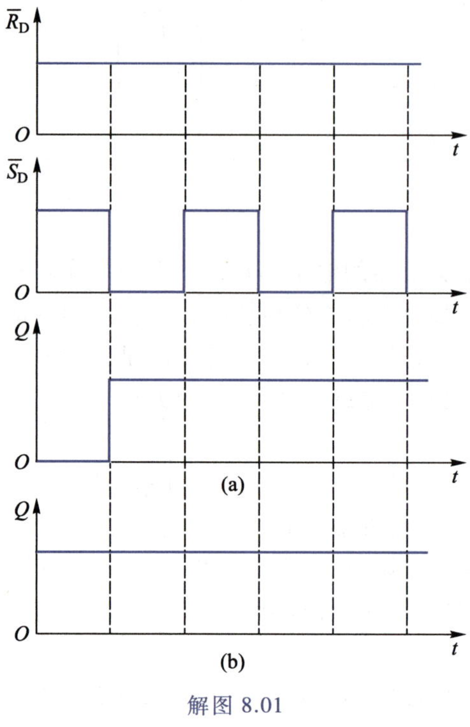

解图 8.01

8.2 钟控 RS 触发器的 CP、S 和 R 端波形,如图 8.02 所示。试画出 Q 端的输出波形(设初始状态为 **0** 和 **1** 两种情况)。

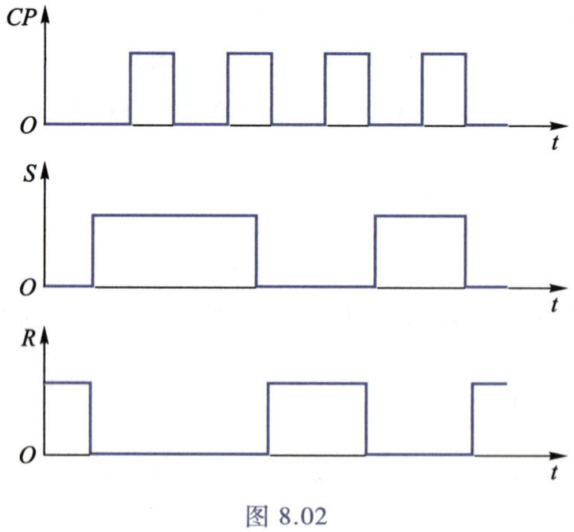

图 8.02

分析:钟控 RS 触发器的工作特点是输出状态的变化受 CP 脉冲控制;当 $CP=\mathbf{0}$ 时,与非门 G_C 的 $Q_C=\mathbf{1}$,G_D 的 $Q_D=\mathbf{1}$,Q 的状态保持不变;当 $CP=\mathbf{1}$ 时,与非门 G_C 的 $Q_C=\overline{S}$,$Q_D=\overline{R}$,Q 的状态由输入条件 R、S 取值组合决定。

解:钟控 RS 触发器的逻辑电路如解图 8.02(a)所示,以及功能(状态)如解表 8.01 所示。当 CP 脉冲高电平到来时,$S=\mathbf{1}$,$R=\mathbf{0}$,如果 Q 初态为 **0**,则 Q 由 **0** 变为 **1**;如果 Q 初为 **1**,则 Q 保持。当 $S=\mathbf{0}$,$R=\mathbf{1}$ 时,则 Q 值由 **1** 变为 **0**。Q 端的输出波形如解图 8.02(b)、(c)所示。

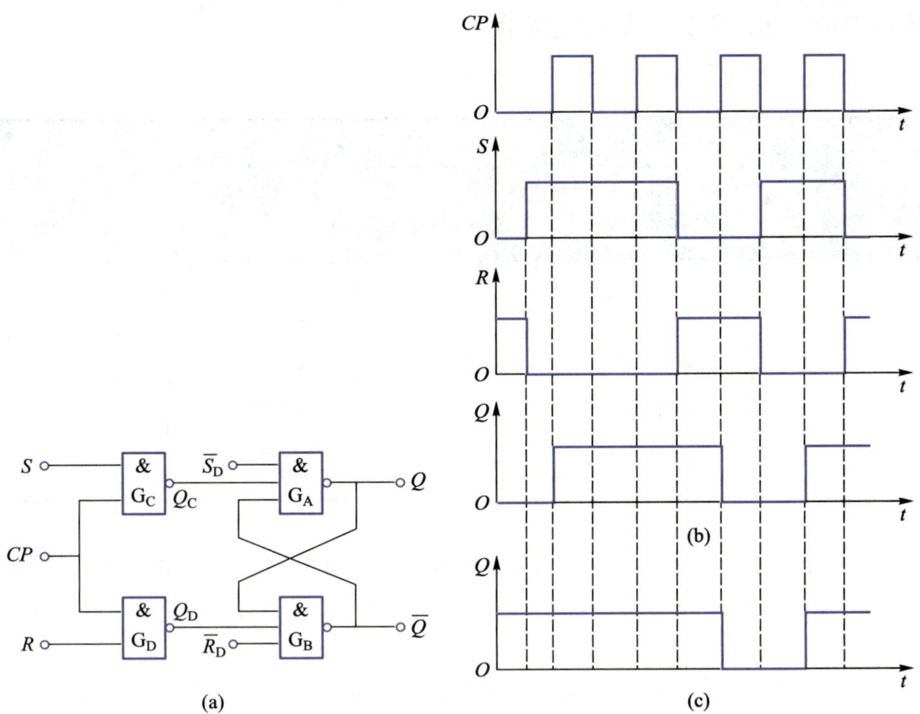

解图 8.02

解表 8.01

S	R	Q^{n+1}	功能
0	**0**	Q^n	保持
0	**1**	**0**	置 **0**
1	**0**	**1**	置 **1**
1	**1**	不定	禁用

8.3 试用 4 个维持阻塞型 *D* 触发器组成的 4 位右移移位寄存器。设原存数为 **1101**，待输入数为 **1001**，试说明移位寄存器的工作原理。

分析：以 4 个 *D* 触发器组成的 4 位右移位寄存器为例，其中每个触发器输出端 *Q* 均接在相邻右触发器的 *D* 输入端，数据从 *D* 端依次串行输入，$Q_3Q_2Q_1\ Q_0$并行输出。

解：(1) 用 4 个 *D* 触发器组成 4 位左移移位寄存器，如解图 8.03 所示。设寄存器原存数码为 **1101**，待输入数码为 **1001**，则寄存器的寄存过程如解表 8.02 所示。

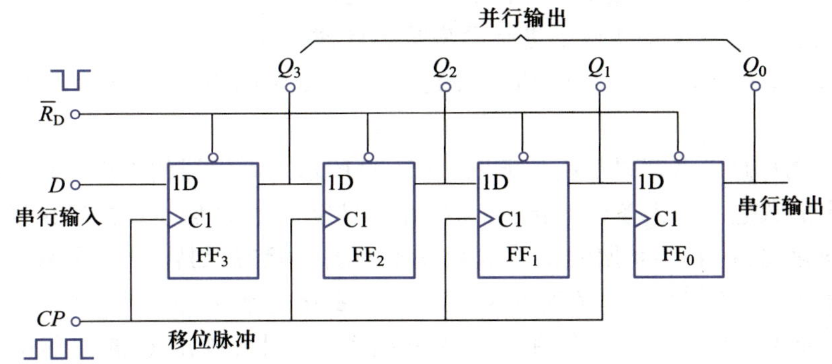

解图 8.03

(2) 寄存器的工作过程如解表 8.02 所示。

解表 8.02

移位脉冲 CP(↑)	寄存器中的数码(并行输出)				移入数据
	Q_3(串行输出)	Q_2	Q_1	Q_0	
0	1	1	0	1	1
1	1	0	1	0	0
2	0	1	0	0	0
3	1	0	0	1	1
4	0	0	1	0	0

注意:本题所介绍的是一个串行输入、串行(或并行)输出的右移位寄存器。仅具有左移位或右移位功能的寄存器也称为单向移位寄存器,串行左移位和串行右移位寄存器的工作原理或工作过程相同,只是触发器的连接顺序颠倒。

8.4 试用 4 个 D 触发器(上升沿触发)组成 1 个 4 位二进制异步加法计数器。

分析:先将 D 触发器转换为 T'触发器,即将 D 触发器的 D 端和 $\overline{Q}$ 相连接,每来 1 个时钟脉冲,翻转 1 次,故有 $Q^{n+1}=\overline{Q}^n$(计数功能)。因此,要组成 4 位二进制则应由 4 个 T'触发器。

解:由 D 触发器组成的 4 位二进制异步加法计数器,应将 $\overline{Q}_0$ 接至 CP_1端,其后依次连接,逻辑电路如解图 8.04 所示。

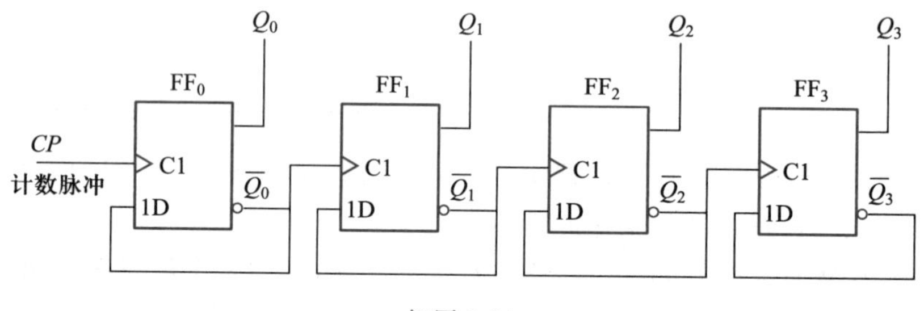

解图 8.04

注意:请读者分析完成:

(1) 画出解图 8.04 所示电路的时序图;

(2) 用 D 触发器组成 1 个 4 位二进制异步减法计数器。

8.5 主从型 JK 触发器的 J、K 和 CP 端的波形,如图 8.05 所示。试画出 Q 端的输出波形(设初始状态为 **0**)。

分析:主从型 JK 触发器逻辑电路如解图 8.05(a)所示。触发器的工作特点:在 $CP=\mathbf{1}$ 期间,触发器根据原来的状态和输入条件变化;在 CP 由 **1** 变为 **0** 时,从触发器的输出随现时刻主触发器的输出状态变化,且在 $CP=\mathbf{0}$ 期间,主、从触发器的输出状态保持一致,从触发器的输出变化时刻与 CP 脉冲的下降沿对应。但在分析时注意这一变化问题。

解:根据图 8.03 所示的输入信号和初态为 **0** 的条件,则可画出 Q 的波形图。如解图 8.05(b)所示。

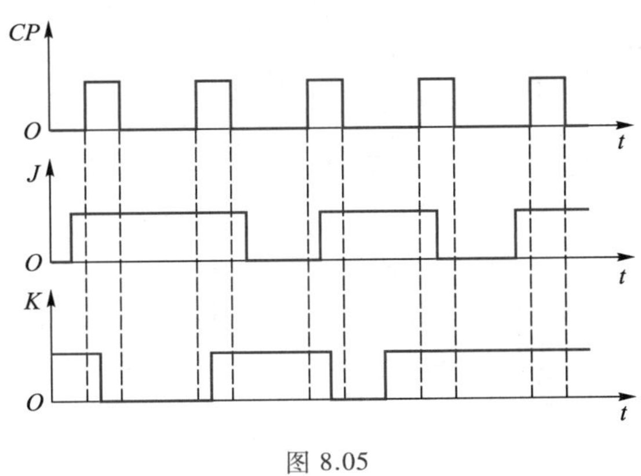

图 8.05

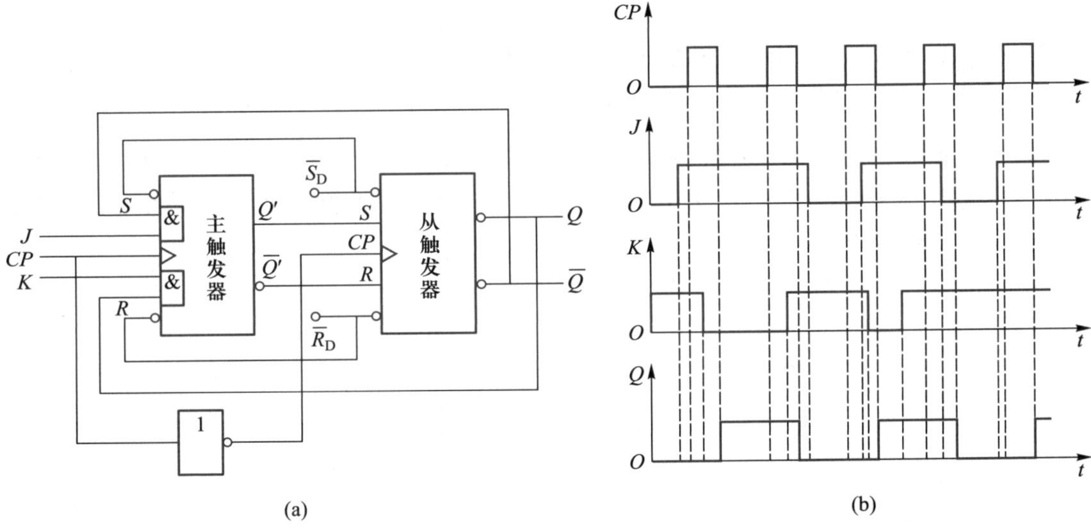

解图 8.05

注意:如果图 8.05 所示为维持阻塞型 *JK* 触发器各输入端信号,则与上述分析情况不同,维持阻塞型 *JK* 触发器属于上升沿触发的边沿触发器,其输出状态由 *CP* 上升沿到来前的输入条件决定。可将 *CP* 上升沿前一时刻的 *JK* 状态和触发器的现态代入特性方程,即有

$$Q^{n+1}=J\overline{Q}^n+\overline{K}Q^n$$

来决定触发器的次态。

8.6　图 8.06 所示各触发器的时钟脉冲 *CP* 端波形如图 8.02(习题 8.2 所示)。试分别画出各触发器输出端 *Q* 的波形(设各触发器的初始状态为 **0**)。

分析:分析触发器(电路)输出状态变化步骤:首先应从电路中找出各触发器的输入条件,将输入条件代入触发器的特性方程,得出触发器电路的状态方程;其次,从触发器的逻辑符号分析相应触发器是上升沿触发,还是下降沿触发;在上述两个步骤基础上,确定在时钟脉冲 *CP* 作用下其输出状态的变化情况。

解:(1) 在图 8.06(a)所示 *JK* 触发器中,输入端 *J*、*K* 悬空,为高电平,即 $J=K=\mathbf{1}$,将其代入特性方程,则有 $Q^{n+1}=J\overline{Q}^n+\overline{K}Q^n$,即 $Q^{n+1}=\overline{Q}^n$。由逻辑符号可知,触发器下降沿翻转。当初态为 **0**,第 1 个 *CP* 脉冲下降沿到达时,*Q* 由 **0** 变为 **1**;第 2 个 *CP* 脉冲下降沿到达时,*Q* 由 **1** 变为 **0**。依次类推,该触发器具有计数功能。*Q* 波形如解图 8.06(a)所示。

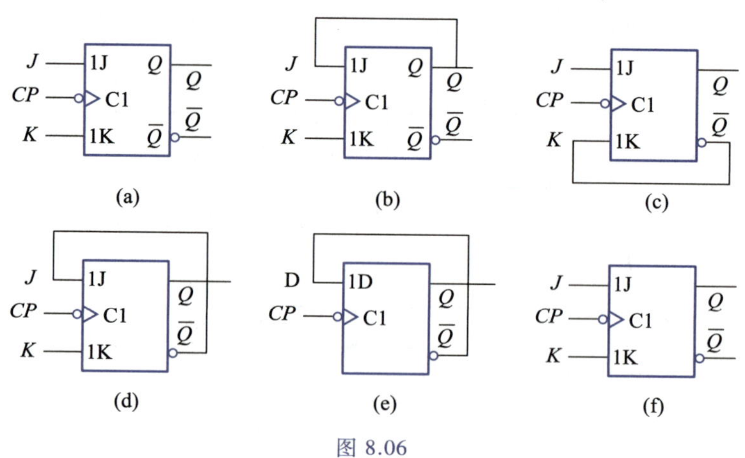

图 8.06

（2）在图 8.06(b)所示 JK 触发器中，可得 $J=Q^n$，$K=\mathbf{1}$，故 $Q^{n+1}=Q^n\cdot\overline{Q}^n=\mathbf{0}$。由于初态为 **0**，故 Q 一直保持 **0** 不变，Q 波形如解图 8.06(b)所示。

（3）在图 8.06(c)所示 JK 触发器中，因为 $J=\mathbf{1}$，$K=\overline{Q}^n$，则 $Q^{n+1}=\overline{Q}^n+\overline{\overline{Q}}\cdot Q^n=\overline{Q}^n+Q^n=\mathbf{1}$。由于初态为 **0**，触发器上升沿触发，故第 1 个 CP 脉冲上升沿到达时，Q 由 **0** 变为 **1**，此后一直保持 **1** 不变，Q 波形如解图 8.6(c)所示。

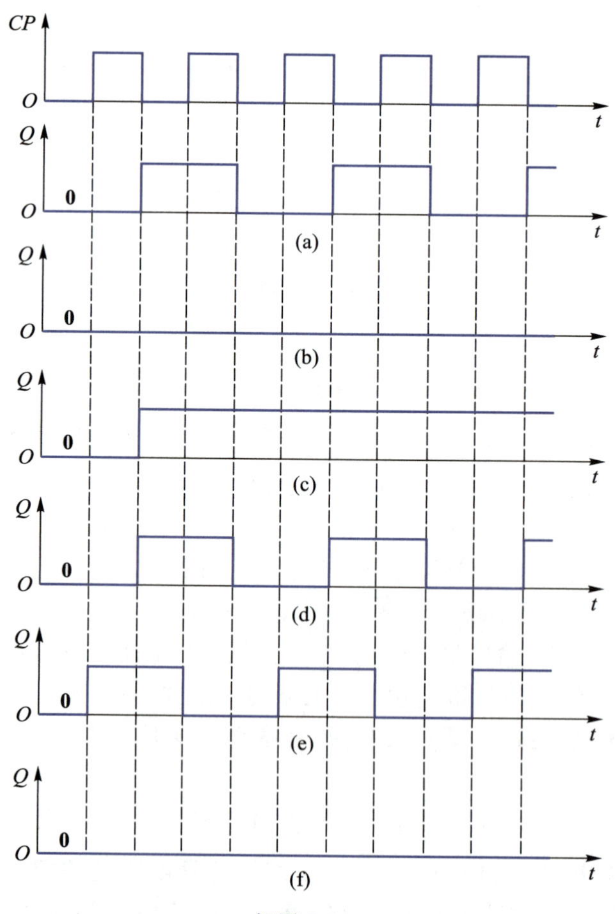

解图 8.06

(4) 图 8.06(d)所示 *JK* 触发器中，因为 $J=\overline{Q}^n$，$K=\mathbf{1}$，所以 $Q^{n+1}=\overline{Q}^n$。此触发器为上升沿触发，每来 1 个 *CP* 脉冲，输出状态变化 1 次，具有计数功能。*Q* 波形如解图 8.06(d)所示。

(5) 图 8.06(e)所示 *D* 触发器中，因为 $D=\overline{Q}^n$，D=**1** 时，$Q^{n+1}=\overline{Q}^n$，该表达式具有计数功能，当到来 1 个 *CP* 脉冲上升沿时，触发器翻转 1 次。*Q* 波形如解图 8.6(e)所示。

(6) 在图 8.06(f)所示 *JK* 触发器中，当 $J=\mathbf{0}$，$K=\mathbf{1}$，在 *CP* 脉冲下降沿到达时，触发器为保持原状态 **0**，$Q^{n+1}=Q^n$；当 $J=K=\mathbf{0}$ 时，触发器置 **0**。*Q* 波形如解图 8.6(f)所示。

注意：*JK* 触发器在 $J=K=\mathbf{1}$ 时，具有计数功能，如图 8.06(a)和(d)所示。触发器的逻辑符号中 *CP* 端加小圆圈"○"表示 *CP* 下降沿触发。D 触发器如果接成图 8.06(e)的形式，也具有计数功能。

8.7　*D* 触发器的 *D* 端和 *CP* 端所加波形，如图 8.07 所示。试分别画出主从型 *D* 触发器和维持阻塞型 *D* 触发器 *Q* 端的输出波形(设初始状态为 **0**)。

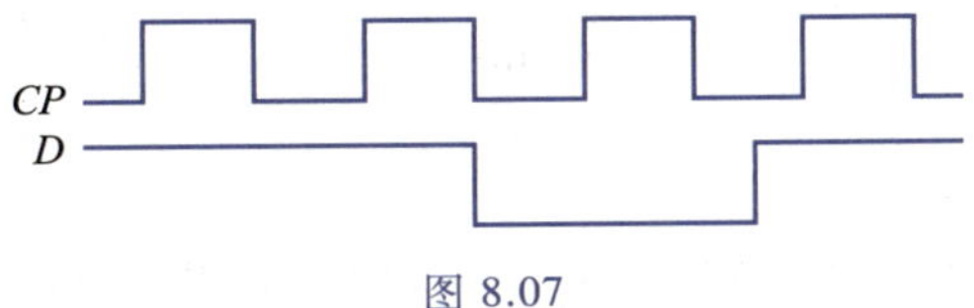

图 8.07

分析：维持阻塞型 *D* 触发器由 6 个**与非**门组成，如解图 8.07(a)所示。主从型 D 触发器由两个 *RS* 触发器(锁存器)3 个**非**门组成，如解图 8.07(b)所示。两种触发器均属于边沿触发器。所谓的边沿触发器，是指触发器的状态仅取决于 *CP* 信号的上升沿或下降沿到达时输入端的逻辑状态，而在这以前或以后，输入信号的变化对触发器的状态没有影响。

解：维持阻塞型 *D* 触发器的工作原理不再介绍。简单说明主从型 *D* 触发器的工作原理：当 $CP=\mathbf{1}$ 时，接收信号，主触发器接收输入信号，则主触发器随着 *D* 变化，即有 $Q^{n+1}=D$；当 $CP=\mathbf{0}$ 时，输出信号，主触发器保持不变，从触发器由 *CP* 到来之前的 Q_1^n 确定，即有 $Q^{n+1}=D$，在 *CP* 脉冲的下降沿时刻有效。故主从型 *D* 触发器的 *Q* 波形如解图 8.07(c)所示，维持阻塞型 *D* 触发器的 *Q* 波形，如解图 8.07(d)所示。

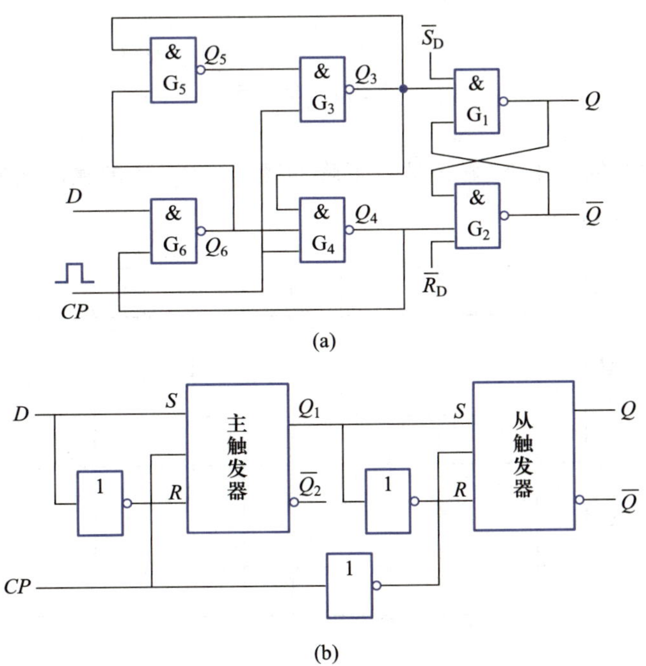

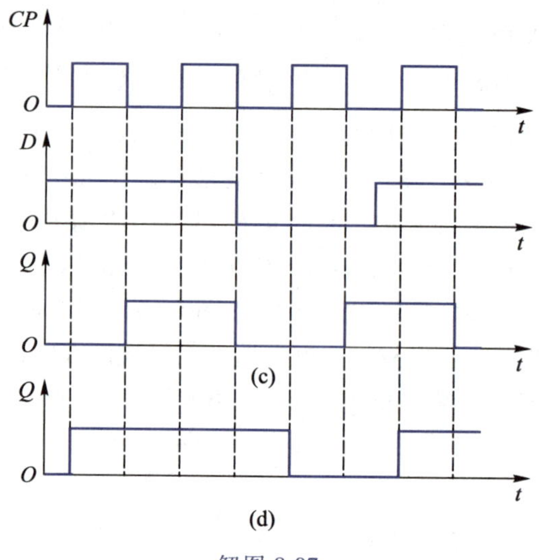

解图 8.07

8.8　图 8.08 所示逻辑图中时钟脉冲 CP 波形，如图 8.08 所示。试画出 Q_1 和 Q_2 端的波形；如果 CP 的频率为 400 Hz，那么 Q_1 和 Q_2 波形的频率各为多少（设初始状态 $Q_1=Q_2=\mathbf{0}$）？

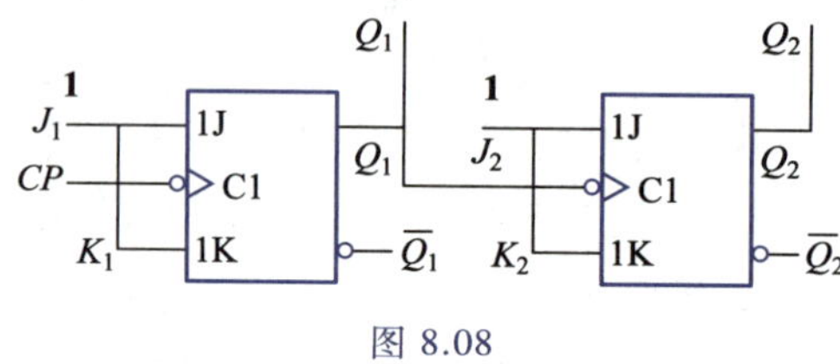

图 8.08

分析：本题为两个 JK 触发器级联，电路的驱动方程分别为

$$J_1=K_1=\mathbf{1},\quad CP_1=CP$$

$$J_2=K_2=\mathbf{1},\quad CP_2=Q_1$$

由驱动方程可得

$$Q_1^{n+1}=\overline{Q}_1^n,\quad Q_2^{n+1}=\overline{Q}_2^n$$

则触发器具有计数功能。

解：(1) 在 CP 脉冲的作用下，触发器在下降沿翻转。Q_1、Q_2 的输出波形如解图 8.08 所示。

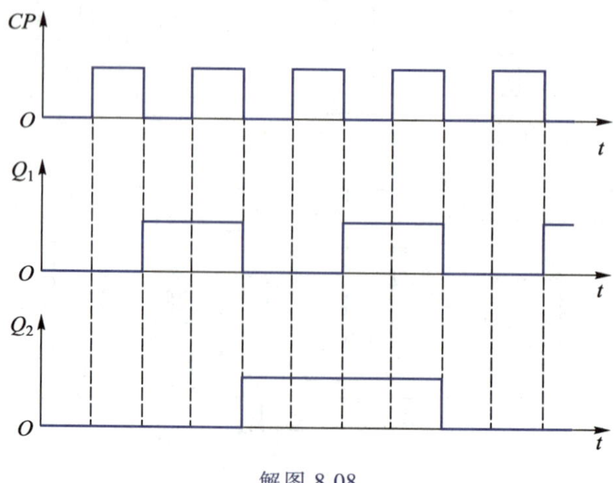

解图 8.08

（2）由波形图可知电路具有二分频作用，当 CP 的频率 $f_C=400\ \text{Hz}$ 时，Q_1、Q_2的频率分别为

$$f_1=\frac{1}{2}f_C=\frac{1}{2}\times 400\ \text{Hz}=200\ \text{Hz}$$

$$f_2=\frac{1}{2}f_1=\frac{1}{2}\times 200\ \text{Hz}=100\ \text{Hz}$$

注意：根据 Q_1、Q_2的变化规律（**00→01→10→11**），4 个不同状态在循环，因此该逻辑电路也称为十进制异步四进制加法计数器。

8.9　根据图 8.09 的逻辑图及相应的 CP、R_D和 D 端的波形。试画出 Q_1端和 Q_2端的输出波形（设初始状态 $Q_1=Q_2=\mathbf{0}$）。

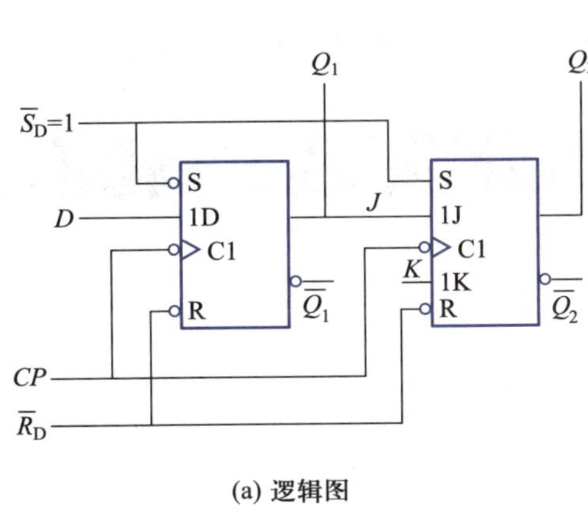

(a) 逻辑图　　(b) 相应的波形

图 8.09

分析：该电路分别有 D 触发器和 JK 触发器级联组成。D 触发器的 Q_1端在 CP 脉冲的上升沿翻转；JK 触发器的 J 端受 Q_1控制，当 $Q_1=\mathbf{1}$ 时，JK 触发器在每个到来 CP 脉冲的下降沿翻转；当 $Q_1=\mathbf{0}$ 时，Q_2翻转为 $\mathbf{0}$。

解：电路由分别 D 触发器和 JK 触发器组成。驱动方程为

$$D_1=D,\quad J_2=Q_1,\quad K_2=1$$

D 触发器的状态方程为

$$Q_1^{n+1}=D_1=D$$

JK 触发器的状态方程为

$$Q_2^{n+1}=J_2\overline{Q}_2^n+\overline{K}_2Q_2^n=Q_1\overline{Q}_2^n$$

Q_1和 Q_2的波形如解图 8.09 所示。

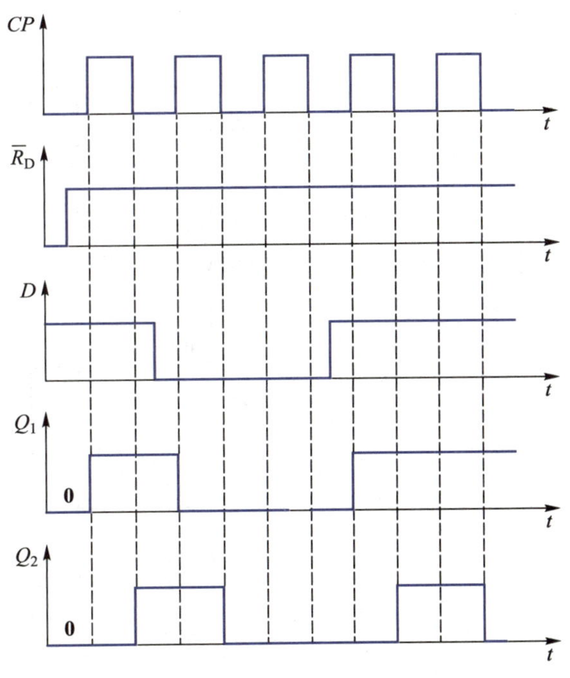

解图 8.09

8.10　由 JK 触发器组成的移位寄存器，如图 8.10 所示。试列出输入数码 **1001** 的状态表，并画出各 Q 的波形图（设各触发器的初态为 **0**）。

分析：本题电路是由 4 个 JK 触发器组成的 4 位右移位寄存器，每个 JK 触发器都接成了 D 触发器的形式（J 与 K 相反，$J=D$，$Q^{n+1}=D$）按照 CP 移位脉冲的工作节拍从高位到低位依次串

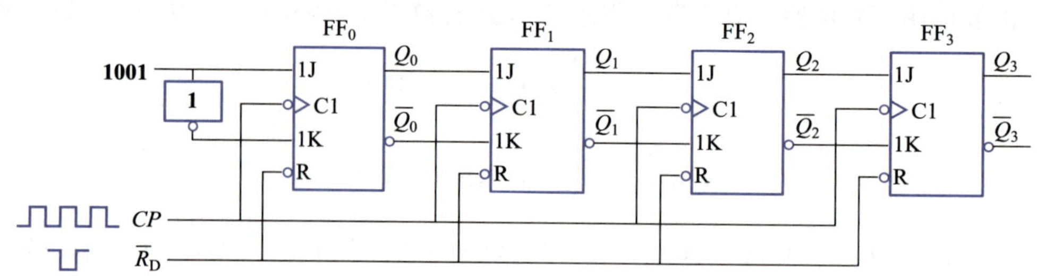

图 8.10

行送至 D 端。第 1 个 CP 脉冲的下降沿触发器 FF_0 翻转,向右移位 1 次,存放 1 位数码,当第 4 个 CP 脉冲的下降沿到来时存放数码结束,其状态如解表 8.03 所示。

解:根据状态(如解表 8.03 所示),则电路各 Q 端的波形如解图 8.10 所示。

解表 8.03

CP	Q_3	Q_2	Q_1	Q_0
0	**0**	**0**	**0**	**0**
1	**1**	**0**	**0**	**0**
2	**0**	**1**	**0**	**0**
3	**0**	**0**	**1**	**0**
4	**1**	**0**	**0**	**1**

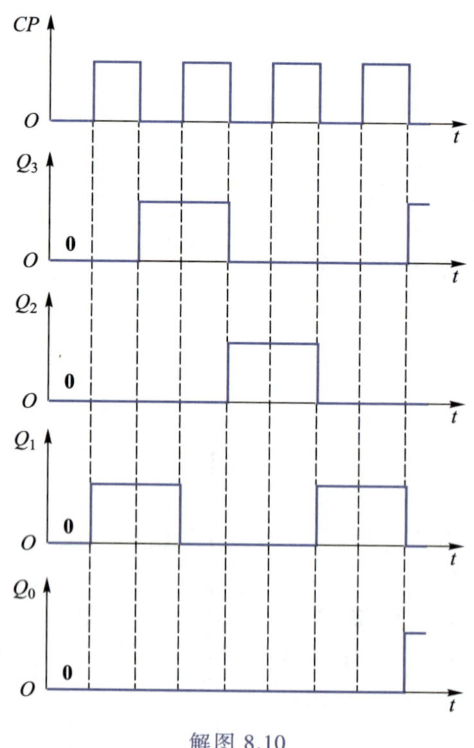

解图 8.10

注意:该电路为串行输入、串行与并行输出移位寄存器。

8.11 图 8.11 所示电路已知 CP 脉冲，要求列出各触发器 Q 的状态表，并画出波形图（设初始状态 $Q_0Q_1Q_2Q_3=\mathbf{0001}$）。

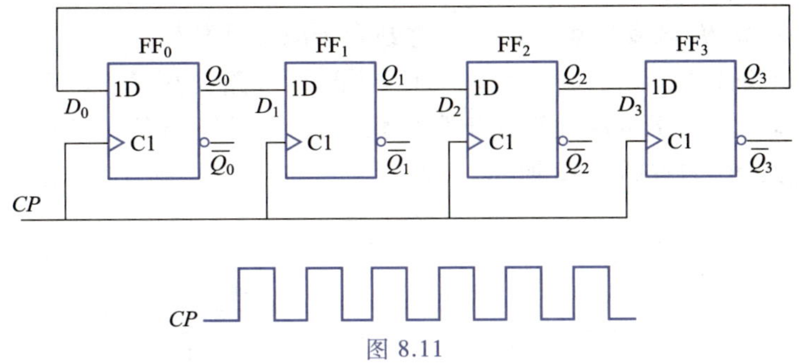

图 8.11

分析：该电路是将移位寄存器的头尾相接，即 $D_0=D_3$。当连续不断地输入时钟脉冲 CP 时，寄存器里的数码将循环右移。如果电路的初始状态 $Q_0Q_1Q_2Q_3=\mathbf{0001}$，当不断输入 CP 脉冲时，电路的状态将按 **0001→1000→0100→0010→0001** 的次序循环。因此，用电路的不同状态能够表示输入 CP 脉冲的数目，也就是说，可将这个电路作为时钟脉冲的计数器，其状态如解表 8.04 所示。

解表 8.04

CP	Q_0	Q_1	Q_2	Q_3
0	**0**	**0**	**0**	**1**
1	**1**	**0**	**0**	**0**
2	**0**	**1**	**0**	**0**
3	**0**	**0**	**1**	**0**
4	**0**	**0**	**0**	**1**

解：根据状态表，故电路各 Q 端的波形如解图 8.11 所示。

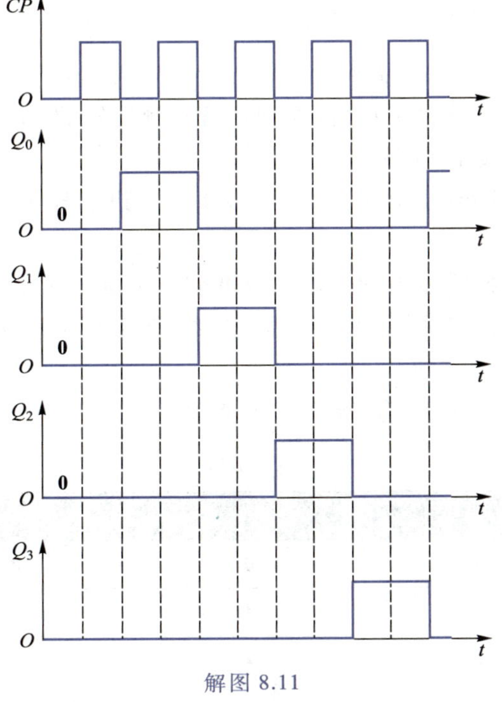

解图 8.11

注意：图8.11所示电路也称为环形计数器。如果将图中D_0端与$\overline{Q}_3$相连，即将反馈逻辑函数取为$D_0=\overline{Q}^{n-1}$，则该电路也称为扭环形计数器。

8.12 试用主从型*JK*触发器组成两位二进制同步减法计数器。

分析：根据已知条件两位二进制同步减法计数器，该电路需用两个*JK*触发器，设计比较简单，设计步骤可以简化。对于本题关键在于列出状态表，以及写出各触发器驱动方程，根据驱动方程可画出逻辑电路图，如解图8.12所示。

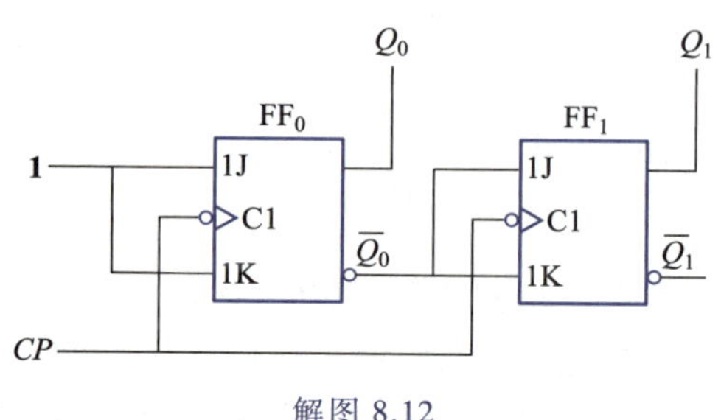

解图8.12

解：(1) 根据本题要求列出输入、输出状态表，如解表8.05所示。

解表8.05

CP	Q_1	Q_0	十进制
0	**0**	**0**	0
1	**1**	**1**	3
2	**1**	**0**	2
3	**0**	**1**	1
4	**0**	**0**	0

(2) 触发器的驱动方程和输出方程分别为

$$J_0=K_0=\mathbf{1},\quad J_1=K_1=\overline{Q}_0^n$$

注意：同步计数器是指计数脉冲*CP*同时加在所有触发器的*CP*端；减法计数器是指随着计数脉冲*CP*的输入做递减计数的电路。

8.13 试用3个*D*触发器（上升沿触发）组成1个八进制异步减法计数器，并画出*CP*、Q_0、Q_1、Q_2的波形图。

分析：对于八进制的计数器如果计数器从**000**状态开始计数，在第8个计数脉冲*CP*输入后，计数器又重新回到**000**状态，则完成一次循环。维持阻塞*D*触发器的计数功能是将*D*转换为*T′*，故电路用三个*T′*触发器组成。

解：(1) 八进制减法计数器状态如解表8.06所示。

解表8.06

CP	Q_3	Q_1	Q_0	十进制
0	**0**	**0**	**0**	0
1	**1**	**1**	**1**	7
2	**1**	**1**	**0**	6

续表

CP	Q_3	Q_1	Q_0	十进制
3	1	0	1	5
4	1	0	0	4
5	0	1	1	3
6	0	1	0	2
7	0	0	1	1
8	0	0	0	0

（2）八进制减法计数器的时钟方程为

$$CP_0=CP,\quad CP_1=Q_0,\quad CP_2=Q_1$$

驱动方程为

$$D_0=\overline{Q}_0^n,\quad D_1=\overline{Q}_1^n,\quad D_2=\overline{Q}_2^n$$

次态方程为

$$Q_0^{n+1}=D_0=\overline{Q}_0^n,\quad Q_1^{n+1}=D_1=\overline{Q}_1^n$$

$$Q_2^{n+1}=D_2=\overline{Q}_2^n$$

（3）状态转换如解图 8.13(a)所示。

（4）计数器电路如解图 8.13(b)所示。

（5）电路的各波形如解图 8.13(c)所示。

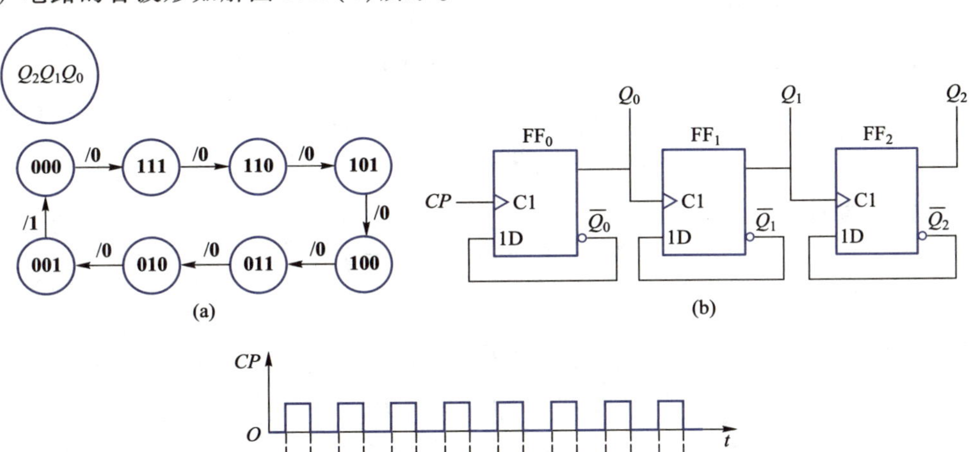

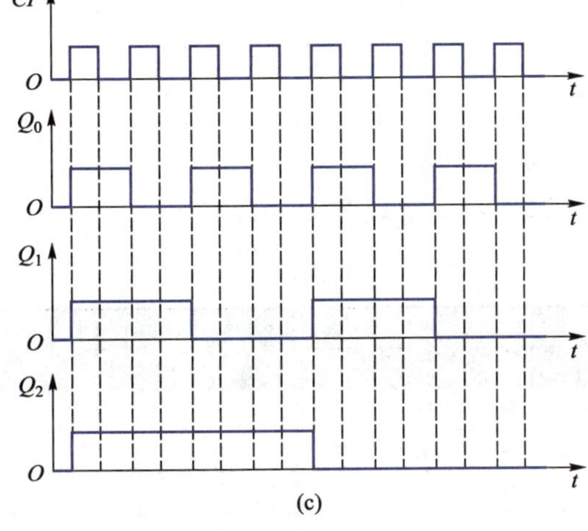

解图 8.13

注意: 由本题介绍的计数器是由3个D触发器组成的八进制异步减法计数器,也是一个3位二进制计数器,即$2^N=2^3=8$。组成二进制异步计数器方法可归纳为:

(1) N位二进制计数器由N个计数型(T')触发器组成。N位二进制计数器可以计2^N个数,所以又称为2^N进制计数器。

(2) 如果采用下降沿触发的触发器:加法计数器的进位信号从Q端引出;减法计数器的借位信号从$\overline{Q}$端引出。如果采用上升沿触发的触发器:加法计数器的进位信号从$\overline{Q}$端引出;减法计数器的借位信号从Q端引出。

8.14 试列出图8.14所示计数器的状态表,从而说明它是几进制计数器。

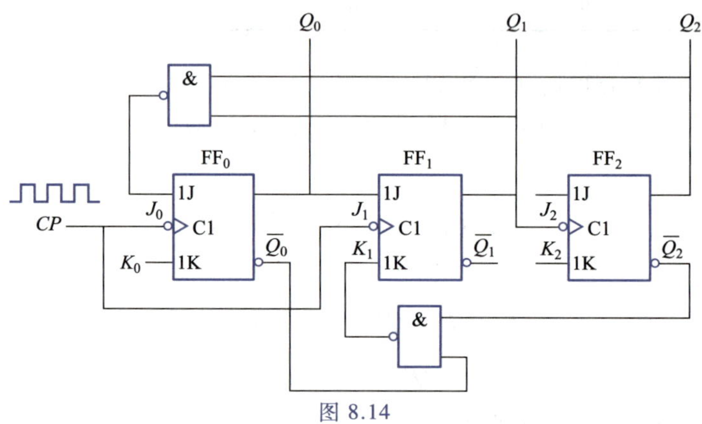

图8.14

分析: 电路由3个下降沿触发的JK触发器组成,且为异步计数器分析电路。

解: (1) 电路的驱动方程分别为

$$J_0=\overline{Q_2Q_1},\quad K_0=1$$

$$J_1=Q_0,\quad K_1=\overline{\overline{Q}_2\overline{Q}_0}=Q_2+Q_0$$

$$J_2=1,\quad K_2=1$$

(2) 时钟方程为

$$CP_0=CP_1=CP,\quad CP_2=Q_1$$

(3) 状态方程为

$$Q_0^{n+1}=\overline{Q_2^nQ_1^n}\cdot\overline{Q_0^n}$$

$$Q_0^{n+1}=\overline{Q_1^n}Q_0^n+\overline{Q_2^n}Q_1^n\overline{Q_0^n}$$

$$Q_2^{n+1}=\overline{Q_2^n}$$

(4) 由状态方程可得波形如解图8.14(a)。

(5) 由波形图可得状态转换表,如解表8.07所示。

解表8.07

CP	现态			次态			CP	现态			次态		
	Q_2^n	Q_1^n	Q_0^n	Q_2^{n+1}	Q_1^{n+1}	Q_0^{n+1}		Q_2^n	Q_1^n	Q_0^n	Q_2^{n+1}	Q_1^{n+1}	Q_0^{n+1}
1	0	0	0	0	0	1	5	1	0	0	1	0	1
2	0	0	1	0	1	0	6	1	0	1	1	1	0
3	0	1	0	0	1	1	7	1	1	0	0	0	0
4	0	1	1	1	0	0	8	0	0	0	0	0	1

(6) 由状态表可得状态转换图,如解图 8.14(b)所示。

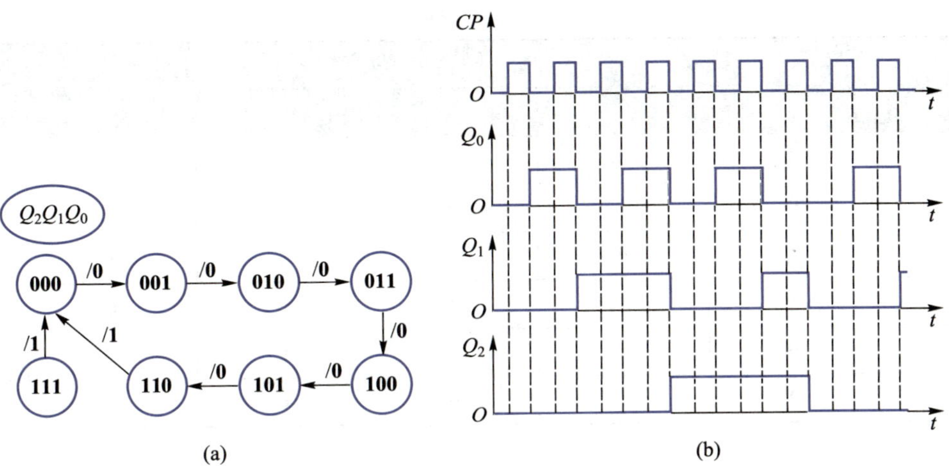

解图 8.14

综上分析,可见该电路有 7 个稳定状态在不断循环,因此电路是 1 个异步七进制加法计数器。

注意:状态方程、状态转换表、状态转换图和波形图是以不同的形式描述时序逻辑电路的方法,它们之间可以相互转换。

8.15 分析图 8.15 所示时序逻辑电路的逻辑功能,画出状态转换图和时序图。

分析:由电路可知,时钟脉冲 CP 同时出现在每个触发器的 CP 端,因此该电路是 1 个同步时序逻辑电路,可以不写状态方程。

解:(1) 电路的输出方程为

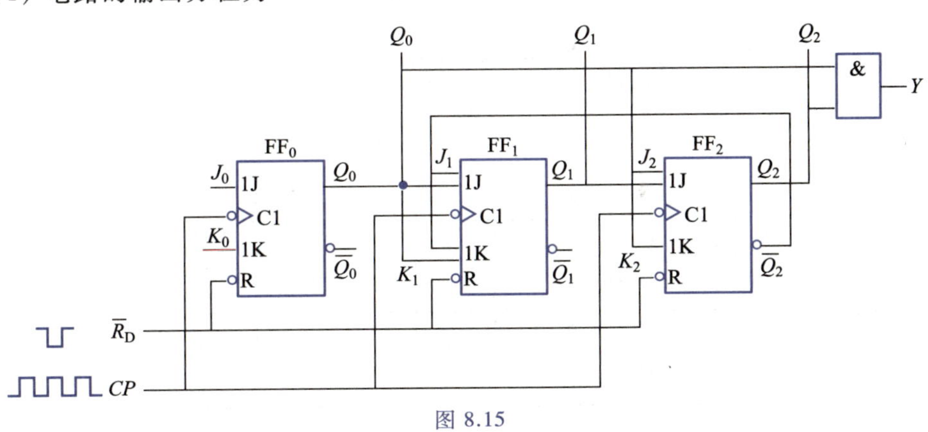

图 8.15

$$Y=Q_1^nQ_0^n$$

(2) 驱动方程为

$$J_0=K_0=\mathbf{1};\quad J_1=K_1=\overline{Q}_2^n\cdot Q_0^n;\quad J_2=Q_1^n\cdot Q_0^n,\quad K_2=Q_0^n$$

(3) 将驱动方程代入 JK 触发器的特性方程 $Q^{n+1}=J\overline{Q}^n+\overline{K}Q^n$,可得状态方程为

$$\begin{cases}Q_0^{n+1}=J_0\cdot\overline{Q}_0^n+\overline{K}_0\cdot Q_0^n=1\overline{Q}_0^n+\overline{1}Q_0^n=\overline{Q}_0^n\\ Q_1^{n+1}=J_1\cdot\overline{Q}_1^n+\overline{K}_1\cdot Q_1^n=\overline{Q}_2^n\cdot Q_0^n\cdot\overline{Q}_1^n+\overline{\overline{Q}_2^n\cdot Q_0^n}\cdot Q_1^n\\ Q_2^{n+1}=J_2\cdot\overline{Q}_2^n+\overline{K}_2\cdot Q_2^n=Q_1^n\cdot Q_0^n\cdot\overline{Q}_2^n+\overline{Q}_0^n\cdot Q_2^n\end{cases}$$

(4) 设电路初始状态(现态)为 $Q_2^nQ_1^nQ_0^n$ = **000**,可得到状态转换功能表,如解表 8.08 所示。

解表 8.08

现态			次态			输出
Q_2^n	Q_1^n	Q_0^n	Q_2^{n+1}	Q_1^{n+1}	Q_0^{n+1}	Y
0	**0**	**0**	**0**	**0**	**1**	**0**
0	**0**	**1**	**0**	**1**	**0**	**0**
0	**1**	**0**	**0**	**1**	**1**	**0**
0	**1**	**1**	**1**	**0**	**0**	**0**
1	**0**	**0**	**1**	**0**	**1**	**0**
1	**0**	**1**	**0**	**0**	**0**	**1**

(5) 电路共有 6 个状态,且按递增规律变化的,故该时序电路是一个同步六进制加法计数器。

(6) 画状态转换图和时序图如解图 8.15 所示。

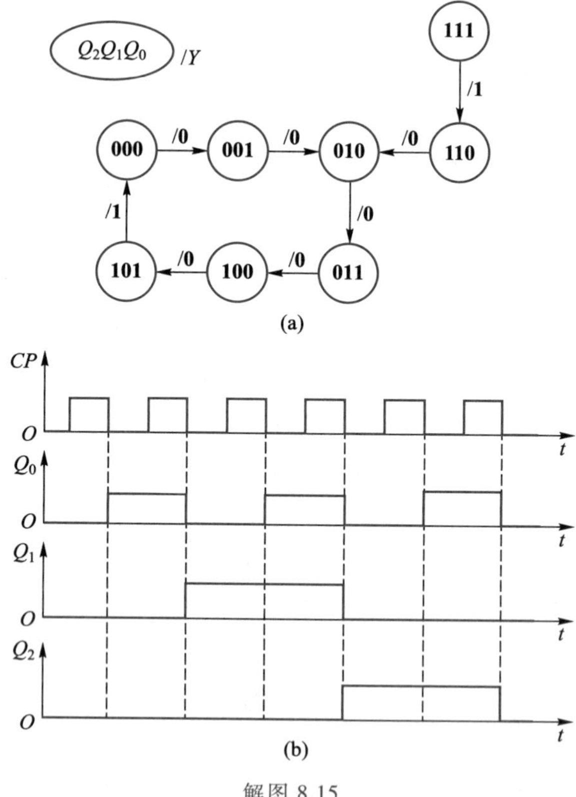

解图 8.15

(7) 检查电路能否自启动:**110** 和 **111** 的两个状态称为"无效状态"。如果某种原因而进入无效状态,只要继续输入 CP,电路便会自动返回有效状态,则该电路能够自启动。否则不能自启动。由上述分析可知,图 8.15 所示电路为能自启动同步六进制加法计数器。

注意:(1) 时序逻辑电路有效状态是指凡是被利用了的状态,有效循环是指有效状态构成的循环;无效状态是指凡是没有被利用的状态,无效循环是指无效状态形成的循环。

(2) 自启动是指在 CP 作用下,若无效状态能够自动进入有效循环,则称电路能够自启动。否则,称不能自启动。检验1个存在无效输出状态的是否能够自启动,必须将所有的无效输出状态代入状态方程进行验算,检验经历一定数量的“次态”后是否可以进入有效循环。

(3) 在本课程时序逻辑电路中一旦进入无效状态,不需要人为干预,而在时钟脉冲 CP 的作用下,电路自动地从无效状态转入有效状态,一般不必考虑自启动问题。

8.16 图8.16所示为两片74LS290型构成的计数电路。试分析该电路是多少进制计数器。

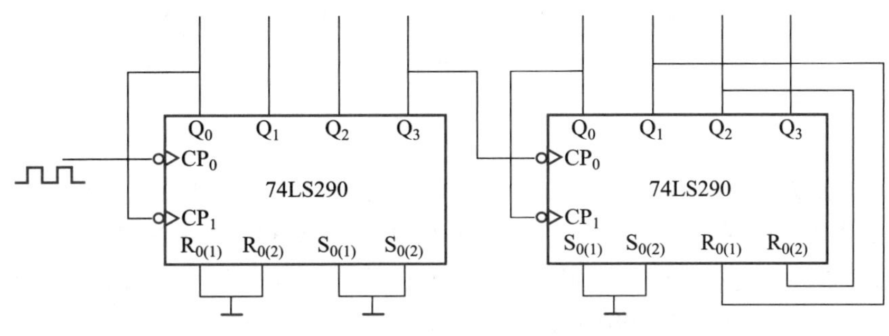

图8.16

分析:计数器的级联是将多个集成计数器串接起来,当低位 M_1、高位 M_2,获得计数容量更大的 $N(=M_1\times M_2)$ 进制计数器。一般集成计数器都设有级联用的输入端和输出端。异步计数器实现的方法:低位的进位(端)信号送至高位的 CP 端。

解:电路由两片74LS290型级联,即 $\mathrm{M_1}$ 为低位(个位)片和 $\mathrm{M_2}$ 为高位(十位)片组成,如解图8.16所示。其中 $\mathrm{M_1}$、$\mathrm{M_2}$ 的 CP_1 分别与 Q_0 相连,构成十进制计数器。计数脉冲 CP 由 $\mathrm{M_1}$ 的 CP_0 端引入,$\mathrm{M_1}$ 的 Q_3 接 $\mathrm{M_2}$ 的 CP_0 端;$\mathrm{M_2}$ 的 Q_2、Q_1 分别与其 $R_{0(1)}$、$R_{0(2)}$ 端相接。可见,$\mathrm{M_1}$ 为十进制计数器,$\mathrm{M_2}$ 为六进制计数器,故该电路为1个六十进制计数器。

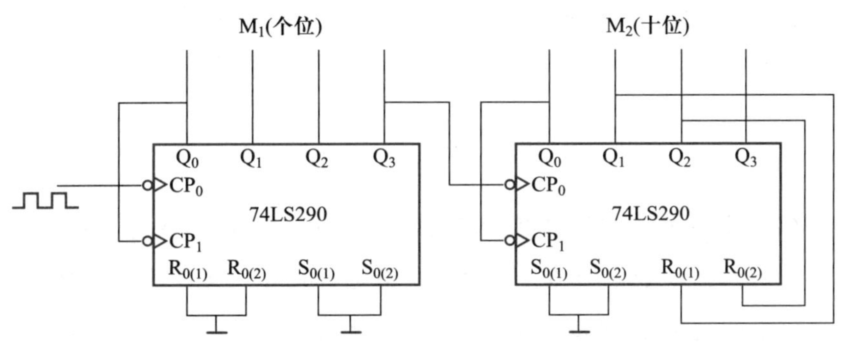

解图8.16

电路的工作原理:当 $\mathrm{M_1}$ 计数器每计满10个计数脉冲 CP 时,由 Q_3 输出一个进位脉冲,其下降沿触发 $\mathrm{M_2}$ 计数器进行计数;当 $\mathrm{M_2}$ 计数器计到6时,其状态为 **0110**,则 $\mathrm{M_2}$ 计数器清零,即 $\mathrm{M_2}$ 的 $Q_3Q_2Q_1Q_0=$ **0000**,此时 $\mathrm{M_1}$ 计数器也处于 **0000** 状态,从而实现了六十进制计数。

8.17 试用两片74LS290型计数器构成二十四进制计数器。

分析:两片接成8421BCD码十进制的74LS290型级联组成 $10\times10=100$ 进制异步加法计数器。个位片 $\mathrm{M_1}$ 和十位片 $\mathrm{M_2}$ 均按照8421码十进制方式连接,将 $\mathrm{M_1}$ 的 Q_3 与 $\mathrm{M_2}$ 的 CP_0 连接。当第24个计数脉冲 CP 作用后,计数器状态由 **00100110** 变为 **00000000**。

解:由2片74LS290组成的24进制计数器电路,如解图8.17所示。

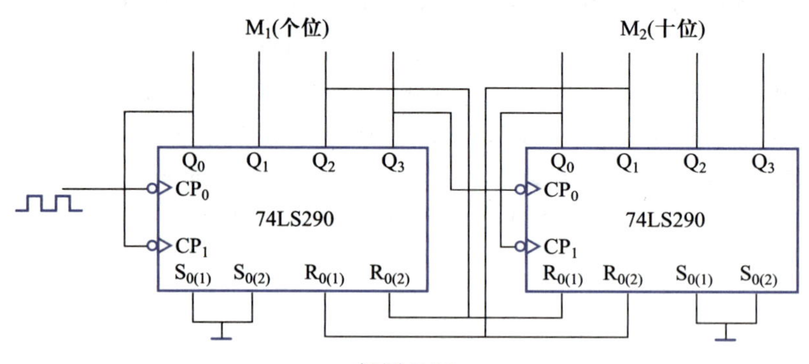

解图 8.17

电路的工作原理：当个位片 M_1 输入第 10 个 CP 脉冲时，其输出端 $Q_3Q_2Q_1Q_0$ 由 **1001** 变为 **0000**（Q_3 由 **1** 变为 **0**），并使十位片 M_2 的输出 $Q_3Q_2Q_1Q_0$ 由 **0000** 变为 **0001**。当 M_1 输入第 20 个 CP 脉冲时，M_2 的输出 $Q_3Q_2Q_1Q_0$ 变为 **0010**。当 M_1 再输入 4 个脉冲 CP 时，其输出 $Q_3Q_2Q_1Q_0$ 为 **0100**，此时 M_1 和 M_2 的输出为 **00100100**（为十进制的 24），2 片被立即清零，使计数器立即返回 **00000000** 状态。

8.18 图 8.18 所示是用 74LS161 型构成的计数电路。试根据其功能（表 8.3.2）分析各电路的逻辑功能。

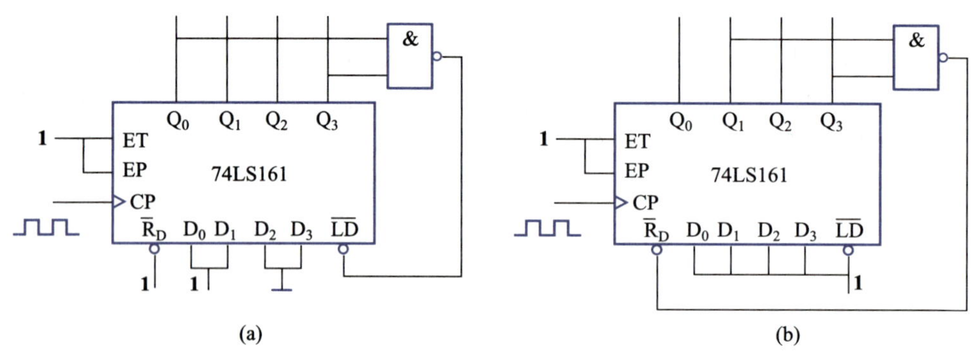

图 8.18

分析：74LS161 型为十六进制计数器，可以构成 16 以内的任意（N）进制加法计数器由功能表（表 8.3.2）可见：异步清零 $Q_3Q_2Q_1Q_0=\mathbf{0000}$（$\overline{R}_D$ 低电平有效）；同步置数 $Q_3Q_2Q_1Q_0=D_3D_2D_1D_0$（$\overline{LD}$低电平有效），也就是可用 **0000～1111** 的 16 个状态中任意状态进行置数。保持原有状态 $Q_3Q_2Q_1Q_0=D_3D_2D_1D_0$（$\overline{R}_D=\overline{LD}=\mathbf{1}$，$ET$ 和 EP 中有 **0**）；计数（$\overline{R}_D=\overline{LD}=ET=EP=\mathbf{1}$）每来 1 个 CP 上升沿，计数器的值增 1。74LS161 型计数器的状态转换和时序如解图 8.18(1)所示。

解：(1) 在图 8.18(a)所示电路中分别有

$$\overline{LD}=\overline{Q_0^n\cdot Q_3^n},\quad D_3D_2D_1D_0=\mathbf{0011}$$

其状态转换如解图 8.18(2)(a)所示。可见，当第 7 个计数脉冲 CP 的上升沿到来时，计数器清 **0**，故图 8.18(a)所示电路为实现 7 进制计数器。

(2) 在图 8.18(b)所示电路中分别有

$$\overline{R}_D=\overline{Q_1^n\cdot Q_3^n},\quad D_3D_2D_1D_0=\mathbf{1111}$$

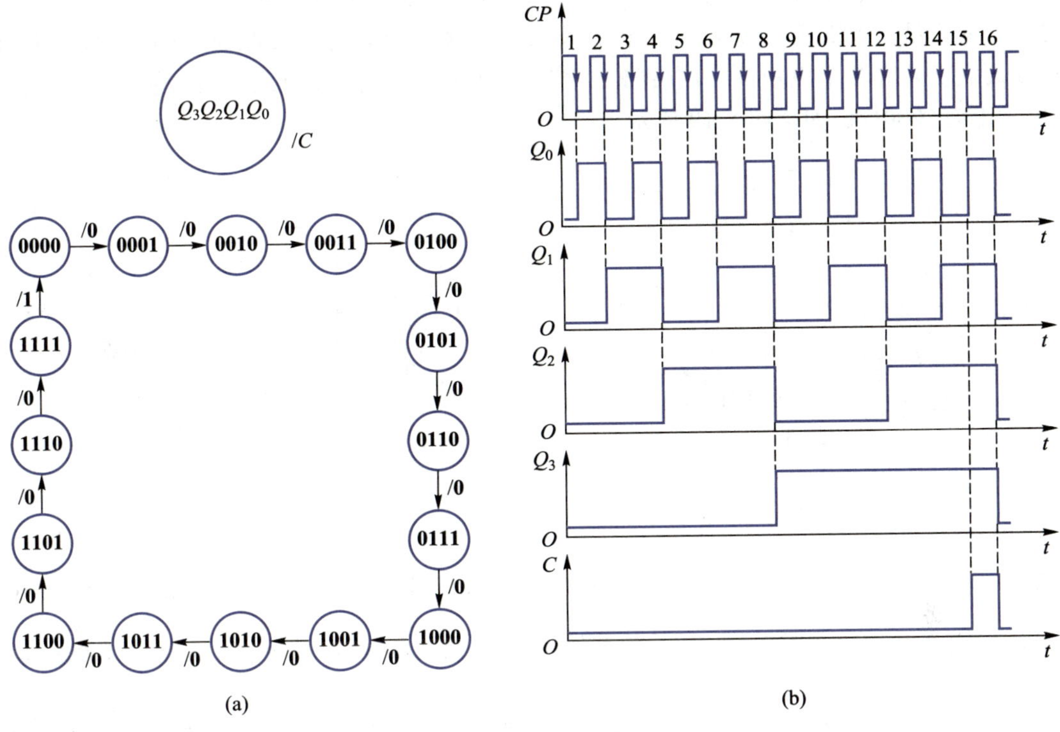

解图 8.18(1)

其状态转换如解图 8.18(2)(b)所示。可见,当第 10 个计数脉冲 CP 的上升沿到来时,$Q_3Q_2Q_1Q_0$ = **1010**(即 **10** 状态)时,输出端复位为 **0**,计数器回到 **0000** 状态。其状态转换如解图 8.18(2)(b)所示。即 $Q_3Q_2Q_1Q_0$ = **0000**,图 8.18(b)所示电路为实现十进制计数器。

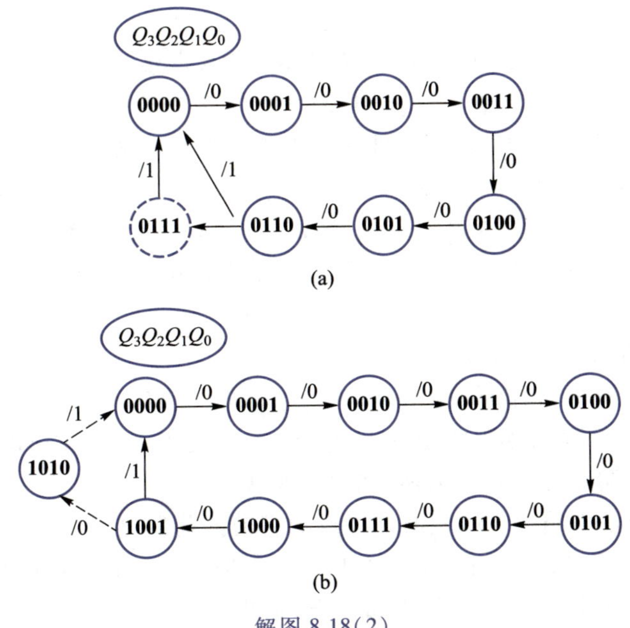

解图 8.18(2)

8.19 图 8.19 是一简易触摸开关电路,当手摸金属片时,555 定时器的两端得到 1 个负脉冲,发光二极管亮,经过一定时间,发光二极管熄灭。试说明其工作原理。问发光二极管能亮多长时间（输出端电路稍加改变也可接门铃、短时用照明灯、厨房排烟风扇等）？

分析：电路是由555定时器构成的单稳态触发电路。为分析方便起见，在电路标出各元件符号，输入电压 u_i 和输出电压 u_O，在引脚5端接入0.01 μF电容目的是防止电路自激振荡，用LED保护电阻（200Ω），如解图8.19所示。

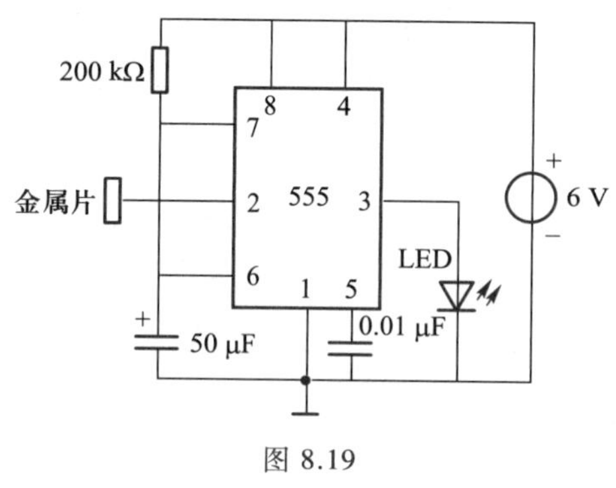

图 8.19

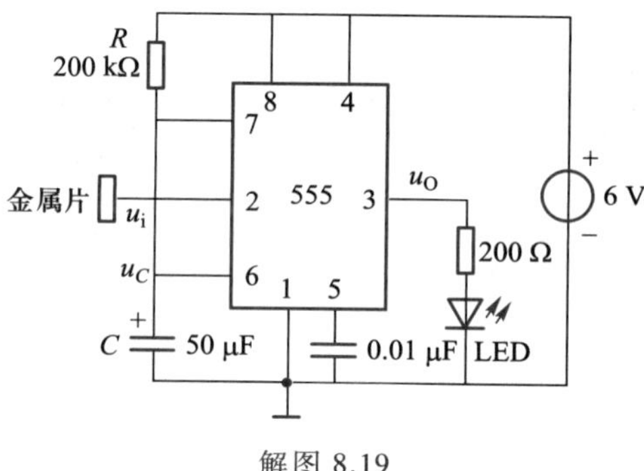

解图 8.19

解：当没有触摸金属片时，555定时器引脚2悬空，相当于高电平电容（50 μF）电压 $u_C=0$ V，输出电压 u_O 为低电平 **0**，u_i 为2端电位，高于 $\frac{1}{3}U_{CC}$，发光二极管LED不亮，电路处于稳定状态。当触摸到金属片时，相当于2端输入1个负脉冲，则2端电位低于 $\frac{1}{3}U_{CC}$，u_O 为高电平 **1**，电路进入暂稳态，LED亮。电源对电容 C 充电。当 u_C 略高于 $\frac{2}{3}U_{CC}$ 时，u_O 为 **0**，电路又处于稳定状态。

当LED亮时的充电时间（电源对电容 C 充电时间）为

$$t_W=\tau\ln 3=1.1RC=1.1\times200\times10^3\times50\times10^{-6}\ \text{s}=11\ \text{s}$$

故手摸1次金属片，发光二极管可以亮11 s。

注意：电路的暂稳态阶段，电源 U_{CC} 经 R、C、"地"对电容充电，充电时间常数为 $\tau=RC$，u_C 按指数功率上升，趋于 U_{CC} 值。自动返回，u_O 由 **1** 变为 **0**，内部晶体管T由截止变为饱和，定时结束，即暂稳态结束。恢复阶段 C 经T放电，u_O 维持低电平。单稳态触发器可组成定时、延时和整形电路，本题单稳态触发器组成的定时电路。

8.20 图8.20是一防盗报警电路，a、b两端被一细铜丝接通，此铜丝置于认为盗窃者必经之处。当盗窃者闯入室内将铜丝碰断后，扬声器即发出报警声（扬声器电压为1.2 V，通过电流为40 mA）。要求：

（1）指出555定时器组成的是何种电路；

（2）说明本报警电路的工作原理。

分析：为分析方便起见在电路中标出元件符号和电容电压 u_C 和输出电压 u_O，在引脚5端接入0.01 μF电容目的是防止电路自激振荡，如解图8.20所示。

解：（1）图8.20所示电路为555定时器组成的多谐振荡器电路。

（2）电路的工作原理：当电源开关S闭合后，由于细铜丝导线使555定时器复位端引脚4接"地"（低电平 **0**），清零有效，多谐振荡器电路停振，输出端引脚3的输出为低电平 **0**。扬声器没有电流通过，不发声；当细铜丝被人碰断后，a、b断开，555的引脚4经电阻 R_3 产生高电平 **1**，多谐振荡器开始工作，引脚3输出振荡电压使扬声器有电流通过，故发出报警声；只有断开开关S，才能停止报警。

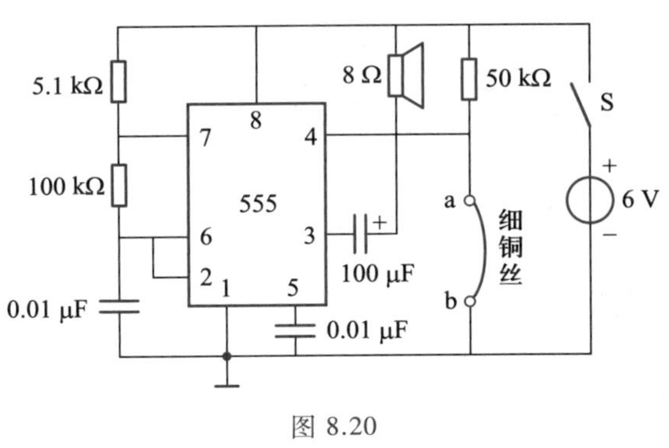

图 8.20

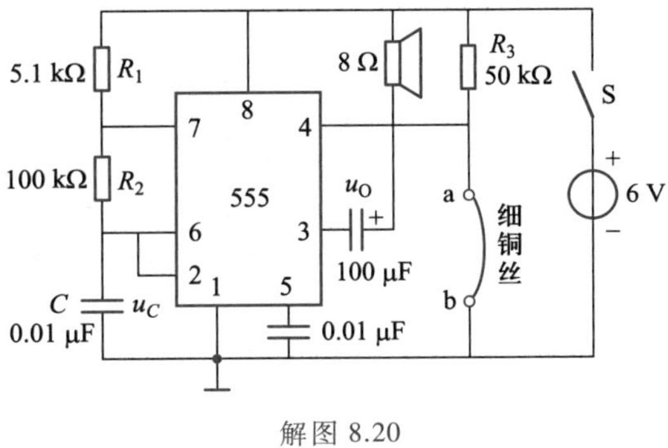

解图 8.20

注意：由电路参数可计算出振荡频率和周期分别为

$$T=0.7(R_1+2R_2)C=0.7\times(5.1+2\times100)\times10^3\times0.01\times10^{-6}\ \text{s}$$
$$=1.76\times10^{-3}\ \text{s}$$

$$f=\frac{1}{T}=\frac{1}{1.76\times10^{-3}}=568\ \text{Hz}$$

8.21 电子门铃电路如图 8.21 所示，图中 SB 为按钮。由 555 定时器构成多谐振荡器的情况来解释本电路的工作原理。

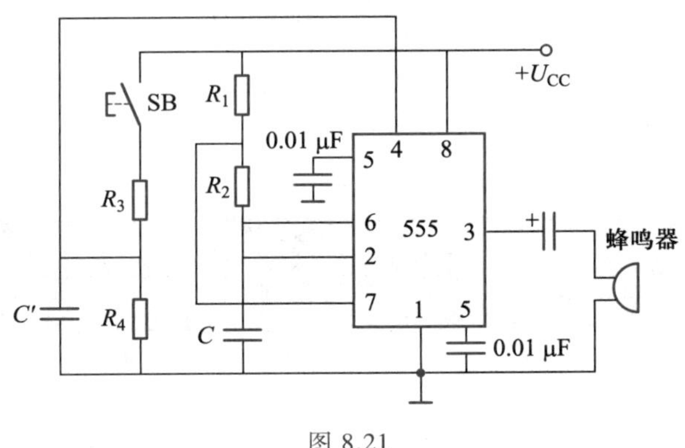

图 8.21

解：该电路是由 555 定时器组成的多谐振荡器。当按钮 SB 断开时，电容 C'没有被充电，555 引脚 4 为低电平，则输出电压 u_O 为低电平，蜂鸣器不发声。当按钮 SB 被按下时，电容 C'充电，充电时间常数为 $\tau_1=(R_1+R_2)\cdot C$，引脚 4 达到高电平，555 定时器开始振荡，蜂鸣器发声。当按钮 SB 断开后，电容 C'通过电阻 R_4开始缓慢放电，同时电容 C 通过电阻 R_2、引脚 7（其与内部晶体管 T 连接）和“地”放电，该放电时间常数为 $\tau_2=R_2C$，引脚 4 维持高电平，555 定时器继续维持振荡，使得蜂鸣器继续发声，直到电容 C'放电结束，引脚 4 变为低电平，蜂鸣器停止发声。

§8.6 补充拓展题和解答

8.22 分析图 8.22 所示时序逻辑电路的逻辑功能，并画出其时序图。

解：时序逻辑电路的分析步骤：

（1）电路时钟方程（$CP=CP_0=CP_1=CP_2$），分析同步电路可略去不写。

（2）输出方程为

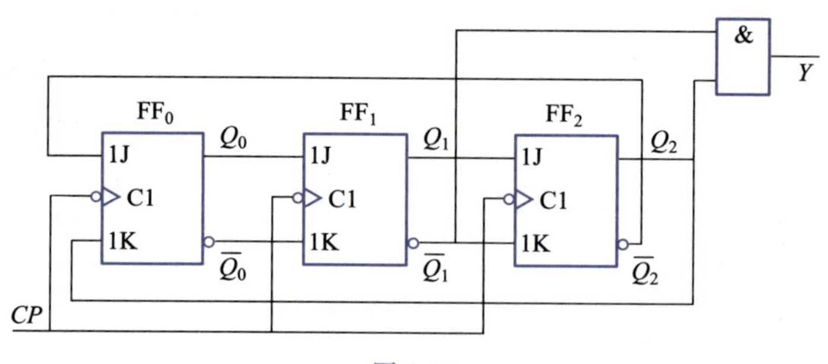

图 8.22

$$Y=\overline{Q_1^n}Q_2^n$$

(3) 各触发器驱动方程为

$$J_0=\overline{Q_2^n},\quad K_0=Q_2^n$$
$$J_1=Q_0^n,\quad K_1=\overline{Q_0^n}$$
$$J_2=Q_1^n,\quad K_2=\overline{Q_1^n}$$

(4) 电路的状态方程分别为

$$Q_2^{n+1}=Q_1^n\overline{Q_2^n}+Q_1^nQ_2^n=Q_1^n$$
$$Q_1^{n+1}=Q_0^n\overline{Q_1^n}+Q_0^nQ_1^n=Q_0^n$$
$$Q_0^{n+1}=\overline{Q_2^n}\,\overline{Q_0^n}+Q_0^n\overline{Q_2^n}=\overline{Q_2^n}$$

(5) 根据状态方程列出状态表,如解表 8.09 所示。

解表 8.09 计数器状态表

现态			次态			输出
Q_2^n	Q_1^n	Q_0^n	Q_2^{n+1}	Q_1^{n+1}	Q_0^{n+1}	Y
0	**0**	**0**	**0**	**0**	**1**	**0**
0	**0**	**1**	**0**	**1**	**1**	**0**
0	**1**	**0**	**1**	**0**	**1**	**0**
0	**1**	**1**	**1**	**1**	**1**	**0**
1	**0**	**0**	**0**	**0**	**0**	**1**
1	**0**	**1**	**0**	**1**	**0**	**1**
1	**1**	**0**	**1**	**0**	**0**	**0**
1	**1**	**1**	**1**	**1**	**0**	**0**

(6) 根据状态表和方程该同步计数器是一个 6 进制加法计数器。计数器又重新从 **000** 开始计数,并产生输出 $Y=\mathbf{1}$。

(7) 状态转换图。有效循环和无效循环,如解图 8.22(a)和(b)所示。

(8) 波形如解图 8.22(c)所示。

(9) 自启动问题。电路有两个无效状态(**010**、**101**)。如果无效状态构成循环,一旦受到干扰,电路进入无效状态,电路就没有可能再回到有效状态,即不能正常工作,必须重新启动系统,此类电路不能自启动。

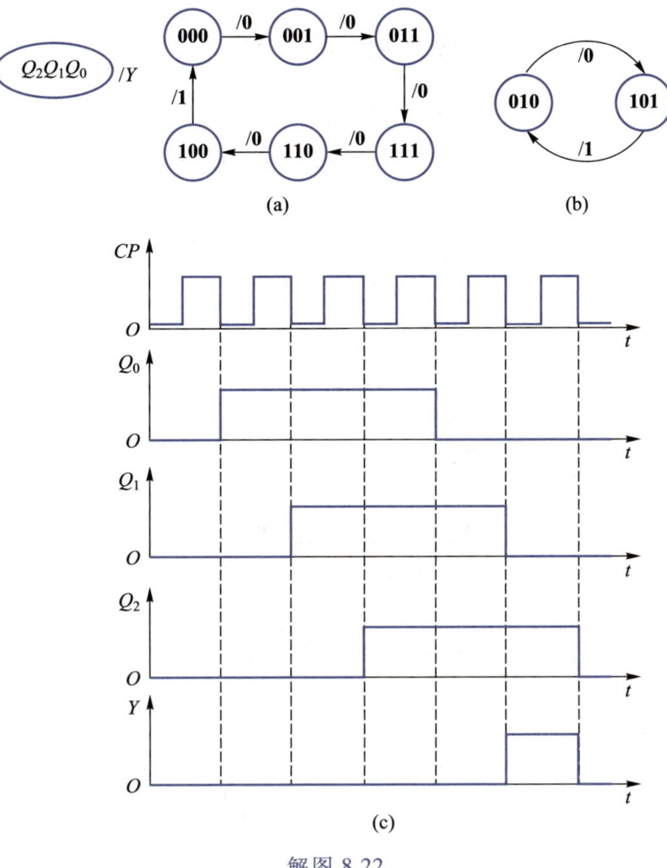

解图 8.22

注意:(1) 有效状态与有效循环。在时序逻辑电路中凡是被利用的状态称为有效状态;由有效状态构成的循环称为有效循环。

(2) 无效状态与无效循环。无效状态是指在时序逻辑电路中没有被利用的状态;无效循环是指无效状态形成的循环。

(3) 自启动。在时钟脉冲 *CP* 作用下,若无效状态能够自动进入有效循环中,则称电路能自启动,否则称不能自启动。

8.23 设计一个按自然态序变化的同步七进制加法计数器,计数规则为逢七进一,产生一个进位输出。

分析:本题为时序逻辑电路设计。

解:(1) 建立原始状态转换图,如解图 8.23(a)所示。

(2) 状态化简(已最简)。

(3) 状态分配(已是二进制)。

(4) 选择触发器,列时钟方程、输出方程、状态方程、驱动方程。

因需用 3 位二进制,选择 3 个 *CP* 下降沿触发的 *JK* 触发器,分别用 FF_0、FF_1、FF_2表示。

由于要求采用同步方案,故时钟方程为

$$CP_0 = CP_1 = CP_2 = CP$$

输出方程卡诺图如解图 8.23(b)所示。故输出方程为

$$Y = Q_1^n Q_2^n$$

状态方程可由各卡诺图获得,如解图 8.23(c)、(d)、(e)所示,则有

$$\begin{cases}Q_0^{n+1}=\overline{Q_2^nQ_1^n}\,\overline{Q_0^n}+\overline{\mathbf{1}}Q_0^n\\ \overline{Q}_1^{n+1}=Q_0^n\overline{Q_1^n}+\overline{Q_2^n}\,\overline{Q_0^n}Q_1^n\\ \overline{Q}_2^{n+1}=Q_1^nQ_0^n\overline{Q_2^n}+\overline{Q_1^n}Q_2^n\end{cases}$$

驱动方程分别为

$$\begin{cases}J_0=\overline{Q_0^nQ_1^n}\text{、}K_0=\mathbf{1}\\ J_1=Q_0^n\text{、}K_1=\overline{\overline{Q_2^n}\,\overline{Q_0^n}}\\ J_2=Q_1^nQ_0^n\text{、}K_2=Q_1^n\end{cases}$$

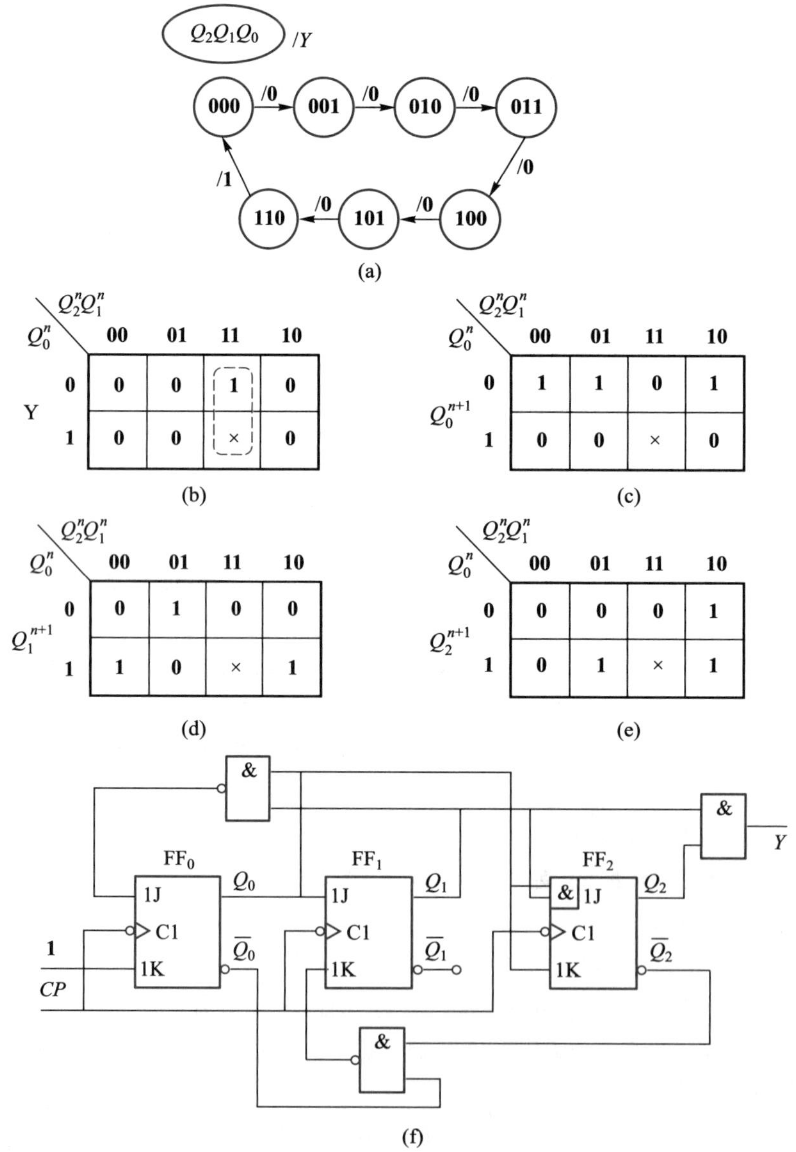

(a)

(b) Y

Q_0^n \ $Q_2^nQ_1^n$	00	01	11	10
0	0	0	1	0
1	0	0	×	0

(b)

(c) Q_0^{n+1}

Q_0^n \ $Q_2^nQ_1^n$	00	01	11	10
0	1	1	0	1
1	0	0	×	0

(c)

(d) Q_1^{n+1}

Q_0^n \ $Q_2^nQ_1^n$	00	01	11	10
0	0	1	0	0
1	1	0	×	1

(d)

(e) Q_2^{n+1}

Q_0^n \ $Q_2^nQ_1^n$	00	01	11	10
0	0	0	0	1
1	0	1	×	1

(e)

(f)

解图 8.23

(5) 电路组成。七进制同步计数器逻辑电路如解图 8.23(f)所示。

（6）检查电路能否自启动。将无效状态 **111** 代入状态方程，可得

$$\begin{cases} Q_0^{n+1} = \overline{Q_2^n Q_1^n \overline{Q_0^n}} + \overline{\mathbf{1}} Q_0^n = \mathbf{0} \\ \overline{Q_1^{n+1}} = Q_0^n \overline{Q_1^n} + \overline{Q_2^n}\,\overline{Q_0^n} Q_1^n = \mathbf{0} \\ \overline{Q_2^{n+1}} = Q_1^n Q_0^n \overline{Q_2^n} + \overline{Q_1^n} Q_2^n = \mathbf{0} \end{cases}$$

可见，状态 **111** 的次态为有效状态 **000**，故电路能够自启动。

注意：检查时序逻辑电路自启动方法。当电路出现无效状态时，任意给定一个原状态都能进入到主循环，即每个状态都必须与有效循环的某个状态相联系。

8.24　试用 4 位二进制同步计数器 74LS161 型计数器接成十二进制计数电路。要求：

（1）采用异步清零法实现；

（2）采用同步置数法实现。

分析：集成 74LS161 型计数器具有异步清 **0** 和同步置数两种功能。异步清 **0**：当异步清 **0** 端 $\overline{R}_D = \mathbf{0}$ 时，不管其他输入信号的状态如何，计数器输出将立即被置 **0**，即 $Q_3Q_2Q_1Q_0 = \mathbf{0000}$。同步置数：当 $\overline{R}_D = \mathbf{1}$（清零无效）、$\overline{LD} = \mathbf{0}$ 时，如果有一个时钟脉冲 CP 上升沿到来，则计数器输出端数据 $Q_3Q_2Q_1Q_0$ 等于计数器的预置端的数据 $D_3D_2D_1D_0$。注意被置入数据可以是 **0000～1111** 的 16 个状态中任意一个。

解：（1）异步清 **0** 法实现。根据 74LS161 型逻辑功能，第 12 个计数脉冲 CP 上升沿来到后输出状态为 **1100**，此时**与非**门输出低电平送入 $\overline{R}_D$（$=\mathbf{0}$），使计数器立刻清 **0**，即 $Q_3Q_2Q_1Q_0 = \mathbf{0000}$。电路中 $\overline{R}_D = \overline{Q_2^n \cdot Q_3^n}$，$D_3D_2D_1D_0 = \mathbf{0000}$。其状态转换和逻辑电路如解图 8.24(1)所示。

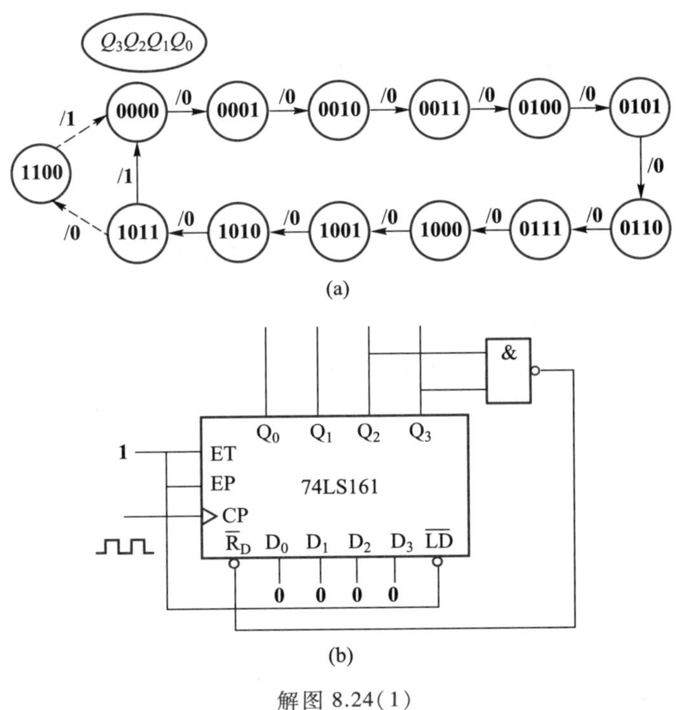

解图 8.24(1)

（2）同步置数法实现。

① 用置 **0000** 法实现。第 12 个计数脉冲 CP 上升沿来到后输出状态为 **1011**，故电路中

$D_3D_2D_1D_0=\mathbf{0000}$，因此输出状态变化在 **0000～1011** 循环，为自然状态转换。与非门的 3 个输入端应分别与 $Q_3Q_1Q_0$ 连接，电路中 $\overline{LD}=\overline{Q_3^nQ_1^nQ_0^n}$，$\overline{R}_D=\mathbf{1}$，状态转换和逻辑电路如解图 8.24(2)所示。

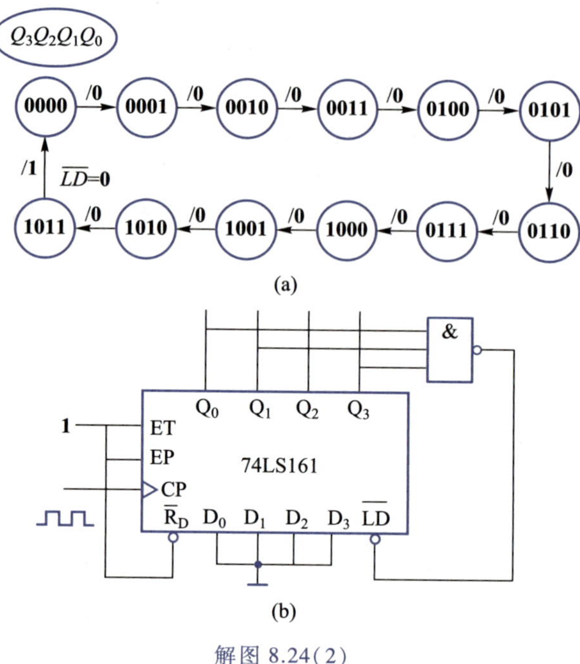

解图 8.24(2)

② 用置 **1111** 法实现。当 12 个 CP 上升沿时，$\overline{LD}=\mathbf{0}$，即当电路中 $Q_3Q_2Q_1Q_0=\mathbf{1011}$ 时，计数器置为 **0000**。电路中 $D_3D_2D_1D_0=\mathbf{1111}$，$\overline{LD}=\overline{Q_2^nQ_1^nQ_0^n}$，$\overline{R}_D=\mathbf{1}$。其状态转换和逻辑电路如解图 8.24(3)所示。

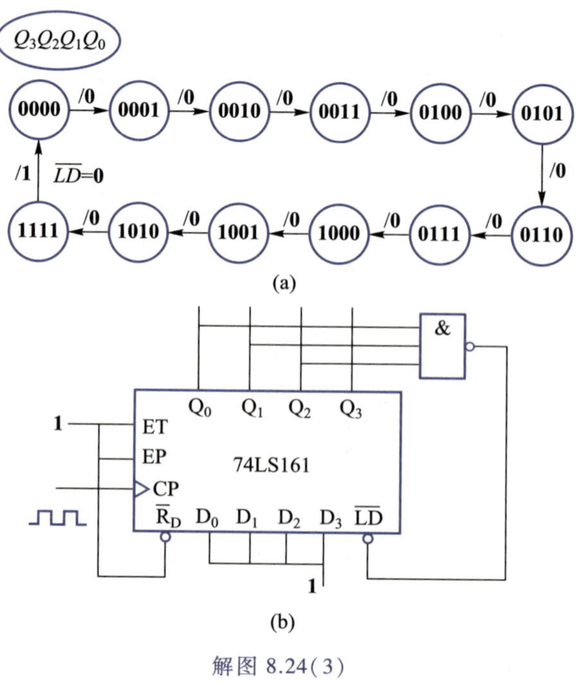

解图 8.24(3)

③ 用置 **1000** 法实现。电路中 $D_3D_2D_1D_0 = \mathbf{1000}$, $\overline{LD} = \overline{Q_1^n Q_0^n}$, $\overline{R}_D = \mathbf{1}$。其状态转换和逻辑电路如解图 8.24(4)所示。

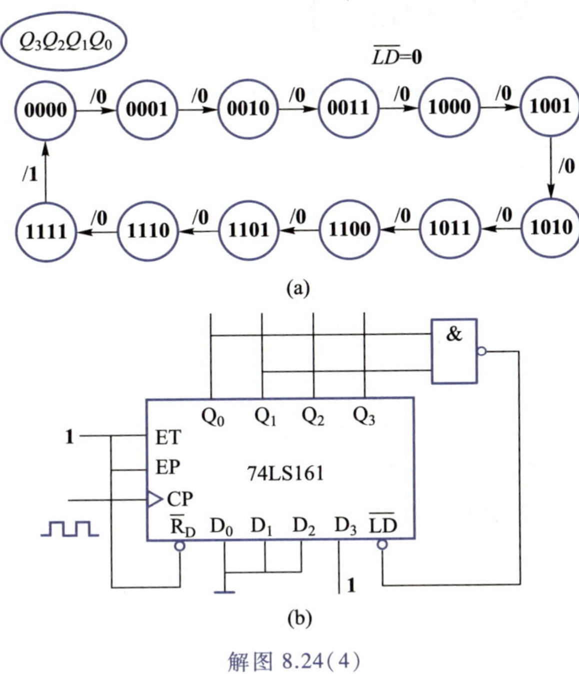

解图 8.24(4)

注意:(1) 异步清 **0** 法:如果模为 M 时,则由 M 产生清 **0** 信号。

(2) 同步置数法:当用置 **0000** 法时,若模为 M,则由($M-1$)产生置数信号;当用置 **1111** 法置数时,若模为 M,则由($M-2$)产生置数信号;当用置任意数法时,可在器件的状态转换图中,从所置入的数对应的状态(开始顺序数)至 M 个状态,用此类状态产生置数信号。

(3) 用置入 **1111** 法时,千万注意不要使电路在 **1111** 置入之后状态停滞不动,即总是处于 $\overline{LD} = \mathbf{0}$ 的置数状态。例如,本题中,当状态为 $Q_3Q_2Q_1Q_0 = \mathbf{1010}$ 时,$\overline{LD} = \mathbf{0}$,下一个 CP 信号输入时置 **1111**。若置数信号由$\overline{LD} = \overline{Q_3^n Q_1^n}$生成,则置入 **1111** 后,$Q_3$、$Q_1$仍然为 **1**,而$\overline{LD} = \overline{Q_3^n Q_1^n} = \mathbf{1}$,电路就停留在 **1111** 上,不能正常工作。

第 9 章 半导体存储器与可编程逻辑器件

§9.1 学习要求

1. 了解存储器 ROM 的结构原理与应用。
2. 掌握用存储器实现逻辑函数的方法。
3. 了解 RAM 结构、框图和随机存取的工作原理。
4. 理解 RAM 简单的位数和字数扩展。
5. 了解 PAL 和 GAL 构成的简单组合逻辑电路。

§9.2 学习辅导

1. 存储器

存储器是可存储大量数据或信息的半导体器件，其主要由地址译码器、存储矩阵和输入输出(或读写控制电路)三部分组成。存储器所存信息的总量是存储器的主要技术指标之一。通常用存储矩阵($N \times M$)表示，N 为行线数(字数)；M 为列线数(位数)。

存储器按存取功能可分为只读存储器(ROM)和随机存储器(RAM)；按构成元件可分为双极型晶体管存储器和 MOS 型场效晶体管存储器。存储器是计算机和可编程控制器中的重要组成部分。

(1) 只读存储器(ROM)只能读出信息，用户不能写入信息。按功能分有 ROM、PROM、EPROM 等，ROM 存储的信息规定不变，出厂后用户不能修改信息；PROM 在制造时，所有存储单元的内容全为 **1** 或 **0**，用户可根据需要修改 1 次；EPROM 中的内容用户可以根据需要重新写入新内容，可以多次修改。

(2) 随机存储器(RAM)的内容可以随时读出或写入，读写方便。

2. 可编程逻辑器件

可编程逻辑器件(PLD)可分为可编程只读存储器(PROM)和(EPROM)、可编程逻辑阵列(PLA)、可编程阵列逻辑(PAL)和通用阵列逻辑(GAL)等。

(1) PROM(一次编程型)存储阵列每个交叉点上的二极管(或晶体管)通过熔丝连接。需要编程时根据程序要求，将某些保留或烧断，即存入 **1** 或 **0**，程序编号后不能修改，也不能擦除。

(2) EPROM(紫外线擦除型)可用紫外线擦除原有的信息，重新写入新信息。

(3) PLA 为**与**阵列可编程、**或**阵列可编程的逻辑器件。

(4) PAL 为**与**阵列可编程、**或**阵列固定(不用编程)的逻辑器件，输出端备有不同的输出电

路和反馈电路。

(5) GAL 的输出端有多个可编程的逻辑宏单元,用户根据需要可将其设置为多功能的工作模式。

§9.3 重点和难点

1. 重点

(1) 只读存储器 ROM、PROM 的工作原理和应用。
(2) 利用 ROM 实现各种组合逻辑函数。
(3) **与**、**或**阵列图的意义和用法。

2. 难点

(1) 存储器(ROM、RAM)、可编程只读存储器(PROM)工作原理和应用。
(2) 可编程逻辑阵列(PAL)工作原理。
(3) 用可编程逻辑器件构成简单的逻辑函数。

§9.4 练习与思考题解答

9.3.1 可编程逻辑器件(PLD)基本结构中的核心部分是什么?

解:可编程逻辑器件(PLD)基本结构中的核心部分是两个逻辑门阵列,即**与**阵列和**或**阵列。**与**阵列通过输入电路接受输入变量,**或**阵列通过输出电路送出输出变量。

9.3.2 试说明 ROM、PROM、EPROM、EEPROM 器件在结构和功能上的区别。

解:(1) 只读存储器 ROM 是一个**与**、**或**逻辑阵列结构,当产品制造完成后,存储的信息(内容)就已完全确定,用户不能再更改。

(2) 一次编程只读存储器 PROM(programmable ROM)是一个固定**与**阵列(地址译码器)和一个可编程的**或**阵列(存储矩阵)构成,用户只能编程(写入)一次,编程(写入)后再不能修改。

(3) 可擦除的可编程只读存储器 EPROM(erasable PROM)是由用户根据自己的需求将所需要的信息代码写入存储单元,如果要重新改写信息,只需要用紫外线(或 X 射线)擦除原先存入的信息,再重新写入新的内容。

(4) 电可擦除的可编程只读存储器 EEPROM(electric erasable PROM)在高电压脉冲或工作电压下就可以擦除,而不需要借助紫外线照射,所以比 EPROM 更灵活方便,而且还有字擦除功能。

9.3.3 说明 GAL 和 PAL 器件有何差异?

解:GAL 和 PAL 均为**与**阵列可编程且**或**阵列是固定的逻辑器件。PAL 是一次可编程器件;GAL 具有可多次电擦除、可重复编程次数大于 100 次、数据可长期保存、可重复组合结构等特点,GAL 器件比和 PAL 器件功能更加全面,结构更加灵活,可以取代大部分中、小规模的数字集成电路和 PAL 器件。

§9.5 习题解答

9.1 有一个存储器,其地址线为 $A_{11}\sim A_0$,输出数据位线有 8 根,为 $D_7\sim D_0$。试问存储容量多大?

分析:存储器的地址线为 12 根,地址输出线为 $2^{12}=4\ 096$ 根。

解:存储容量为

$$2^{12}\times 8=4\ \mathrm{K}\times 8=32\ \mathrm{K}$$

9.2 试问存储容量为 512×8 位的 RAM。有多少位地址输入线、字线和位线?

解:9 根地址输入线,512 根字线,8 根位线。

9.3 已知 ROM 如图 9.01 所示,试列表说明 ROM 存储的内容。

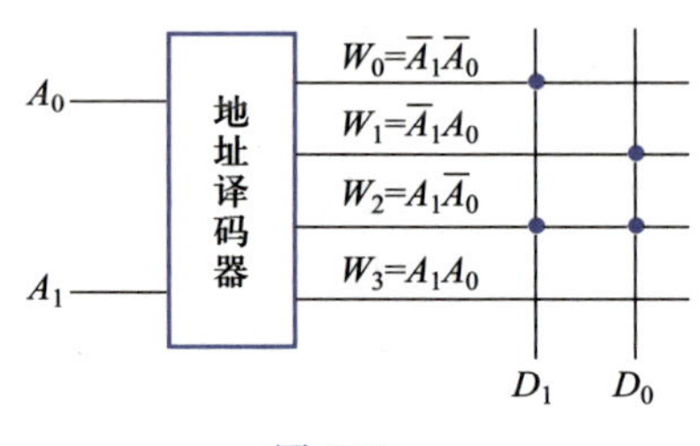

图 9.01

分析:由存储矩阵阵列图可知,本题给出了一个 4×2 位 ROM,说明 ROM 的存储体可存储 4 个 2 位的二进制代码,并用来实现一个二路输入信号 A_1、A_0 的排队电路。根据地址译码器的 N-译码特点分析 ROM 的存储内容。所谓的 N-译码是指当输入地址码 A_1、A_0 取 **00**、**01**、**10**、**11** 组合中任何一组值时,4 条字线 W_0、W_1、W_2、W_3 中只有 1 条为高电平。

解:根据 ROM 地址译码器和存储矩阵间逻辑关系,分别有

$$D_0=W_0+W_3=\overline{A}_1\ \overline{A}_0+A_1A_0$$

$$D_1=W_1+W_2=\overline{A}_1A_0+A_1\ \overline{A}_0$$

当地址码 $A_1A_0=\mathbf{00}$ 时,字线 W_0 被选中,即 $W_0=\mathbf{1}$,在 W_0 一行有一个交叉处黑点"·"(存 **1**),即 $D=\mathbf{1}$;交叉处无"·"(存 **0**),即 $D_0=\mathbf{0}$。此时 ROM 存储内容为 $D_1D_0=\mathbf{10}$。

依此类推,则存储内容如解表 9.01 所示。

解表 9.01

地址码		字线	存储内容	
A_1	A_0		D_1	D_2
0	**0**	W_0	**1**	**0**
0	**1**	W_1	**0**	**1**
1	**0**	W_2	**1**	**1**
1	**1**	W_3	**0**	**0**

注意:对于有多个输出的逻辑电路,用 ROM 实现给定功能相当方便,这是其应用的重要内容之一。

9.4 试用 ROM 实现一组**与或**逻辑函数,画出 ROM 阵列图,并列表说明 ROM 存储的内容。逻辑函数为 $Y_0=AB+BC$,$Y_1=A\ \overline{B}+\overline{A}B$,$Y_2=AB+BC+CA$。

分析:将 Y_0、Y_1、Y_2 化简最小项组成标准的**与或**式,列出函数的状态表,以最小项相**或**的原则,画出存储矩阵的阵列图。

解:(1) 将各函数式化简为最小项形式,即分别有

$$Y_0 = AB+BC$$
$$= AB(\overline{C}+C)+BC(\overline{A}+A)$$
$$= AB\overline{C}+ABC+\overline{A}BC+ABC$$
$$= \overline{A}BC+AB\overline{C}+ABC$$

$$Y_1 = A\overline{B}+\overline{A}B$$
$$= A\overline{B}(\overline{C}+C)+\overline{A}B(\overline{C}+C)$$
$$= \overline{A}B\overline{C}+\overline{A}BC+A\overline{B}\overline{C}+A\overline{B}C$$

$$Y_2 = AB+BC+CA$$
$$= AB(\overline{C}+C)+BC(\overline{A}+A)+CA(\overline{B}+B)$$
$$= AB\overline{C}+ABC+\overline{A}BC+A\overline{B}C+ABC$$
$$= \overline{A}BC+A\overline{B}C+AB\overline{C}+ABC$$

或者写成如下形式

$$Y_0 = m_3+m_6+m_7$$
$$Y_1 = m_2+m_3+m_4+m_5$$
$$Y_2 = m_3+m_5+m_6+m_7$$

（2）采用 3 位地址码、3 位数据输出的 8×3 为 ROM，将 3 个变量 A、B、C 分别接至地址输入端，按逻辑函数要求存入相应数据，即可在输出端 D_2、D_1、D_0 得到 Y_0、Y_1、Y_2。其阵列图如解图 9.02所示。

（3）地址码 A、B、C 不同取值所对应存储内容如解表 9.02 所示。

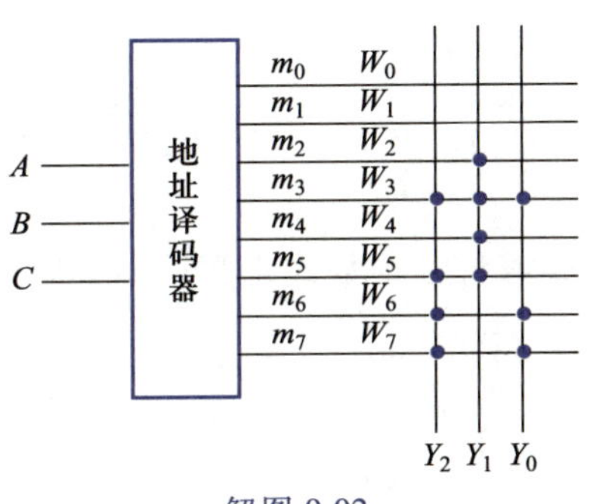

解图 9.02

解表 9.02

字线	Y_0	Y_1	Y_2
W_0	0	0	0
W_1	0	0	0
W_2	0	1	0
W_3	1	1	1
W_4	0	1	0
W_5	1	1	0
W_6	1	0	1
W_7	1	0	1

注意：ROM 除用作存储器外，还可用作实现各种组合逻辑函数。移位 ROM 中的地址译码器实际上是一个**与**阵列。若将地址端 $A_0 \sim A_n$ 当作逻辑函数的输入变量，则可在地址译码器的输出端对应产生全部最小项；而存储矩阵是一个**或**阵列，可将最小项相**或**后获得输出变量，ROM 有几个数据输出端，就可得到几个逻辑函数输出，所以用 ROM 实现任何组合逻辑函数。

9.5　试采用 4 片 2114（1024×4 位的 RAM）和 3－8 线译码器 74LS138 组成 4 096×4 位的 RAM。画出其连线图和外加地址译码器的电路图。

分析：（1）各片 RAM 有 12 位地址码 $A_0 \sim A_{11}$，有 $2^{12}=2^{10}\times2^2=1\ 024\times4=4$ KB，每个 Byte 有 4 位。

（2）扩展后 RAM 有 12 位地址端，组成 4 096 B×4 位的 RAM（$2^{12}=4\ 096$）简称 4K×4 RAM。

(3) 3-8线译码器(74LS138型)2位数码输入线A_{11}和A_{10}作为高位和次高位与RAM的A_9~A_0同时连到各个2114型RAM的地址端。

(4) 3/8线译码器和各2114型RAM片选端状态,如主教材表9.2.1所示。

(5) 当$A_{11}A_{10}=\mathbf{00}$时,片(1)工作,其内部的字线与外部的数据线接通,可对其存取操作。当$A_{11}A_{10}=\mathbf{01}$时,可存取片(2)中的数据。同样,可根据$A_{11}A_{10}=\mathbf{10}$和$A_{11}A_{10}=\mathbf{11}$时,可分别存取片(3)和(4)中的数据。

解:2114型RAM连线和地址译码器(74LS138型)组成电路,如解图9.03所示。

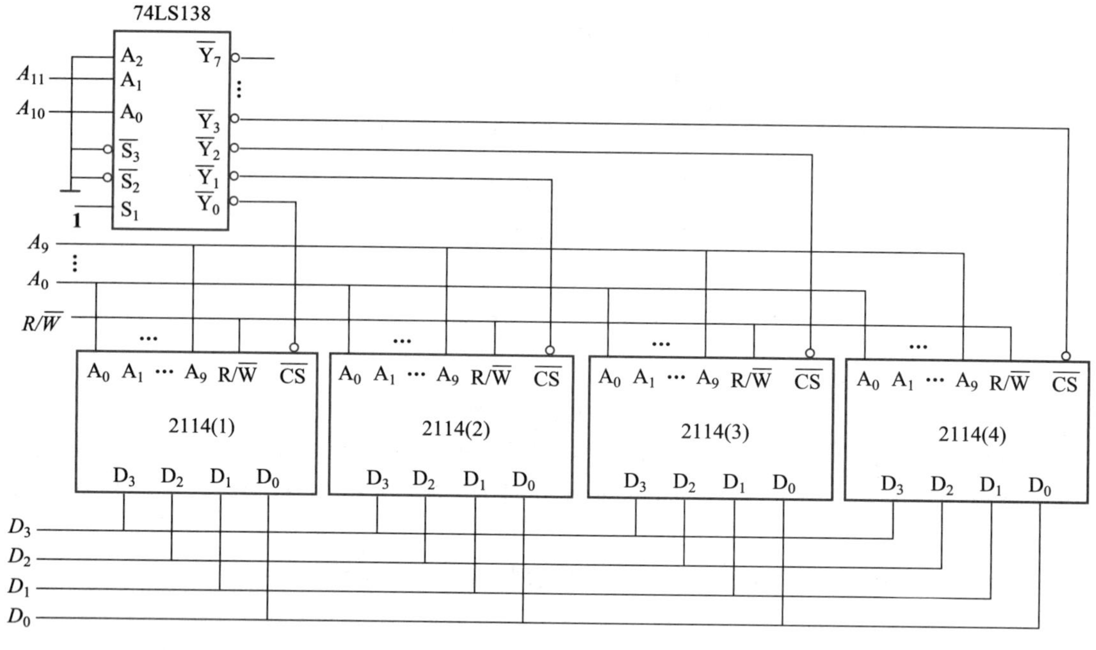

解图9.03

9.6 试用PROM实现一组逻辑函数$Y_0=\overline{A}C$,$Y_1=AB\overline{C}$,$Y_2=A\overline{B}C\overline{D}+\overline{A}BCD+BC\overline{D}$。画出PROM编程阵列图。

解:(1) 由于PROM的地址译码器为最小项译码器,故需将各函数式化为最小项形式,即有

$$\begin{aligned}Y_0&=\overline{A}C=\overline{A}C(\overline{B}+B)=\overline{A}\overline{B}C+\overline{A}BC\\&=\overline{A}\overline{B}C(\overline{D}+D)+\overline{A}BC(\overline{D}+D)\\&=\overline{A}\overline{B}C\overline{D}+\overline{A}\overline{B}CD+\overline{A}BC\overline{D}+\overline{A}BCD\\&=m_2+m_3+m_6+m_7\end{aligned}$$

$$\begin{aligned}Y_1&=AB\overline{C}=AB\overline{C}(\overline{D}+D)=AB\overline{C}\overline{D}+AB\overline{C}D\\&=m_{12}+m_{13}\end{aligned}$$

$$\begin{aligned}Y_2&=A\overline{B}C\overline{D}+\overline{A}BCD+BC\overline{D}=A\overline{B}C\overline{D}+\overline{A}BCD+BC\overline{D}(\overline{A}+A)\\&=A\overline{B}C\overline{D}+\overline{A}BCD+\overline{A}BC\overline{D}+ABC\overline{D}\\&=m_6+m_7+m_{10}+m_{14}\end{aligned}$$

可见,Y_0、Y_1、Y_2各式共含有8个最小项:m_2、m_3、m_6、m_7、m_{10}、m_{12}、m_{13}和m_{14}。

(2) Y_0、Y_1、Y_2各式总共含有的最小项编程,可画出PROM编程阵列图,如解图9.04所示。

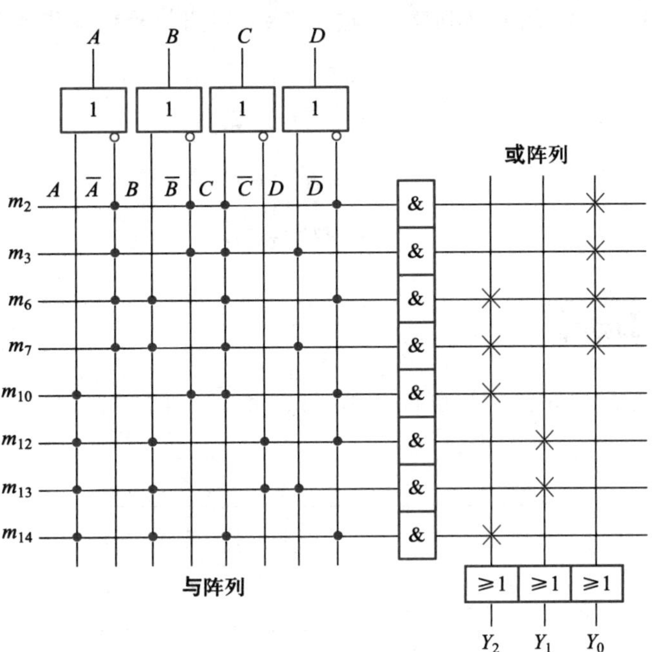

解图 9.04

注意：画阵列图具体方法是标出输入变量的原变量 A、B、C、D 和反变量 $\overline{A}$、$\overline{B}$、$\overline{C}$、$\overline{D}$。在**与**阵列上用圆点"·"标出上述 8 个最小项(其余不用的最小项不必标出)。在**或**阵列上根据 F_0、F_1、F_2 各式所含有的最小项选留编程点并用叉"×"标出(未标叉点初表示已被擦除)。

9.7 图 9.05 为已编程的 PLA 阵列图，试写出所实现的逻辑函数。

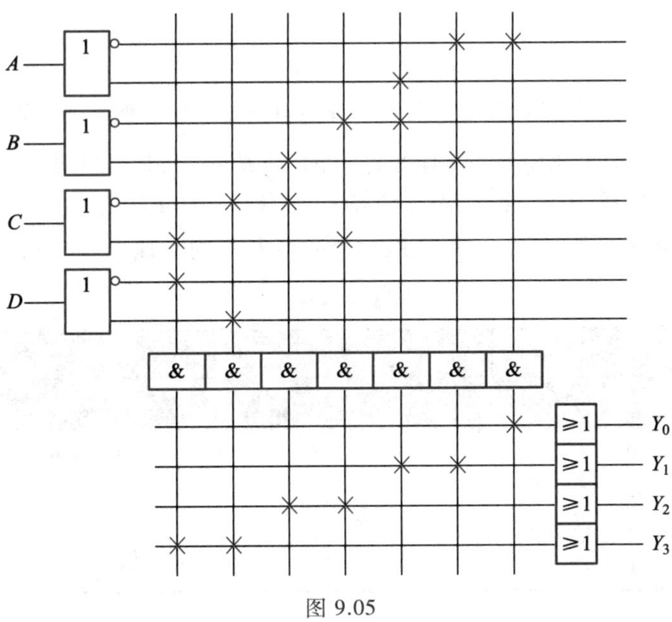

图 9.05

分析：PLA 和 PROM 的结构大体相同，不同的 PLA 无论是**与**阵列还是**或**阵列均为编程结构。而 PROM 的**与**阵列为固定不可编程的结构，而是**或**阵列是可编程的。因此，实现同一函数时，PLA 通常要比 PROM 所用的矩阵容量少。

解:根据图 9.05 中 PLA **与**、**或**阵列输入、输出关系,可直接得到输出函数各表达式,即

$$Y_0=\overline{A}$$

$$Y_1=\overline{A}B+A\overline{B}$$

$$Y_2=\overline{B}C+B\overline{C}$$

$$Y_3=\overline{C}D+C\overline{D}$$

§9.6 补充拓展题和解答

9.8 图 9.06 所示为 4×4 位二极管固定 ROM。试分析地址码 A_1A_0 在不同取值时所读出的存储内容 $D_3D_2D_3D_1D_0$。

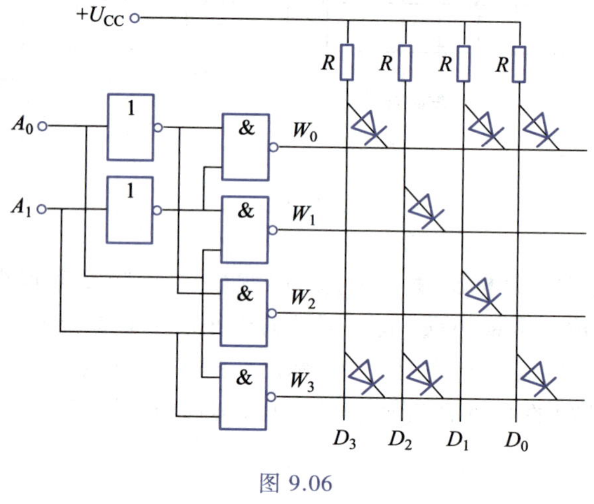

图 9.06

解:当地址译码 $A_1A_0=\mathbf{00}$ 时,字线 $W_0=\overline{\overline{A}_1\overline{A}_0}=A_1+A_0=\mathbf{0}$ 为低电平,其余字线 $W_1=A_1+\overline{A}_0$,$W_2=\overline{A}_1+A_0$,$W_3=\overline{A}_1+\overline{A}_0$ 均为高电平,只有低电平的 W_0 被选中,该线上的二极管导通,使相应的位线 D_3、D_1、D_0 输出为 **0**,未安放二极管的位线 D_2 输出为 **1**。故 $A_1A_0=\mathbf{00}$ 时,存储内容为 $D_3D_2D_1D_0=\mathbf{0100}$,如解表 9.03 所示。其余地址译码所对应的存储内容分析同上。

解表 9.03

地址码		存储内容			
A_1	A_2	D_3	D_2	D_1	D_0
0	**0**	**0**	**1**	**0**	**0**
0	**1**	**1**	**0**	**1**	**1**
1	**0**	**1**	**1**	**0**	**1**
1	**1**	**0**	**0**	**1**	**0**

注意:本题存储矩阵是由 4 个**或**门组成的二极管编码器,即**或**逻辑阵列,例如位线 D_0 上连接的两个二极管的阳极通过电阻 R 接高电平($+U_{CC}$),构成一个**或**门电路,其逻辑式为 $D_0=W_0+W_3$。根据地址译码器的 N-译码的特点,可分析 ROM 的存储内容。

9.9 二极管存储矩阵如图 9.07 所示。要求:

(1) 画出简化阵列图；

(2) 列表说明存储内容；

(3) 写出 D_3、D_2、D_1、D_0的逻辑式。

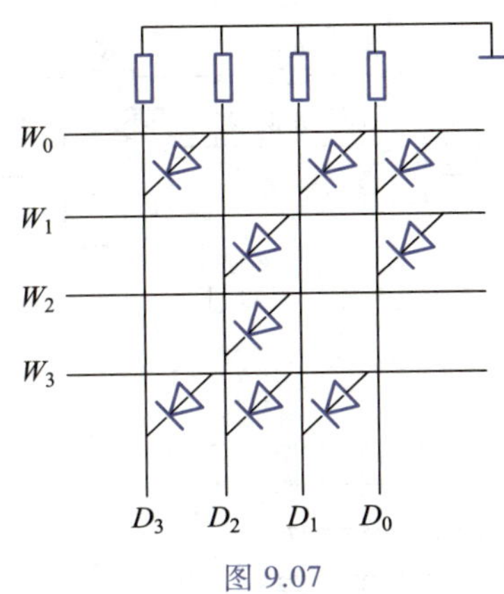

图 9.07

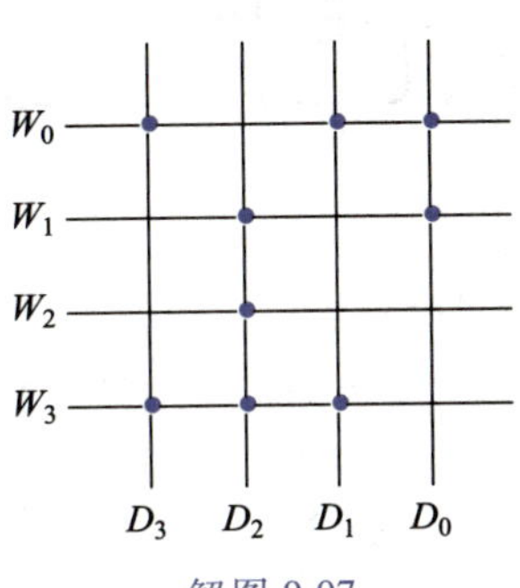

解图 9.07

解:(1) 简化阵列图如解图 9.07 所示。

(2) ROM 存储内容如解表 9.04 所示。

解表 9.04

字线	存储内容			
	D_3	D_2	D_1	D_0
W_0	1	0	1	1
W_1	0	1	0	1
W_2	0	1	0	0
W_3	1	1	1	0

(3) $D_0D_1D_2D_3$的逻辑式分别为

$$D_0 = W_0 + W_1$$

$$D_1 = W_0 + W_3$$

$$D_2 = W_1 + W_2 + W_3$$

$$D_3 = W_0 + W_3$$

注意:所谓的简化阵列图就是将地址译码器和存储矩阵的字线和位线交叉点处的二极管用圆点“·”代替。

9.10　图 9.08(a)所示电路中,如果 PROM 存储矩阵编程如图 9.08(b)所示。试分析输出电压 u_O的波形。

解:(1) 由图 9.08(b)可列车 PROM 的编程表,如解表 9.05 所示。根据编程表可画出输出电压 u_O的波形,如解图 9.08 所示。

(2) 从解表 9.05 中可对应找出 D_3、D_2、D_1、D_0与电压 u_O的转换关系,则有

$$u_O = -\left(\frac{R}{R/8}u_{13} + \frac{R}{R/4}u_{12} + \frac{R}{R/3}u_{11} + \frac{R}{R}u_{10}\right)$$

$$= -(8u_{13} + 4u_{12} + 2u_{11} + u_{10})$$

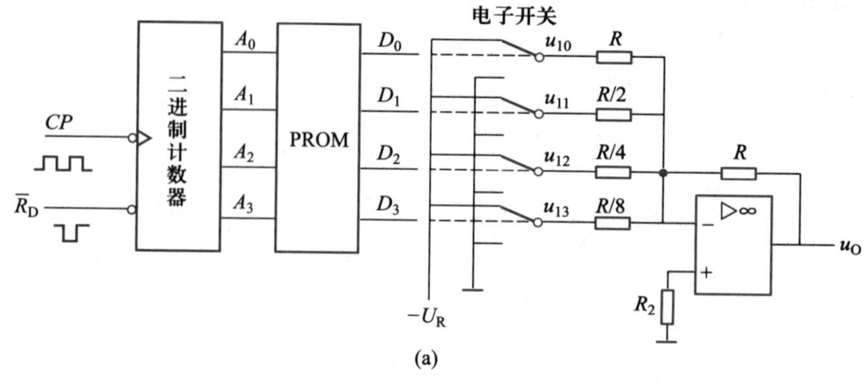

(a)

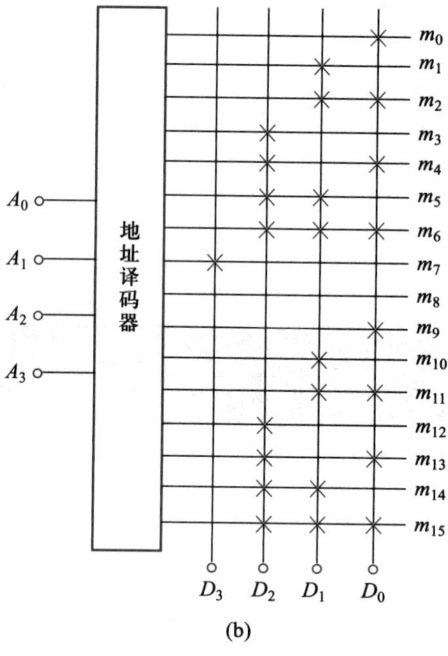

(b)

图 9.08

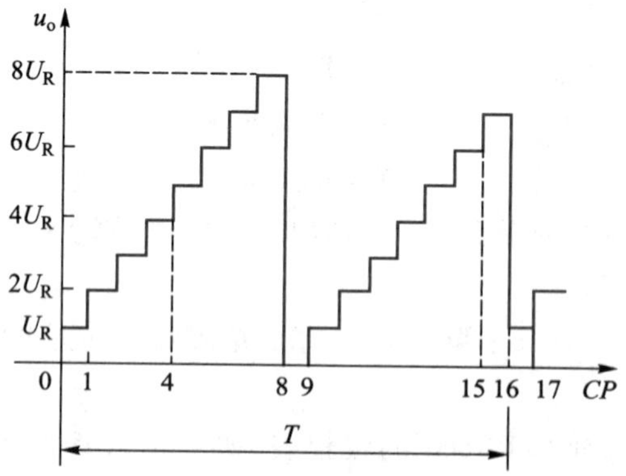

解图 9.08

（3）电压 u_O 与各数字量的关系分别为

$$u_{13}=-D_3U_R,\quad u_{12}=-D_2U_R,\quad u_{11}=-D_1U_R,\quad u_{10}=-D_0U_R$$

代入上式则有

$$u_O=(8D_3+4D_2+2D_1+D_0)U_R$$

当 $D_3D_2D_1D_0$ = **0001** 时，有

$$u_O=D_0U_R=U_R$$

当 $D_3D_2D_1D_0$ = **0010** 时，有

$$u_O=2D_1U_R=2U_R$$

当 $D_3D_2D_1D_0$ = **0111** 时，有

$$u_O=(4D_2+2D_1+D_0)U_R=7U_R$$

当 $D_3D_2D_1D_0$ = **1000** 时，有

$$u_O=8D_3U_R=8U_R$$

可见，当数字量 $D_3D_2D_1D_0$ 和 u_O 有解表 9.05 中的对应关系。

解表 9.05

序号	最小项	输出数据				u_O
		D_3	D_2	D_1	D_0	
0	m_0	**0**	**0**	**0**	**1**	U_R
1	m_1	**0**	**0**	**1**	**0**	$2U_R$
2	m_2	**0**	**0**	**1**	**1**	$3U_R$
3	m_3	**0**	**1**	**0**	**0**	$4U_R$
4	m_4	**0**	**1**	**0**	**1**	$5U_R$
5	m_5	**0**	**1**	**1**	**0**	$6U_R$
6	m_6	**0**	**1**	**1**	**1**	$7U_R$
7	m_7	**1**	**0**	**0**	**0**	$8U_R$
8	m_8	**0**	**0**	**0**	**0**	0
9	m_9	**0**	**0**	**0**	**1**	U_R
10	m_{10}	**0**	**0**	**1**	**0**	$2U_R$
11	m_{11}	**0**	**0**	**1**	**1**	$3U_R$
12	m_{12}	**0**	**1**	**0**	**0**	$4U_R$
13	m_{13}	**0**	**1**	**0**	**1**	$5U_R$
14	m_{14}	**0**	**1**	**1**	**0**	$6U_R$
15	m_{15}	**0**	**1**	**1**	**1**	$7U_R$

注意：PROM 为一次编程型只读存储器，通常由一个固定的**与**阵列（地址译码器）和一个可编程的**或**阵列（存储矩阵）构成。用户可编程阵列中的交叉点用“×”表示；在存储矩阵的每个交叉点上的二极管或二极管通过一根熔断丝连接，编程时根据程序将某些点的熔断丝烧断，即存入 **0**，其余未烧断的则存入 **1**，一次编程后不能修改。

9.11　图 9.09 所示为编程不完整的 PLA 阵列图（其中**或**阵列尚未编程）。试根据一组逻辑函数 $Y_0\sim Y_3$ 将**或**阵列编程，逻辑函数分别为

$$Y_0=ABCD$$

$$Y_1=AB+\overline{A}\,\overline{B}$$

$$Y_2=A\overline{B}+\overline{A}B$$

$$Y_3=ABCD+\overline{A}\,\overline{B}\,\overline{C}\,\overline{D}$$

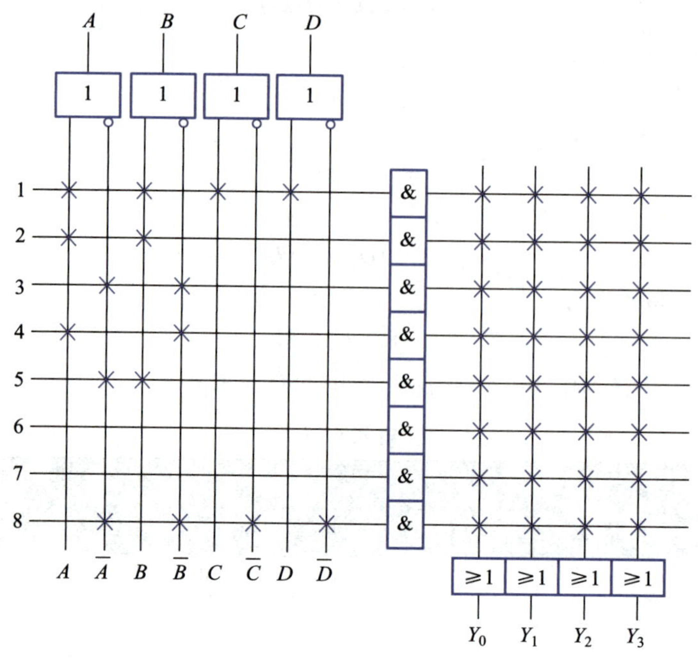

图 9.09

解:PLA 的或阵列进行如下编程:

(1) $Y_0=ABCD$,因为只含一个**与**项,所以只保留相应的一个"×"点,而其余的"×"点擦除。

(2) $Y_1=AB+\overline{A}\,\overline{B}$,$Y_2=A\overline{B}+\overline{A}B$,$Y_3=ABCD+\overline{A}\,\overline{B}\,\overline{C}\,\overline{D}$均含有两个**与**项,应保留相应的"×"点,而其余"×"点应擦除。

因此,完整编程后 PLA 阵列图如解图 9.09 所示。

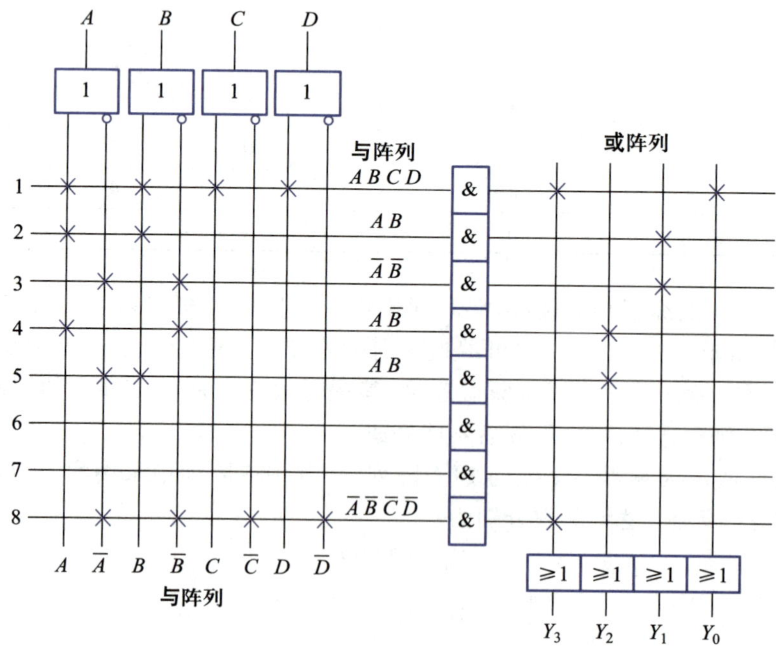

解图 9.09

第 10 章　数模与模数转换

§10.1　学习要求

1. 理解数模、模数转换的意义、基本概念和转换原理。
2. 掌握倒 T 型电阻网络 DAC 转换电路的工作原理、作用和技术指标。
3. 了解逐次逼近型 ADC 转换电路的工作原理、作用和技术指标。
4. 了解数模、模数转换常用集成芯片的使用方法。

§10.2　学习辅导

1. 基本概念

模拟量和数字量的相互转换是“电子技术”课程中主要内容之一，也是联系数字系统和模拟系统的重要中间环节。

（1）DAC 转换是将数字量通过一定方式转换为模拟量。可实现数模转换的电路称为 DAC（或称 D/A 转换器）。DAC 的输入量为数字信号，输出为电压、电流等模拟信号。

（2）ADC 转换是将模拟量通过一定方式转换为数字量。可实现模数转换的电路称为 ADC（或称 A/D 转换器）。ADC 的输入量为电压或电流等模拟信号，输出为数字信号。

2. DAC

DAC 电路主要由电阻网络、电子模拟开关、求和运算发生器等组成，其结构主要有权电阻型、$R-2R$ T 型和 $R-2R$ 倒 T 型等。电路主要由电阻网络、电子模拟开关、求和运算放大器等。DAC 按二进制数的位数可分为 8 位、12 位和 16 位等。主要的技术指标有位数、分辨率、转换精度、线性度和转换速度等。

3. ADC

ADC 的电路主要由采样、保持、量化和编码等部分组成，其结构类型有逐次逼近型、双积分型和并行电压比较型等。转换过程分为采样、保持、量化和编码。DAC 按二进制数的位数可分为 8 位、12 位和 16 位等。主要的技术指标有位数、分辨率、转换精度、线性度、转换速度和电源抑制比等。

§10.3　重点和难点

1. 重点

（1）转换前后模拟量与数字量的关系。

(2) T 形电阻网络 DAC 的分析。

(3) 8 位 T 形电阻网络 DAC 输出电压 U_0的计算。

(4) 倒 T 形电阻网络 DAC 各支路电流的计算。

2. 难点

(1) 逐次逼近型 ADC 的构成。

(2) 4 位逐次逼近型 ADC 的工作原理。

§10.4 习题解答

10.1 在图 10.01 所示的倒 T 型电阻网络 DAC 中,若基准电压 $U_R = 10$ V,$R = R_F$。试求输入数字量 **1010** 时的输出电压 U_0。

分析:倒 T 型电阻网络 D/A 转换器的特点:

(1) 倒 T 型电阻网络的优点是电阻种类少,只有 R 和 $2R$,提高了制造精度;而且支路电流流入求和点不存在时间差,提高了转换速度。

(2) 倒 T 型电阻网络是目前集成 DAC 转换速度较高,应用较为广泛的一种,如 8 位 DAC 转换器 DAC0832,就是采用倒 T 型电阻网络。

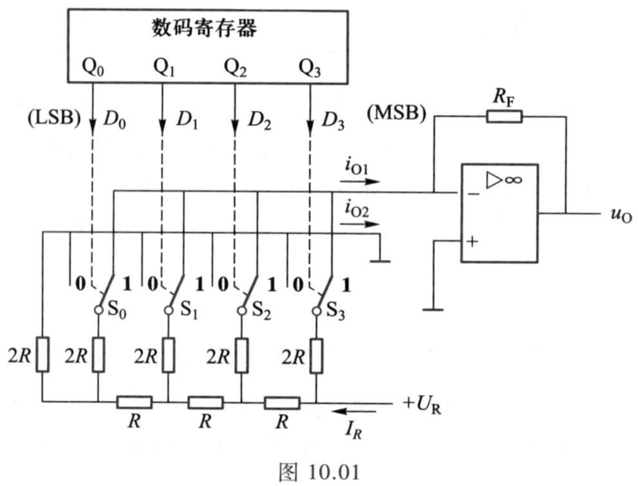

图 10.01

解:由图 10.01 可得电阻网络的输出电流为

$$I_{01} = \frac{U_R}{2^4 \times R}(d_3 \times 2^3 + d_2 \times 2^2 + d_1 \times 2^1 + d_0 \times 2^0)$$

则运算放大器输出的模拟电压为

$$U_0 = -R_F I_{01} = -\frac{R_F U_R}{2^4 \times R}(d_3 \times 2^3 + d_2 \times 2^2 + d_1 \times 2^1 + d_0 \times 2^0)$$

当 $U_R = 10\text{V}$,$R_F = R$,$d_3 d_2 d_1 d_0 (D_3\ D_2\ D_1\ D_0) =$ **1010** 时,代入上式。输出电压为

$$U_0 = -\frac{10}{2^4}(1 \times 2^3 + 0 \times 2^2 + 1 \times 2^1 + 0 \times 2^0)\ \text{V} = -6.25\ \text{V}$$

10.2 在上题中如果 $R = R_F = 10\ \text{k}\Omega$。试求 $D_3\ D_2\ D_1\ D_0 =$ **1010** 时,电阻网络的输出电流 I_{01}、DAC 的输出电压 U_0。

解:根据倒 T 型电阻网络的输出电流关系

$$I_{01}=\frac{U_R}{2^4\times R}(d_3\times2^3+d_2\times2^2+d_1\times2^1+d_0\times2^0)$$

当 $U_R=10\ \text{V}, R=R_F=10\ \text{k}\Omega, D_3\ D_2\ D_1\ D_0=\mathbf{1010}$ 时,输出电流为

$$I_{01}=\frac{10}{2^4\times10\times10^3}(1\times2^3+1\times2^1)\ \text{A}=\frac{5}{8}\times10^{-3}\ \text{A}=0.625\ \text{mA}$$

DAC 的输出电压为

$$U_O=-R_FI_{01}=-\frac{R_FU_R}{2^4\times R}(d_3\times2^3+d_2\times2^2+d_1\times2^1+d_0\times2^0)$$
$$=-R_FI_{01}=-(10\times10^3\times0.625\times10^{-3})\ \text{V}=-6.25\ \text{V}$$

10.3　一个 10 位倒 T 型电阻网络 DAC,已知 $R=R_F, U_R=10$ V。试求数字量为 **0000000001** 和 **1111111111** 的输出电压 U_O。

解:(1) 输入数字量为 **0000000001** 时,输出电压为最小,有

$$U_{O\min}=-\frac{U_RR_F}{2^{10}R}d_0=-\frac{10}{2^{10}}\times1\ \text{V}=-0.009\ 8\ \text{V}$$

(2) 输入数字量为 **1111111111** 时,输出电压为最大,有

$$U_{O\max}=-\frac{U_RR_F}{2^{10}R}\times1\ 023=-\frac{10}{2^{10}}\times1\ 023\ \text{V}=-9.990\ \text{V}$$

10.4　在 4 位逐次逼近型 ADC 中设 $U_R=-10\ \text{V}, U_I=8.2$ V。试说明逐次比较的过程和转换的结果。

解:4 位逐次逼近型 ADC 的原理,如解图 10.02(1)所示。

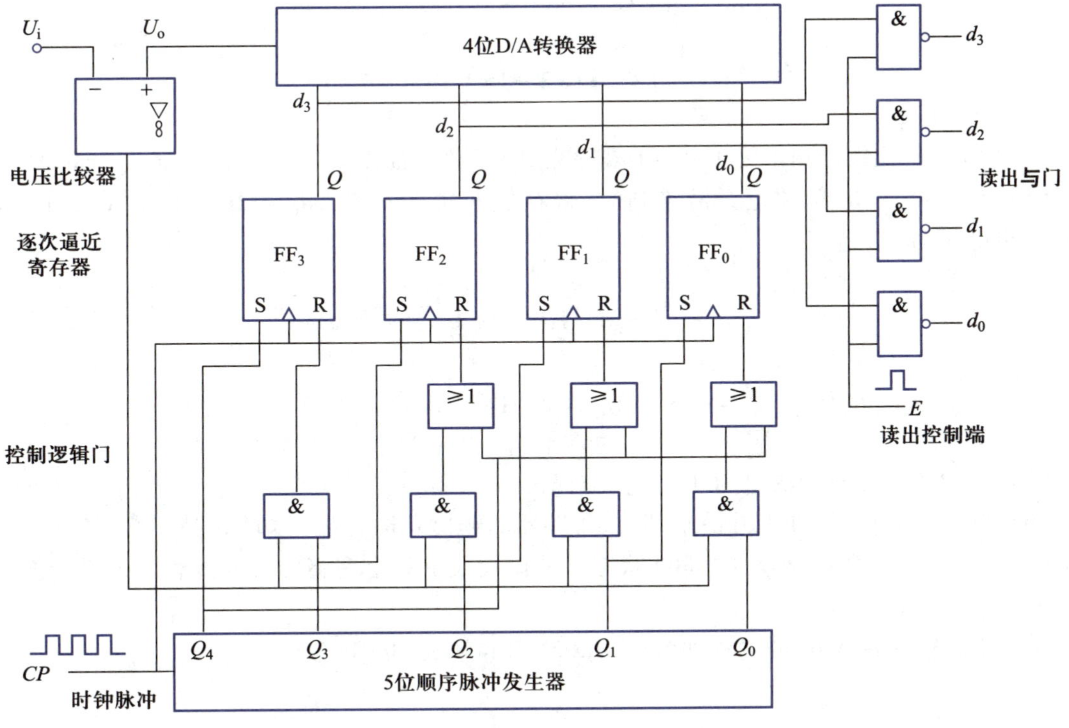

解图 10.02(1)

(1) 转换开始前,先将各寄存器的4个可控的 RS 触发器 FF_3、FF_2、FF_1 和 FF_0 的输出端清 **0**,并置5位顺序脉冲发生器的时序脉冲 $Q_4Q_3Q_2Q_1Q_0=\mathbf{10000}$ 状态。

(2) 当第1个 CP 脉冲上升沿来到时,寄存器的输出 $d_3d_2d_1d_0=\mathbf{1000}$,加在 ADC 上,此时 ADC 输出电压为

$$U_O=-\frac{U_R}{2^4}(d_3\times2^3+d_2\times2^2+d_1\times2^1+d_0\times2^0)$$
$$=-\frac{-10}{2^4}(1\times2^3+0\times2^2+0\times2^1+0\times2^0)\ \text{V}=5\ \text{V}$$

因 $U_O<U_I$,故比较器输出为 **0**,$d_3=\mathbf{1}$ 被保留,顺序脉冲右移1位,即 $Q_4Q_3Q_2Q_1Q_0=\mathbf{01000}$。

(3) 当第2个 CP 脉冲上升沿来到时,寄存器的输出 $d_3d_2d_1d_0=\mathbf{1100}$,加在 ADC 上,此时 ADC 输出电压为

$$U_O=-\frac{U_R}{2^4}(d_3\times2^3+d_2\times2^2+d_1\times2^1+d_0\times2^0)$$
$$=\frac{10}{2^4}(1\times2^3+1\times2^2)\ \text{V}=7.5\ \text{V}$$

因 $U_O<U_I$,故比较器输出为 **0**,$d_3=\mathbf{1}$、$d_2=\mathbf{1}$ 被保留,顺序脉冲右移1位,即 $Q_4Q_3Q_2Q_1Q_0=\mathbf{00100}$ 状态。

(4) 当第3个 CP 脉冲上升沿来到时,寄存器的输出 $d_3d_2d_1d_0=\mathbf{1110}$,加在 ADC 上,此时 ADC 输出电压为

$$U_O=-\frac{U_R}{2^4}(d_3\times2^3+d_2\times2^2+d_1\times2^1+d_0\times2^0)$$
$$=\frac{10}{2^4}(1\times2^3+1\times2^2+1\times2^1)\ \text{V}=8.75\ \text{V}$$

因 $U_O>U_I$,故比较器输出为 **1**,$d_1=\mathbf{1}$ 被除去,顺序脉冲右移1位,即 $Q_4Q_3Q_2Q_1Q_0=\mathbf{00010}$。

(5) 当第4个 CP 脉冲上升沿来到时,寄存器的输出 $d_3d_2d_1d_0=\mathbf{1101}$,加在 ADC 上,此时 ADC 输出电压为

$$U_O=-\frac{U_R}{2^4}(d_3\times2^3+d_2\times2^2+d_1\times2^1+d_0\times2^0)$$
$$=\frac{10}{2^4}(1\times2^3+1\times2^2+1\times2^0)\ \text{V}=8.125\ \text{V}$$

因 $U_O\approx U_I$,故比较器输出为 **0**,$d_0=\mathbf{1}$ 被保留,顺序脉冲右移1位,即 $Q_4Q_3Q_2Q_1Q_0=\mathbf{00001}$。

(6) 当第5个 CP 脉冲上升沿来到时,寄存器的输出 $d_3d_2d_1d_0=\mathbf{1101}$ 保持不变,顺序脉冲右移1位,又返回到 $Q_4Q_3Q_2Q_1Q_0=\mathbf{10000}$ 状态。从而完成了一个完整的转换过程。最终转换结果为 $d_3d_2d_1d_0=\mathbf{1101}$。

经过4次转换后 ADC 的过程如解图10.02(2)和解表10.01所示。

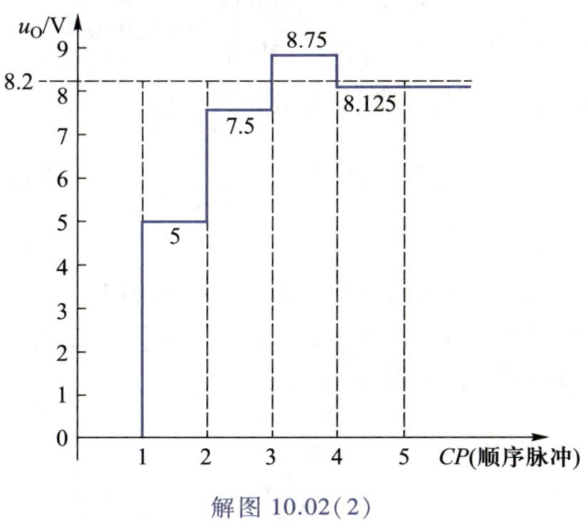

解图 10.02(2)

解表 10.01

逼近次数	$d_3d_2d_1d_0$	U_O/ V	比较结果	该位数码"1"是否保留或除去
1	**1 0 0 0**	5	$U_O<U_I$	保留
2	**1 1 0 0**	7.5	$U_O<U_I$	保留
3	**1 1 1 0**	8.75	$U_O>U_I$	除去
4	**1 1 0 1**	8.125	$U_O<U_I$	保留

10.5 一个 DAC 最小分辨电压为 5 mV,满刻度电压为 10 V。试问该电路输入数字量是多少位?

解:因最小分辨电压 $U_{LSB}=5$ mV,满刻度电压 $U_m=10$ V,则有

$$U_{LSB}=\frac{U_m}{2^{10}-1}=\frac{10}{1\ 024-1}\ V=\frac{10}{1\ 023}\ V\approx 0.005\ V$$

故有

$$2^n-1=\frac{10}{0.005}=2\ 000$$

即

$$2^n\approx 2\ 000$$

故电路输入二进制数字量的位数为

$$n\approx 11$$

10.6 在逐次逼近型 ADC 中如果 8 位 DAC 转换器的最大输出电压 U_O 为 9.945 V。试分析当输入电压 U_I 为 6.435 V 时 ADC 输出的数字量是多少?

分析:逐次逼近型 ADC 属于直接 ADC 转换式中的反馈比较型 ADC,基本思想类似于用天平称重,利用比较、鉴别、结果的过程完成转换,即从高位到低位顺序叠加,得出相应的标准模拟电压 U_O,与转换的模拟电压 U_I 进行比较,U_O 和 U_I 相等时,对应的数字量就是转换结果。再由顺序分配器发出存数指令,将数字量存入寄存器,完成一次转换。

解:ADC 最低位为 **1**($d_0=\mathbf{1}$, $d_7\sim d_1=\mathbf{0}$),其输出电压 U_{Omin} 为

$$U_{\text{Omin}}=\left.\frac{U_{\text{Omax}}}{2^8-1}\right|_{d_0=1}=\frac{9.945}{2^8-1}\ \text{V}=0.039\ \text{V}$$

当输入模拟电压 $U_I=6.435$ V 时，电路的输出状态应为

$$(Q_7Q_6Q_5Q_4Q_3Q_2Q_1Q_0)_2=\left(\frac{U_I}{U_{\text{Omin}}}\right)_{10}=(165)_{10}$$

因此 ADC 输出的数字量为

$$Q_7Q_6Q_5Q_4Q_3Q_2Q_1Q_0=\mathbf{01100101}$$

10.7　双积分式 ADC 的基准电压为-8 V，当输入的模拟电压为+5 V 时，要使计数器输出的脉冲数 M 在数码管上显示为 5，计数器应该是多少位？

解：因为

$$U_I=\frac{U_R}{2^n}M$$

将 $U_I=5$ V，$U_R=-8$ V 和 $M=5$ 代入上式求解，则计数器的位数为

$$n=3$$

§10.5　补充拓展题和解答

10.8　图 10.03 所示为权电阻 DAC 电路，已知 $U_R=5$ V，$R_0=80$ kΩ，$R_F=5.3$ kΩ。试求：

(1) 电阻 R_1、R_2、R_3数值；

(2) 寄存器输出数字量 $d_3d_2d_1d_0$ = **0000**、**1010** 和 **1110** 时，输出的模拟电压 U_0各为多少？

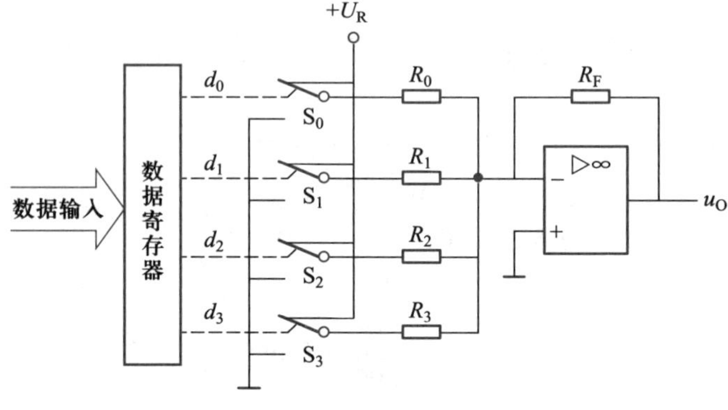

图 10.03

分析：图中 $S_0\sim S_3$为电子开关，其接“地”或 U_R分别由寄存器二进制数 $d_0d_1d_2d_3$控制。二进制数的每一位所转换的电压通过集成运放(加法器)相加，得到对应的某个二进制数的模拟电压 U_0。

解：(1) 权电阻求和网络中各位权电阻应与二进制数各位对应位的权成反比，即

$$R_0:R_1:R_2:R_3=\frac{1}{2^0}:\frac{1}{2^1}:\frac{1}{2^2}:\frac{1}{2^3}$$

已知 $R_0=80$ kΩ，故有

$$R_1=\frac{1}{2^1}R_0=\frac{1}{2^1}\times 80\ \text{k}\Omega=40\ \text{k}\Omega$$

$$R_2=\frac{1}{2^2}R_0=\frac{1}{2^2}\times 80\ \mathrm{k\Omega}=20\ \mathrm{k\Omega}$$

$$R_3=\frac{1}{2^3}R_0=\frac{1}{2^3}\times 80\ \mathrm{k\Omega}=10\ \mathrm{k\Omega}$$

（2）权电阻 DAC 转换输出模拟电压 U_O 为

$$U_O=-\frac{R_f U_R}{R_0}(d_3\times 2^3+d_2\times 2^2+d_1\times 2^1+d_0\times 2^0)$$

当 $d_3d_2d_1d_0=\mathbf{0000}$ 时，输出电压为

$$U_O=0\ \mathrm{V}$$

当 $d_3d_2d_1d_0=\mathbf{1010}$ 时，输出电压为

$$U_O=-\frac{5.3\times 5}{80}(1\times 2^3+0\times 2^2+1\times 2^1+0\times 2^0)\ \mathrm{V}=-3.31\ \mathrm{V}$$

当 $d_3d_2d_1d_0=\mathbf{1110}$ 时，输出电压为

$$U_O=-\frac{5.3\times 5}{80}(1\times 2^3+1\times 2^2+1\times 2^1+0\times 2^0)\ \mathrm{V}=-4.638\ \mathrm{V}$$

注意：本题是由一个 4 位寄存器和 4 位权电阻网络组成的阶梯波产生电路，选不同的 U_R，可改变每一阶梯电压的差值。

10.9　在图 10.04 所示的 T 型 DAC 中，若 $U_R=+10\ \mathrm{V}$，$R=10R_F$。当 $d_3d_2d_1d_0=\mathbf{1010}$ 时，输出电压 U_O 为多少伏？

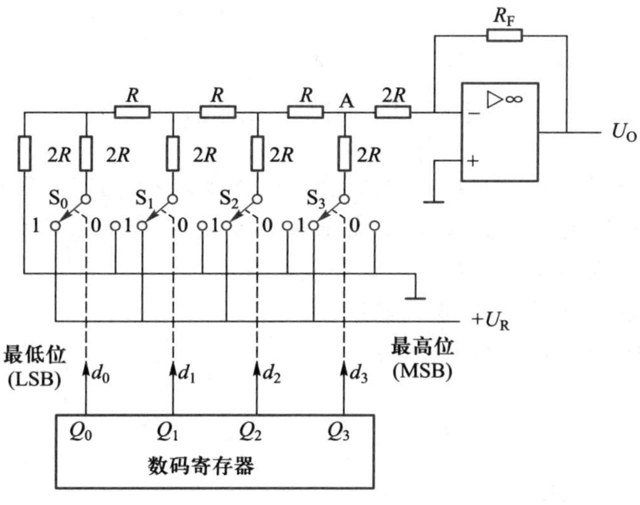

图 10.04

解：运算放大器输出的模拟电压为

$$U_O=-\frac{R_F U_R}{3R\times 2^4}(d_3\times 2^3+d_2\times 2^2+d_1\times 2^1+d_0\times 2^0)$$

当 $d_3d_2d_1d_0=\mathbf{1010}$ 时，则输出电压为

$$U_O=-\frac{R_F\times 10\ \mathrm{V}}{3\times 10R_F\times 2^4}(1\times 2^3+0\times 2^2+1\times 2^1+0\times 2^0)$$

$$=-\frac{10}{3\times 10\times 16}\times 10\ \mathrm{V}=-0.208\ \mathrm{V}$$

10.10　在10位的倒T型DAC中,若 $U_R=18\ V, R=2\ k\Omega, R_F=1\ k\Omega$。试求:

(1) 输出电压 U_O 的变化范围;

(2) 当10位数字量 $d_1d_2\sim d_{10}=\mathbf{0001011010}$ 时,输出电压 U_O 值。

解:(1) 输出电压 U_O 的变化范围为 $U_{Omin}\sim U_{Omax}$。根据输出电压

$$U_O=-\frac{R_FU_R}{R}\frac{(d_1\times2^9+d_2\times2^8+d_3\times2^7+\cdots+d_{10}\times2^0)}{2^{10}}$$

最小输出电压为

$$U_{Omin}=-\frac{R_FU_R}{R}\times\frac{d_{10}\times2^0}{2^{10}}=-\frac{18\times1\times10^3}{2\times10^3}\times\frac{0}{2^{10}}\ V=0\ V$$

最小量化单位为

$$LSB=\left|-\frac{18\times1\times10^3}{2\times10^3}\times\frac{1}{2^{10}}\right|\ V=0.009\ V$$

最大输出电压为

$$U_{Omax}=-\frac{18\times1\times10^3}{2\times10^3}\times\frac{2^{10}-1}{2^{10}}\ V=-8.991\ V$$

因此,输出电压的变化范围为-8.991~0 V。

(2) 当数字量 $d_1d_2\sim d_{10}=\mathbf{0001011010}$ 时,输出电压为

$$\begin{aligned}U_O&=-\frac{R_FU_R}{R}\frac{(d_6\times2^6+d_4\times2^4+d_3\times2^3+d_1\times2^1)}{2^{10}}\\&=-\frac{18\times1\times10^3}{2\times10^3}\times\frac{(1\times2^6+1\times2^4+1\times2^3+1\times2^1)}{2^{10}}\ V\\&=-\frac{18\times1\times10^3}{2\times10^3}\times\frac{90}{2^{10}}\ V=-0.79\ V\end{aligned}$$

10.11　一个T型网络DAC转换电路与计数器时钟脉冲 CP,如图10.05所示。DAC数字量输入端连接到计数器的输出端,设计数器状态依次为 $Q_1Q_0=\mathbf{00}$、$\mathbf{01}$、$\mathbf{10}$、$\mathbf{11}$、$\mathbf{10}$、$\mathbf{01}$、$\mathbf{00}$;计数器输出高电平为8 V,低电平为0 V。要求:

(1) 计数器各种状态时,DAC的输出电压值;

(2) 画出与 CP 对应的输出电压波形图。

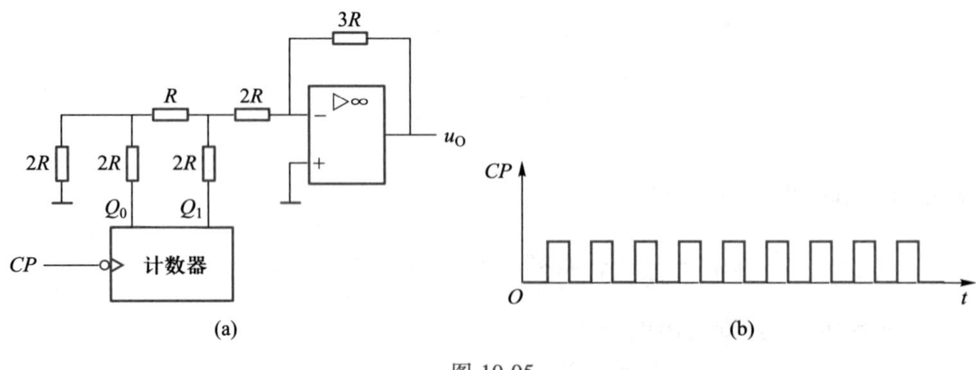

图10.05

分析:(1) 本题计数器为2位,设其初始状态 $Q_1Q_0=\mathbf{00}$,在计数器输出端不全为 **0** 时,可以提供参考电压,集成运放输出端有输出电压 u_O。

（2）本题分析计算的方法，计数器的两个输出端 Q_1、Q_0作用于T型网络，在集成运放的反相输入端（反相加法运算电路），只要求得集成运放反相输入端的电流 i，根据“虚断”，则 $i=i_F$，故集成运放输出电压 $u_O=iR_F$。对于集成运放反相输入端电流 i 可用叠加原理求得 Q_1、Q_0分别单独作用时反相输入端的电流 i_0和 i_1。

解：（1）利用叠加原理求集成运放反相输入端电流。当 Q_0单独作用时，流入集成运放反相输入端电流为

$$i_0=\frac{U_L}{2^2\times 3R}Q_1$$

当 Q_1单独作用时，流入集成运放反相输入端电流为

$$i_1=\frac{U_H}{2\times 3R}Q_0$$

根据叠加原理，流入反相输入端电流为

$$i=i_0+i_1$$

（2）集成运放输出电压为

$$u_O=-3Ri=-\frac{U_H}{2^2}(Q_0+2Q_1)$$

$$=-\frac{8}{4}(Q_0+2Q_1)=-2(Q_0+2Q_1)$$

（3）计数器输出 Q_1Q_0不同状态时，对应的输出电压如解表 10.02 所示。

（4）输出电压的波形如解图 10.05 所示。

解表 10.02

Q_1	Q_0	u_O/V
0	0	0
0	1	−2
1	0	−4
1	1	−6
1	0	−4
0	1	−2
0	0	0

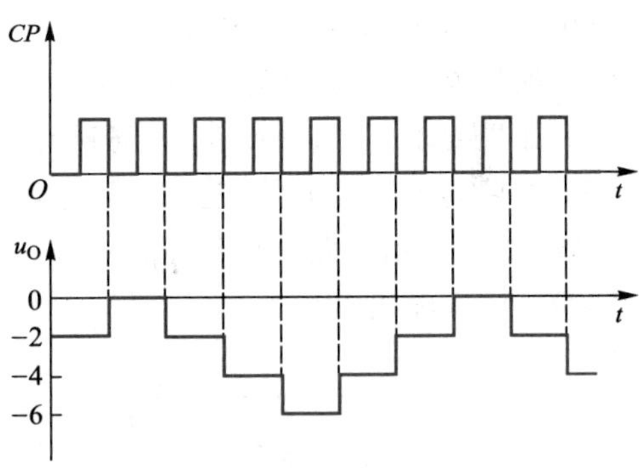

解图 10.05

电子技术模拟考试试题（少学时）（一）

1. 在图 A.01 所示电路中，已知 $u_i = 20\sin\omega t$ V，$U_S = 10$ V。试画出输出电压 u_o 的波形图。

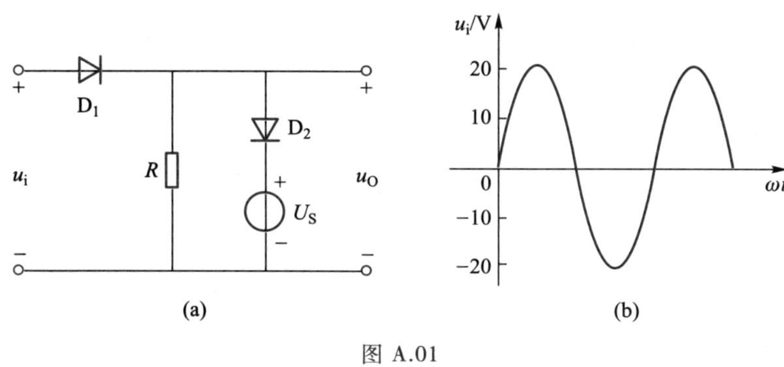

图 A.01

2. 在图 A.02 所示放大电路中，已知 $U_{CC} = 10$ V，$R_B = 30$ kΩ，$R_W = 470$ kΩ，$R_C = R_L = 3$ kΩ，$U_{BE} = 0.6$ V，$\beta = 100$，$C_1 = C_2 = 50$ μF。

（1）如果 $R_P = 0$ 时，计算静态工作点各值，估计电路会出现何种失真？

（2）如果要求 $I_C = 2$ mA，R_W 应调到何值？

（3）如果逐渐增大 i_C 的交流分量，电路会产生何种失真？

3. 图 A.03 所示电路中已知 $u_{I1} = 1$ V，$u_{I2} = 2$V，$u_{I3} = 4$ V，$u_{I4} = 3$ V，$R_1 = R_2 = 10$ kΩ，$R_3 = R_4 = R_F = 5$ kΩ。试求输出电压 u_O。

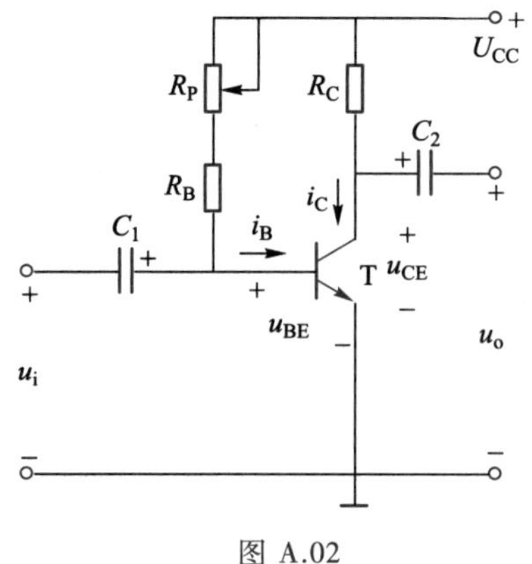

图 A.02

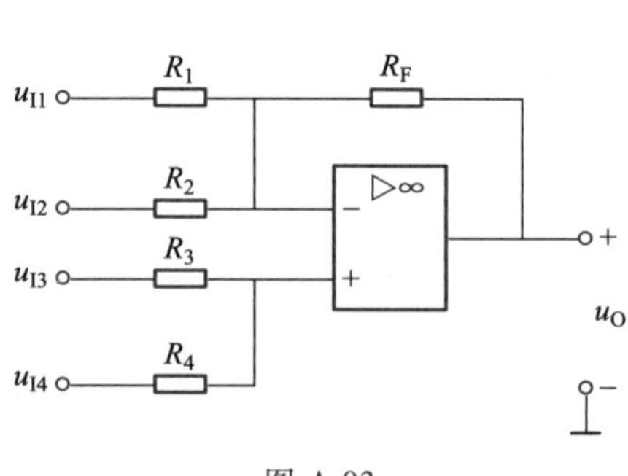

图 A.03

4. 整流稳压电路如图 A.04 所示，已知 $R = 1$ kΩ，$R_L = 2$ kΩ，$u_2 = 25\sqrt{2}\sin\omega t$ V，稳压管的参数为 $U_Z = 10$ V，$I_Z = 5$ mA，$I_{ZM} = 20$ mA。

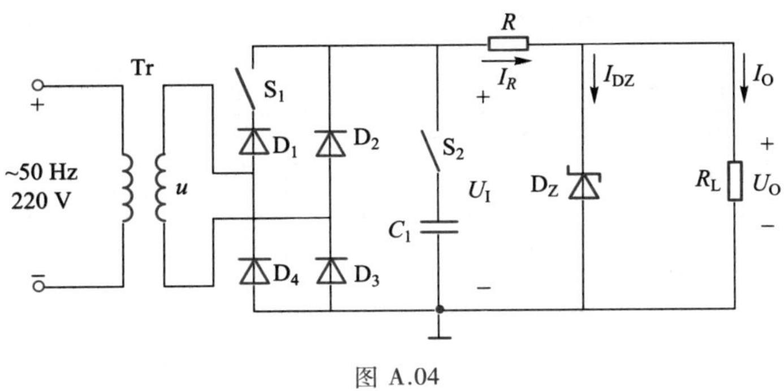

图 A.04

(1) 开关 S_1、S_2均闭合时,U_1、U_O、I_{DZ}为何值?

(2) 开关 S_1断开、S_2闭合时,电压 U_1=? 此时稳压管能否正常工作?

5. 要求化简下列各式为最简**与或**表达式:

(1) $Y_1=A\overline{BCD}+\overline{A}B\overline{C}D+\overline{A}BCD+A\overline{B}C\overline{D}$;

(2) $Y_2=A\overline{B}+B\overline{C}\overline{D}+ABD+\overline{A}B\overline{C}D$。

6. 已知逻辑函数 $Y=\overline{D}(\overline{B}+C)\times(B+\overline{C})\times(\overline{A}+\overline{B})$。试用一片 3-8 线译码器 74LS138 型和门电路实现。

7. 分析图 A.07 所示时序逻辑电路功能。要求:

(1) 写出电路的驱动方程、状态方程;

(2) 设各触发器的初始状态 $Q_2Q_1Q_0$ = **000**,画出电路的状态转换图,并说明电路能否自启动。

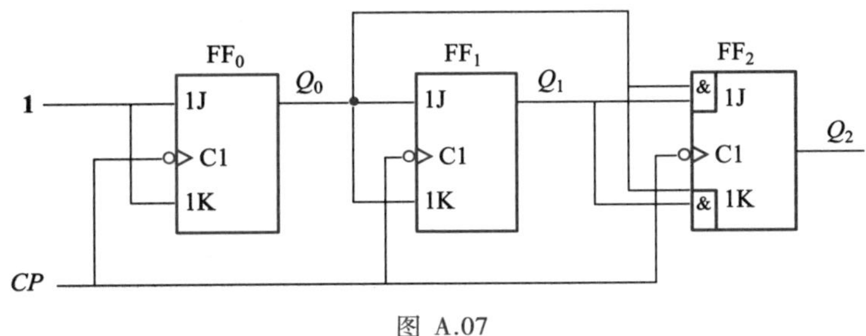

图 A.07

8. 由 74LS290 型构成的计数器如图 A.08 所示。试分析它们分别为几进制计数器。

9. 某车间有 A、B、C 三台电动机,要求:

(1) A 开机则 B 必须开机;

(2) B 开机则 C 必须开机。

如果不满足上述条件要求,则发出报警信号。使用**与非**门电路实现逻辑功能。

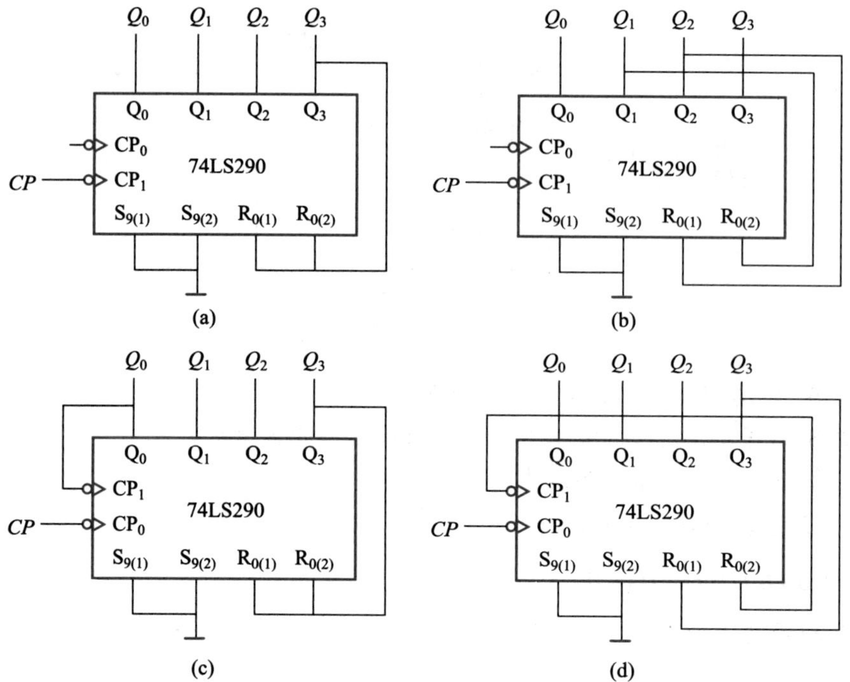

图 A.08

电子技术模拟考试试题（多学时）（二）

1. 在图 B.01 所示电路中，已知 $U=20\ \text{V}$，$R_1=900\ \Omega$，$R_2=1\ 100\ \Omega$，稳压管的稳定电压 $U_Z=10\ \text{V}$，最大稳定电流 $I_{ZM}=8\ \text{mA}$。试分析稳压管中的电流 I_Z 是否超过 I_{ZM}。如果超过应任何处理？

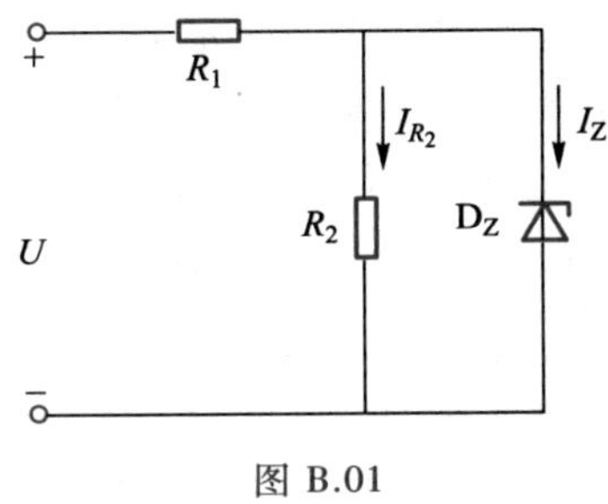

图 B.01

2. 图 B.02 所示放大电路，各参数如图所示。设 $U_{BE}=0.6\ \text{V}$，$\beta=40$。试求：

（1）放大电路静态工作点各值；

（2）电压放大倍数 A_u、输入电阻 r_i 和输出电阻 r_o。

3. 图 B.03 所示电路。

（1）试求输出电压 u_O 的表达式；

（2）若电路中已知 $u_I=1\ \text{V}$，$R_1=R_2=20\ \text{k}\Omega$，$R_3=5\ \text{k}\Omega$，电路输出电压 u_O 应为多少？

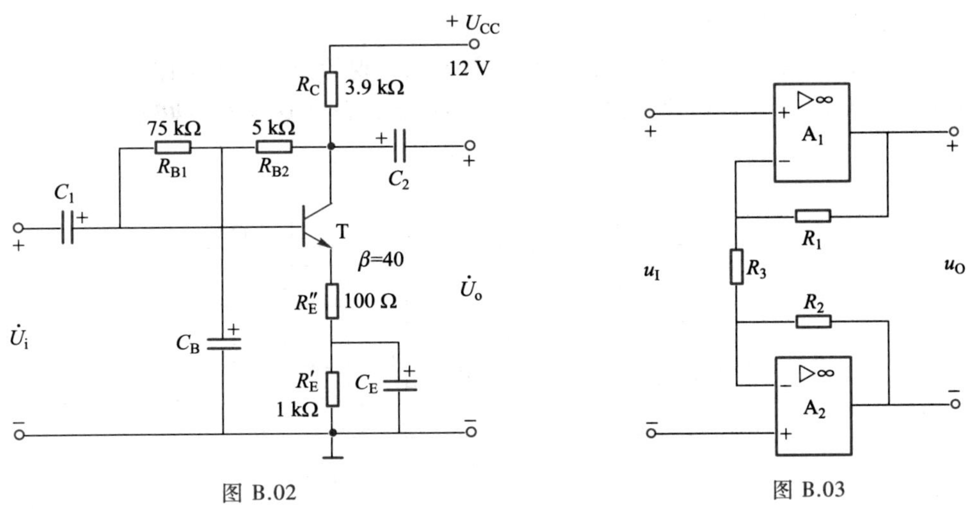

图 B.02　　　　图 B.03

4. 可调的稳压电源如图 B.04 所示。电路中各元件参数如图所示。试求输出电压 U_O 的可调范围是多少？

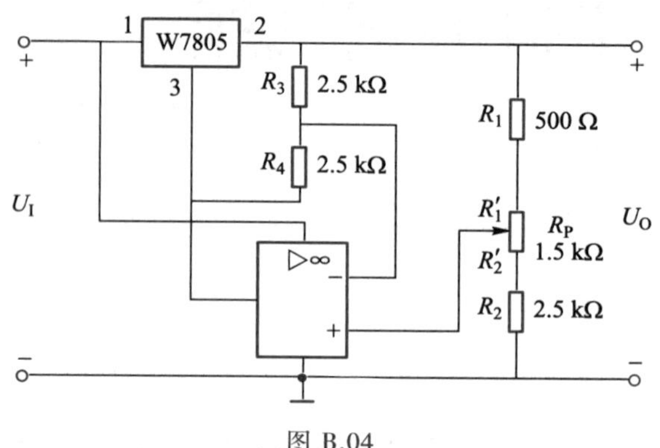

图 B.04

5. 图 B.05 所示是两相零式可控整流电路。

(1) 画出负载电阻 R_L 端输出电压 u_L 波形图(设 $\alpha = 0°$);

(2) 电路中晶闸管 T 的最大导通角是多少,移相范围是多大?

(3) 晶闸管 T 承受的最大反向、正向电压分别是多少?

(4) 如果相电压为 u_p,问 T 全导通时输出直流电压的平均值是多少?

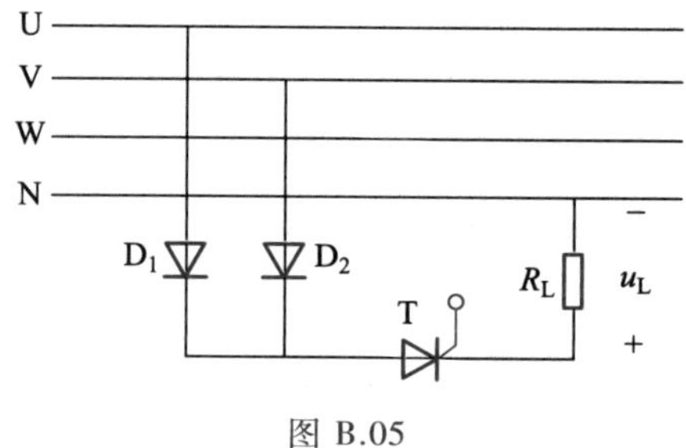

图 B.05

6. 某车间有 4 台电动机 A、B、C、D。要求:

(1) 电动机 A 必须开机;

(2) 其他 3 台电动机中至少有 2 台开机。

如果不满足上述条件,则指示灯熄灭。试给出用**与非**门实现的控制逻辑电路。

7. 试分析图 B.07 所示的时序电路,假设计数器初始状态为 $Q_3Q_2Q_1 = \mathbf{000}$。

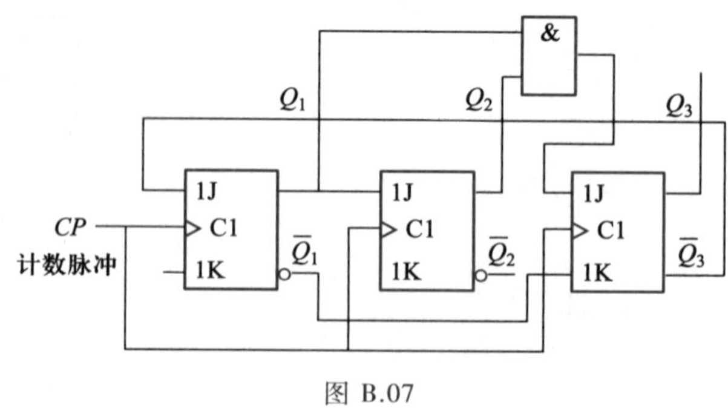

图 B.07

要求:(1) 列出输出状态表,并画出波形图;

(2) 说明电路的逻辑功能。

8. 图 B.08 所示电路是由两片 74LS161 型计数器构成的计数器电路。

(1) 问片(1)、片(2)为几进制计数器？请画出各片状态图；

(2) 问片(1)和片(2)构成多少进制计数器？

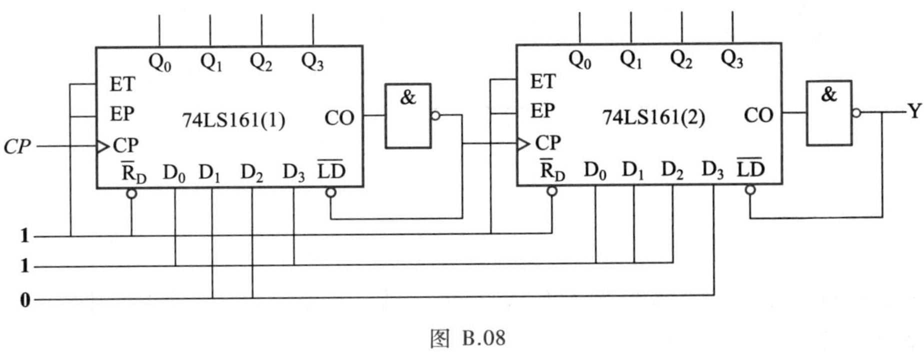

图 B.08

9. 试用 PLA 分别实现逻辑函数 $Y_1=AC+\overline{B}C$，$Y_2=\overline{A}\,\overline{B}+AC+BC$。

电子技术部分硕士研究生招生考试模拟题(三)

1. 二极管电路和输入电压波形如图 C.01 所示。可以忽略二极管的正向压降。要求：

(1) 分析各电压之间关系；

(2) 画出电压 u_o、u_R、u_D波形。

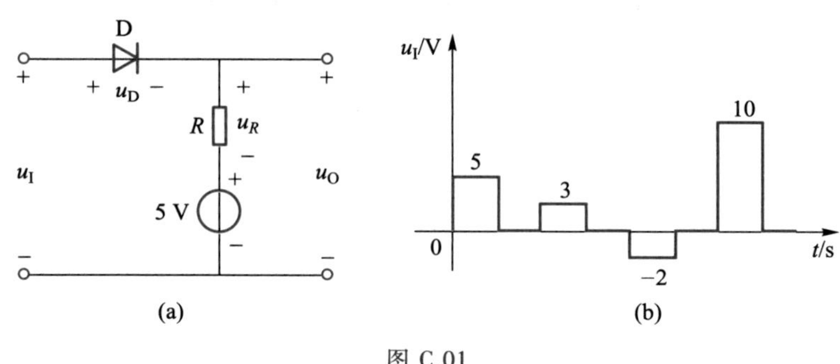

图 C.01

2. 图 C.02 所示电路，已知 $U=20$ V，$R_1=900\ \Omega$，$R_2=1\ 100\ \Omega$，稳压管的稳定电压 $U_Z=10$ V，最大稳定电流 $I_{ZM}=8$ mA。

(1) 分析稳压管中的电流 I_Z是否超过 I_{ZM}。

(2) 如果 I_Z是否超过 I_{ZM}，应任何处理？

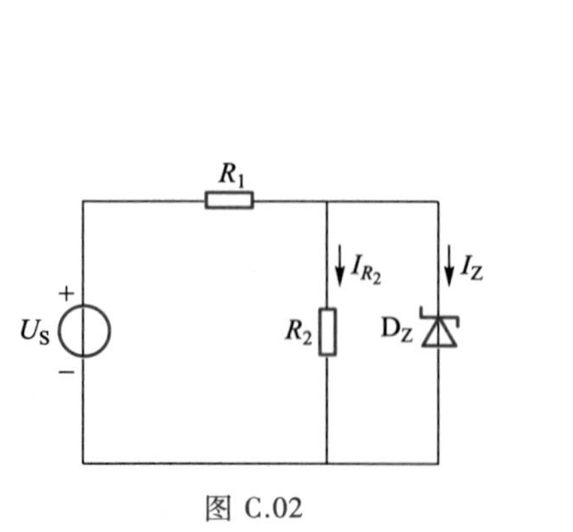

图 C.02

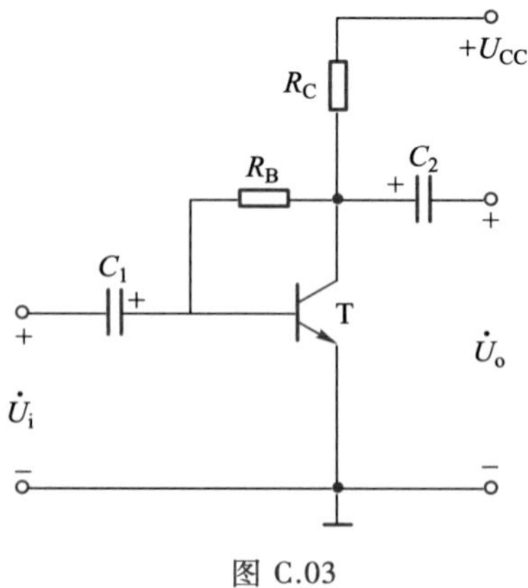

图 C.03

3. 集电极-基极偏置放大电路如图 C.03 所示。设 $U_{CC}=20$ V，$R_B=330$ kΩ，$R_C=10$ kΩ，$\beta=50$。

(1) 计算静态工作点各参数；

(2) 说明电路静态工作点稳定物理过程。

4. 图 C.04 所示差分放大电路中已知 $\beta=50$, $U_{BE}=0.7$ V, 输入电压 $u_{i1}=7$ mV, $u_{i2}=3$ mV, 其他参数如图所示(设 T_1、T_2性能相同)。要求:

(1) 计算电路中的静态值 I_B、I_C、U_B、U_C、U_E;

(2) 将输入电压 u_{i1}、u_{i2}分解为共模分量 u_{ic1}、u_{ic2}和差模分量 u_{id1}、u_{id2};

(3) 单端共模输出 u_{oc1}、u_{oc2};

(4) 计算单端差模输出 u_{od1}、u_{od2};

(5) 计算单端输出电压 u_{o1}、u_{o2};

(6) 计算双端输出电压 u_o。

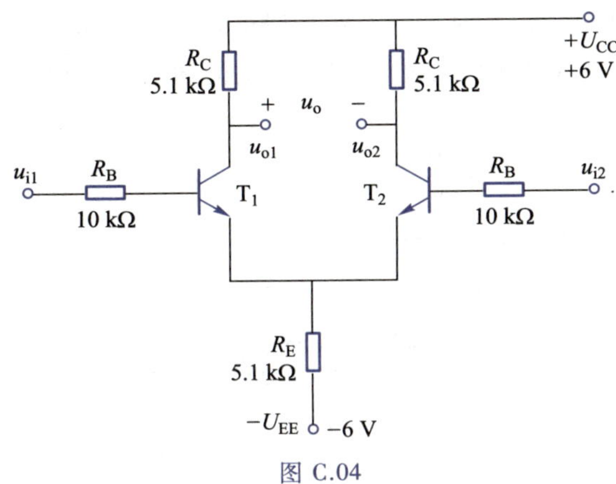

图 C.04

5. 互补对称功率放大电路如图 C.05 所示,已知$+U_{CC}=-U_{CC}=15$ V, $R_L=8$ Ω, $u_i=10\sin\omega t$ V。

(1) 问 T_4、T_6工作在何种状态?

(2) 问 T_1和 T_2、R_{E1}和 R_{E2}的作用是什么?

(3) 计算静态时 A 点电位 U_A;

(4) 计算输出电压 u_o、输出功率 P_o;

(5) 若忽略晶体管的饱和压降,计算最大输出功率 P_{omax}。

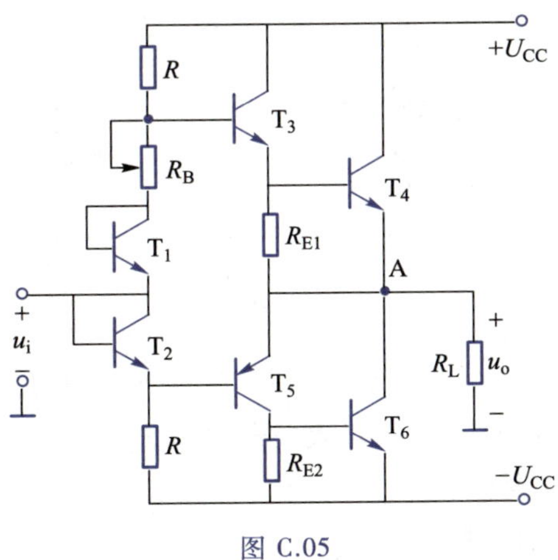

图 C.05

6. 集成运算放大电路如图 C.06 所示。试求输出电压 u_O 与输入电压之间运算关系的表达式。

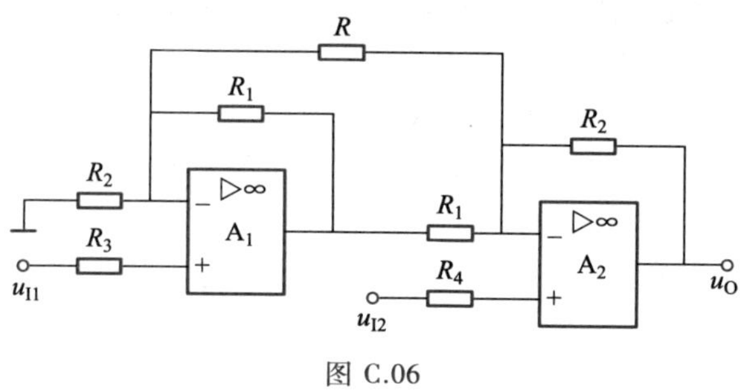

图 C.06

7. 图 C.07 所示电路已知在 $t=0$ 时，$u_I=1$ V，此时电容 C 端电压 $u_C(0)=0$ V，A_2的输出电压 $u_O=-U_{o(sat)}=-12$ V。试求从 $t=0$ 开始，经过多长时间 A_2的输出电压由$-U_{o(sat)}$跃变到$+U_{o(sat)}$？

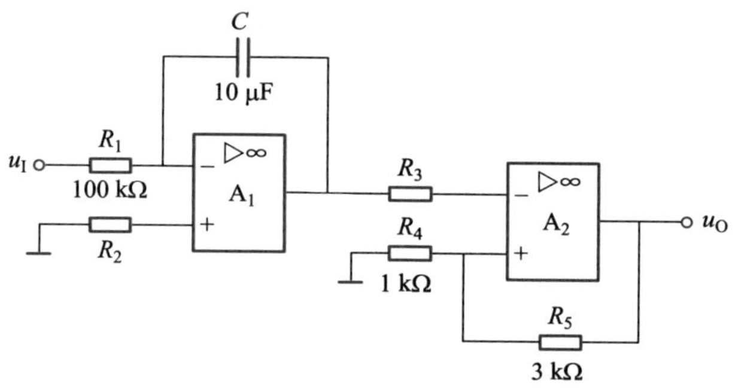

图 C.07

8. 晶体管串联型稳压电源电路如图 C.08 所示，已知变压器二次电压 $U_2=10$ V，$R=1$ kΩ，晶体管 $U_{BE}=0.7$ V，稳压管电压 $U_Z=8.7$ V，内阻 $r_Z=\dfrac{\Delta U_Z}{\Delta I_Z}\leqslant 20$ Ω，滤波电容足够大。试求电网电压 U_I波动±10%时，U_L的变化范围和相对变化率。

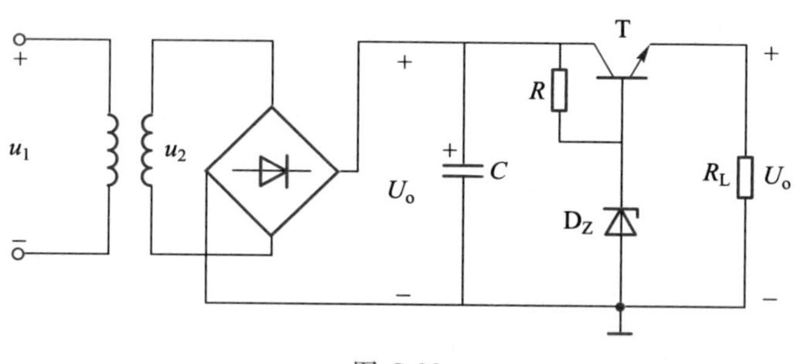

图 C.08

9. 三端稳压器 W7805 型组成的电路如图 C.09 所示，已知稳压管电压 $U_Z=5$ V，其允许电流 5~40 mA，$U_2=15$ V，电网电压波动±10%，最大负载电流 $I_{Lmax}=1$ A。试求：

(1) 限流电阻 R 的取值范围；

(2) 输出电压的 U_L的调整范围；

(3) 三端稳压器 W7805 的最大功耗。

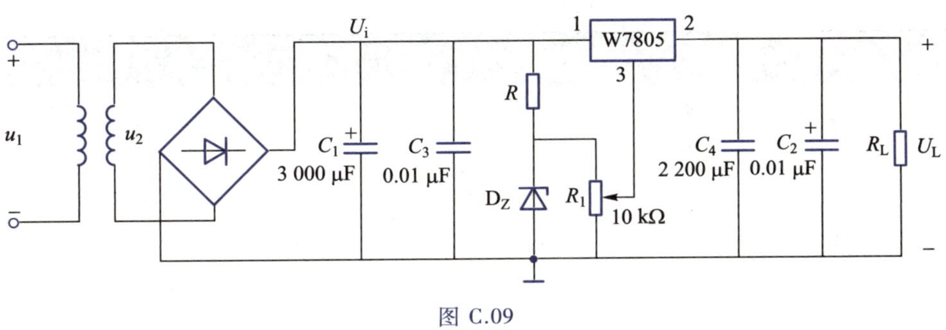

图 C.09

10. 可控整流电路如图 C.10 所示,要求:

(1) 分析电路的工作情况;

(2) 画出 u_O、i_R、i_{D1}、I_{D2}、I_{D3}、I_{D4}、I_{D5}的波形图;

(3) 说明电路的最大移相范围。

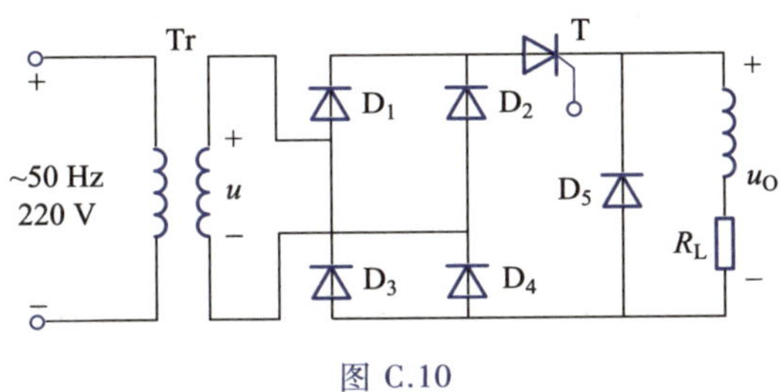

图 C.10

11. 已知逻辑表达式为 $Y(A,B,C,D)=\sum m(0,2,5,7,8,10,13,15)$。

(1) 用卡诺图对逻辑表达式进行化简,并说明有何逻辑功能;

(2) 画出其**与非**门组成的逻辑电路图。

12. 某逻辑函数 Y 的卡诺图如图 C.12 所示,要求:

(1) 写出逻辑函数 Y 化简后的表达式;

(2) 画出用最简式的逻辑电路图。

AB \ CD	00	01	11	10
00	1	1	1	1
01	1	1	1	1
11	1			1
10				

图 C.12

13. 某车间 4 台电动机(A、B、C、D),条件:

(1) A 电动机必须开机;

(2) 其他 3 台电动机中至少有 1 台开机。

如果(1)、(2)条件不满足,则指示灯熄灭。试用**与非**门组成指示灯亮的逻辑电路。

14. 集成计数器 74LS290 的功能如表 C.14 所示。试用两片 74LS290 如图 C.14 所示,构成 23 进制加法计数器。

表 C.14

$R_{0(1)}$	$R_{0(2)}$	$S_{9(1)}$	$S_{9(2)}$	Q_3	Q_2	Q_1	Q_0
1	1	0 ×	× 0	0	0	0	0
×	×	1	1	1	0	0	1
×	0	×	0	计数			
0	×	0	×	计数			
0	×	×	0	计数			
×	0	0	×	计数			

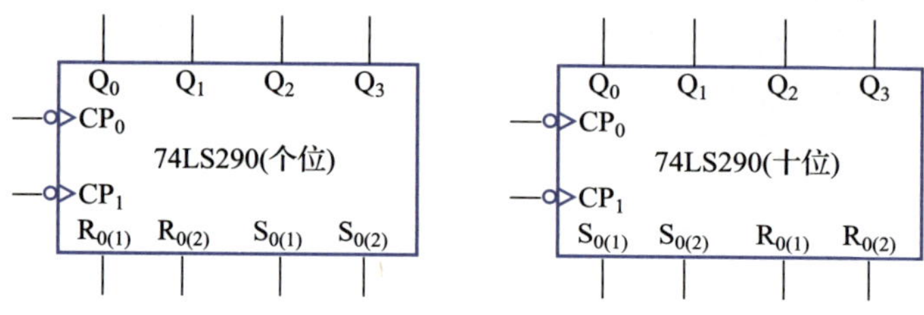

图 C.14

15. 集成计数器 74LS161 的功能如表 C.15 所示。试用两片 74LS161 如图 C.15 所示,构成 174 进制加法计数器。

表 C.15

输入									输出			
$\overline{R}_D$	$\overline{LD}$	EP	ET	CP	D_0	D_1	D_2	D_3	Q_0^{n+1}	Q_1^{n+1}	Q_2^{n+1}	Q_3^{n+1}
0	×	×	×	×	×	×	×	×	0	0	0	0
1	0	×	×	↑	d_0	d_1	d_2	d_3	d_0	d_1	d_2	d_3
1	1	1	1	↑	×	×	×	×	计数			
1	1	0	×	×	×	×	×	×	保持			
1	1	×	0	×	×	×	×	×	保持			

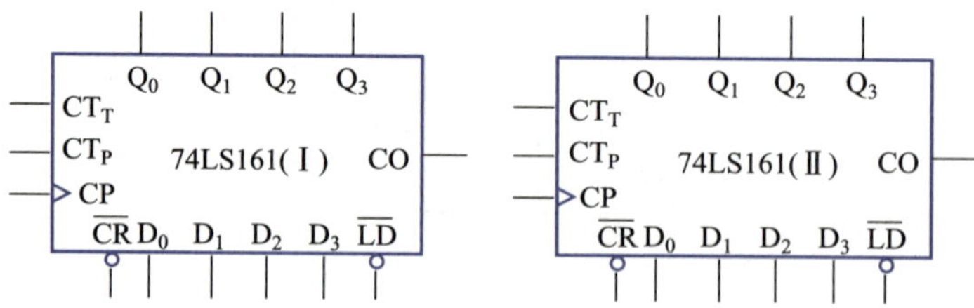

图 C.15

电子技术模拟考试试题（少学时）解答（一）

1. **分析：** 在图 A.01 所示电路中二极管 D_1 作用是半波整流，将输入正弦波电压整流成为单一方向脉动电压；二极管 D_2 作用是单向限幅。

解：（1）当 $u_i<U_S$ 时，则 $u_{D2}<0$，D_2 处于反向偏置截止，故输出电压 $u_O\approx u_i$。

（2）当 $u_i>U_S$ 时，则 $u_{D2}>0$，D2 处于正向偏置导通，故输出电压 $u_O=U_S+u_{D2}\approx U_S$。

可见，输出电压 u_O 的波形如解图 A.01 所示。

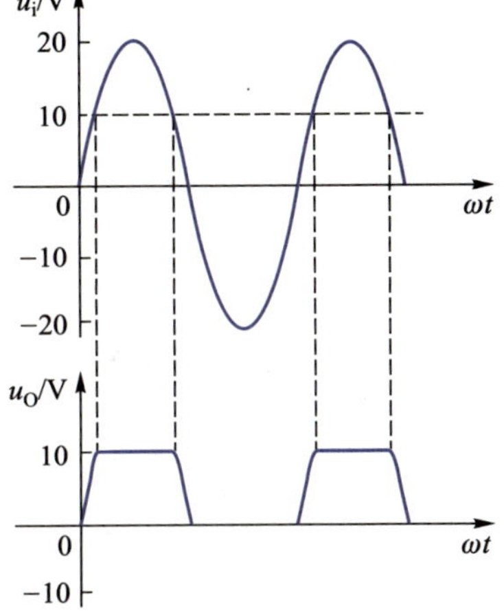

解图 A.01

2. **分析：** 放大电路非线性失真分饱和失真和截止失真：放大电路出现饱和失真是因为 Q 点过高，T 工作接近饱和区，要退出饱和区可适当减小 R_B；出现截止失真时因为 Q 点过低，T 工作接近截止区，要退出截止区可适当增大 R_B。

解：（1）静态工作点各值（由直流通路求得）分别为

$$I_B=\frac{U_{CC}-U_{BE}}{R_B}=\frac{10-0.6}{300\times10^3}\ \text{A}=31.3\ \mu\text{A}$$

$$I_C=\beta I_B=100\times31.3\ \mu\text{A}=3.13\ \text{mA}$$

$$U_{CE}=U_{CC}-R_CI_C=(10-3\times10^3\times3.13\times10^{-3})\ \text{V}=0.61\ \text{V}$$

可见，放大电路的 Q 点已经进入饱和区，因此出现饱和失真。

（2）如果要求 $I_C=2$ mA 时，则有

$$I_B=\frac{I_C}{\beta}=\frac{2\times10^{-3}}{100}\ \text{A}=0.02\ \text{mA}$$

基极电阻为

$$R_B'=\frac{U_{CC}-U_{BE}}{I_B}=\frac{10-0.6}{0.02\times10^{-3}}\ \Omega=470\ \text{k}\Omega$$

故有

$$R_W=R_B'-R_B=(470-300)\ \text{k}\Omega=170\ \text{k}\Omega$$

（3）如果 $I_C=2$ mA 时，可通过计算最大动态范围，判断放大电路是否出现失真，此时则有

$$U_{CE}=U_{CC}-R_CI_C=(10-2\times10^{-3}\times3\times10^3)\ \text{V}=4\ \text{V}$$

当 i_B 正半周最大时，最大的动态范围为

$$U_{CEQ}-U_{CES}=(4-0)\ \text{V}=4\ \text{V}$$

当 i_B 负半周最大时，最大的动态范围为

$$R_L'I_C=\frac{R_C\times R_L}{R_C+R_L}I_C=\frac{3\times10^3\times3\times10^3}{3\times10^3+3\times10^3}\times2\times10^{-3}\ \text{V}=3\ \text{V}$$

因此,适当增大 i_B 的交流分量,会产生截止失真。

3. 解:本题特点是输入信号较多,可以采用叠加原理、结点电压法求解。

方法1　叠加原理

将原电路输出电压分解为两个电路的输出电压之和,如解图 A.03 所示。

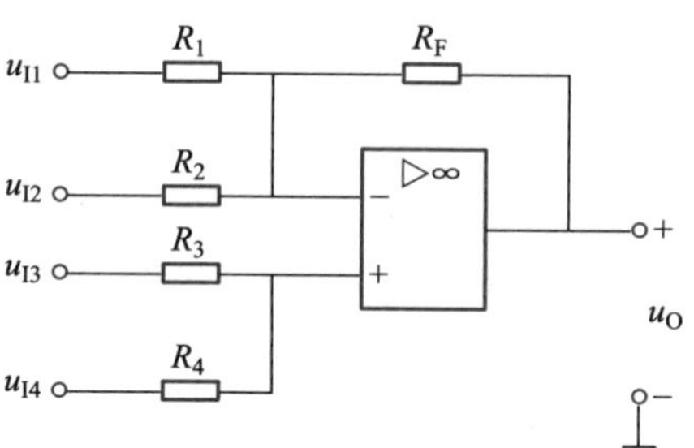

图 A.03

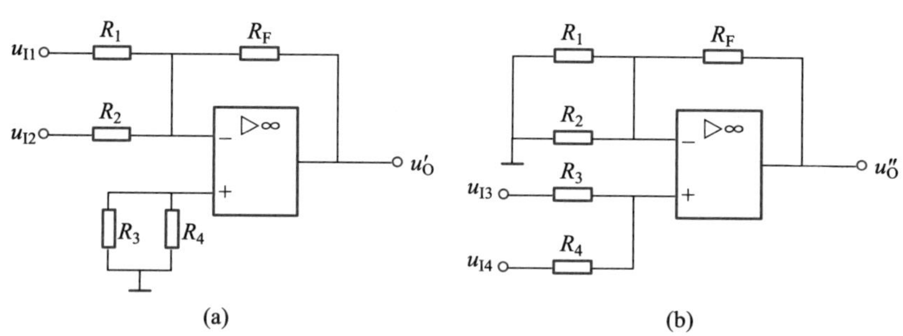

解图 A.03

对反相求和电路如解图 A.03(a)所示,则有

$$u_O'=-R_F\left(\frac{u_{I1}}{R_1}+\frac{u_{I2}}{R_2}\right)$$

对同相求和电路如解图 A.03(b)所示。有

$$u_O''=\left(1+\frac{R_F}{R_1//R_2}\right)\frac{1}{R_3+R_4}(R_3u_{I4}+R_4u_{I3})$$

因此,原电路的输出电压为

$$u_O=u_O'+u_O''=-R_F\left(\frac{u_{I1}}{R_1}+\frac{u_{I2}}{R_2}\right)+\left(1+\frac{R_F}{R_1//R_2}\right)\frac{1}{R_3+R_4}(R_3u_{I4}+R_4u_{I3})$$

代入数值求得

$$u_o=5.5\ \text{V}$$

方法2　结点电压法

对原电路如图 A.03 所示,用结点电压法求同相输入端电压 u_+ 为

$$u_+=\frac{R_4}{R_3+R_4}u_{i3}+\frac{R_3}{R_3+R_4}u_{i4}=\frac{1}{1+1}\times4+\frac{1}{1+1}\times3=3.5\ \text{V}$$

根据“虚短”概念($u_+\approx u_-$),可得

$$\frac{u_{I1}-u_-}{R_1}+\frac{u_{I2}-u_-}{R_2}+\frac{u_O-u_-}{R_F}=0$$

代入数值则有

$$\frac{1-3.5}{10}+\frac{2-3.5}{10}+\frac{u_O-3.5}{5}=0$$

故求得

$$u_O=5.5\ \text{V}$$

4. **解**:(1) 开关 S_1、S_2均闭合时,电压 U_1 为

$$U_1=1.2U_2=1.2\times 25\ \text{V}=30\ \text{V}$$

输出电压 U_O为

$$U_O=U_Z=10\ \text{V}$$

流经稳压管的电流 I_{DZ}为

$$I_{DZ}=\frac{U_1-U_Z}{R}-\frac{U_Z}{R_L}=\left(\frac{30-10}{1\times 10^3}-\frac{10}{2\times 10^3}\right)\ \text{A}=15\ \text{mA}$$

(2) 开关 S_1断开、S_2闭合时,电压 $U_1=U_2=25\ \text{V}$,流经稳压管的电流为

$$I_{DZ}=\frac{U_1-U_Z}{R}-\frac{U_Z}{R_L}=\frac{25-10}{1\times 10^3}-\frac{10}{2\times 10^3}\ \text{A}=10\ \text{mA}$$

又因

$$I_Z<I_{DZ}<I_{ZM}$$

所以,稳压管能够正常工作。

5. **分析**:本题可采用公式法化简,也可采用卡诺图化简。卡诺图化简是将所给逻辑表达式通过去非号、去括号、配项等过程,求出其最小项表达式;用卡诺图表示逻辑函数,依据是相邻性在卡诺图上画包围圈化简;求出化简后的逻辑函数表达式。

解:(1) $Y_1=A\,\overline{BCD}+\overline{A}\,B\,\overline{C}\,D+\overline{A}\,BCD+A\,\overline{B}\,C\,\overline{D}$的化简卡诺图,如解图 A.05(a)所示,则化简结果为

$$Y_1=A\,\overline{B}+A\,\overline{C}+A\,\overline{D}+\overline{A}\,BD$$

(2) $Y_2=A\,\overline{B}+B\,\overline{C}\,\overline{D}+ABD+\overline{A}\,B\,\overline{C}\,D$ 的化简卡诺图,如解图 A.05(b)所示,则化简结果为

$$Y_2=A\,\overline{B}+B\,\overline{C}+AD$$

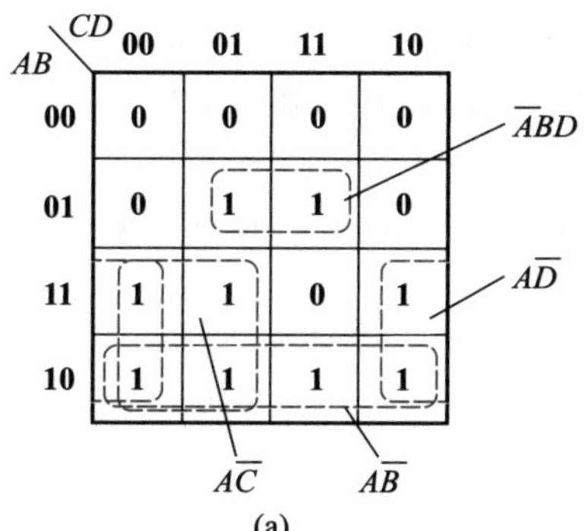

(a)

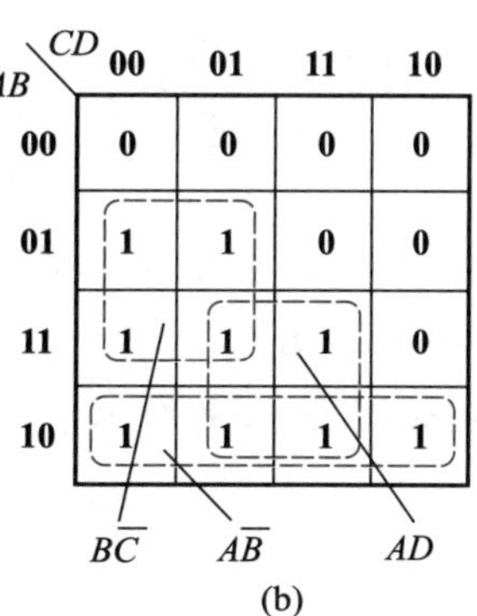

(b)

解图 A.05

6. **解:**(1) 根据逻辑函数 $Y=\overline{D}(\overline{B}+C)\times(B+\overline{C})\times(\overline{A}+\overline{B})$,可画出卡诺图,如解图 A.06(a)所示。

(2) 由卡诺图可知

当 $D=\mathbf{1}$ 时,$Y=\mathbf{0}$;

当 $D=\mathbf{0}$ 时,$Y=\overline{A}\,\overline{B}\,\overline{C}+\overline{A}\,BC+A\,\overline{B}\,\overline{C}=\sum m(0,3,4)$

(3) 由于当 $D=\mathbf{1}$ 时,Y 输出不变;当 $D=\mathbf{0}$ 时,Y 输出随 A,B,C 变化。故可用 D 变量控制 3-8 线译码器的使能端;用 A、B、C 控制地址输入 A_2、A_1、A_0。故可实现 4 变量逻辑函数,其逻辑电路如解图 A.06(b)所示。

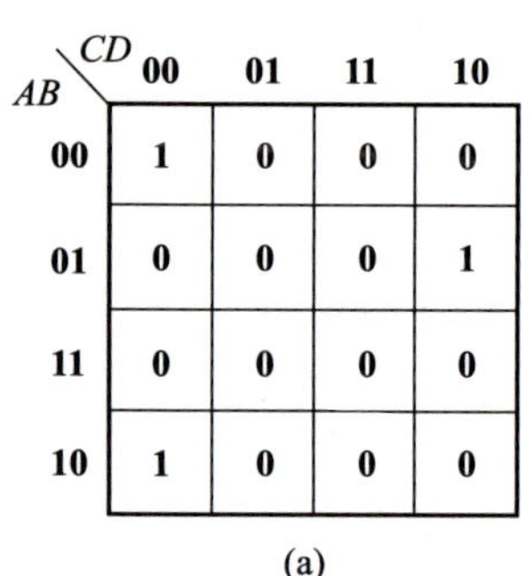

(a)

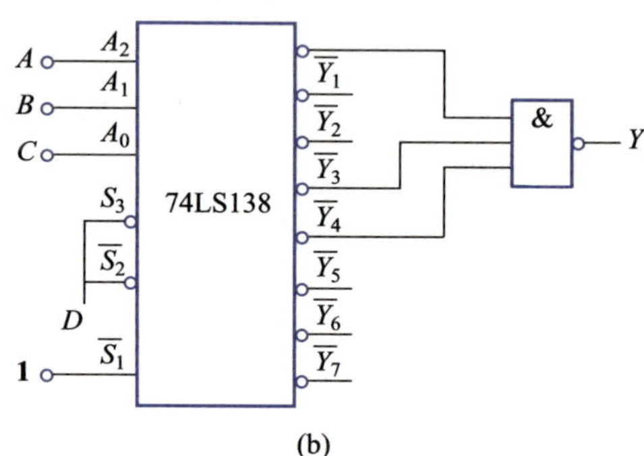

(b)

解图 A.06

注意:用译码器实现逻辑函数时,如果函数的输入变量数超过译码器的地址输入端数,通常先将译码器扩展,增加地址输入数后,再用来实现逻辑函数。但如果某些变量的变化使输出函数恒 **1**(或 **0**)则可用译码器的使能端来增加输入端。该方法可以减少译码器的片数。

7. 本题可用状态图分析(图 A.07 所示)各计数器为进制。

解:(1) 在图 A.07(a)所示电路中 $CP_1=CP$,$S_{9(1)}=S_{9(2)}=\mathbf{0}$,$R_{0(1)}=R_{0(2)}=\mathbf{0}$,电路的基本连接形式是五进制计数器。采用反馈清 **0** 法形成四进制计数器,其状态转换如解图 A.07(a)所示。

(2) 在图 A.07(b)所示电路中 $CP_1=CP$,$S_{9(1)}=S_{9(2)}=\mathbf{0}$,$R_{0(1)}=Q_1$,$R_{0(2)}=Q_2$,电路的基本连接形式是五进制计数器。采用反馈清 **0** 法形成 3 进制计数器,其状态转换如解图 A.07(b)所示。

(3) 在图 A.07(c)所示电路中 $CP_0=CP$,$CP_1=Q_0$,$S_{9(1)}=S_{9(2)}=\mathbf{0}$,$R_{0(1)}=R_{0(2)}=Q_2$,电路的基本连接形式是十进制计数器。采用反馈清 **0** 法形成 8 进制计数器,其状态转换如解图 A.07(c)所示。

(4) 在图 A.07(d)所示电路中 $CP_0=CP$,$CP_1=Q_0$,$S_{9(1)}=S_{9(2)}=\mathbf{0}$,$R_{0(1)}=Q_0$,$R_{0(2)}=Q_3$,电路的基本连接形式是十进制计数器。采用反馈清 **0** 法形成九进制计数器,其状态转换如解图 A.07(d)所示。

8. **解:**(1) 逻辑抽象:根据已知条件列出状态表,设 A、B、C 开机为 **1**,不开机为 **0**。不满足要求报警为 **1**,满足不报警为 **0**。

(2) 列状态表,如解表 A.08 所示。

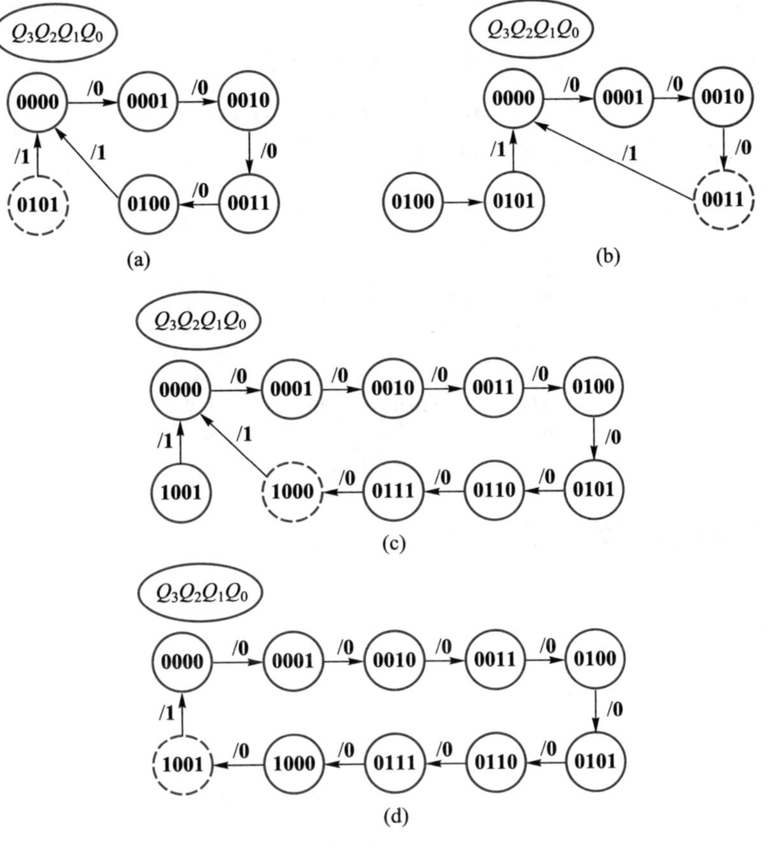

解图 A.07

解表 A.08

A	B	C	Y
0	0	0	0
0	0	1	0
0	1	0	1
0	1	1	0
1	0	0	1
1	0	1	1
1	1	0	1
1	1	1	0

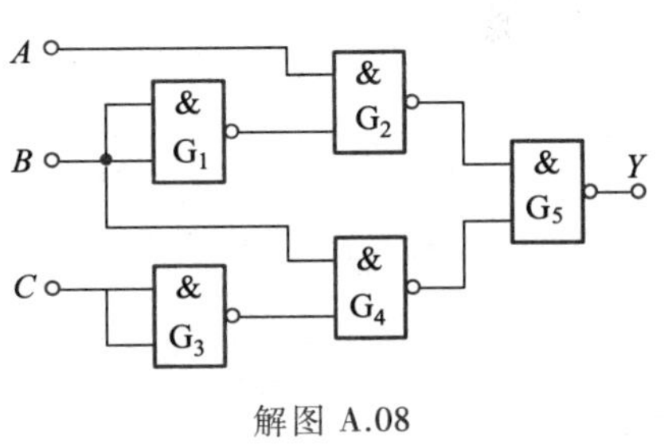

解图 A.08

(3) 由状态表可写出**与或**逻辑表达式,并简化。

$$Y=\overline{A}B\overline{C}+A\overline{B}\overline{C}+A\overline{B}C+AB\overline{C}$$

$$=A\overline{B}(\overline{C}+C)+B\overline{C}(\overline{A}+A)=A\overline{B}+B\overline{C}$$

(4) 根据题目要求用**与非**门实现该逻辑功能,则有

$$Y=A\overline{B}+B\overline{C}=\overline{\overline{A\overline{B}+B\overline{C}}}=\overline{\overline{A\overline{B}}\cdot\overline{B\overline{C}}}$$

(5) **与非**门实现的逻辑电路如解图 A.08 所示。

9. 解:(1) 驱动方程为

$$J_0=K_0=\mathbf{1},\quad J_1=K_1=Q_0,\quad J_2=K_2=Q_0Q_1$$

状态方程为

$$Q_0^{n+1}=\overline{Q}_0^n$$

$$Q_1^{n+1}=Q_0^n\overline{Q}_1^n+\overline{Q}_0^nQ_1^n$$

$$Q_2^{n+1}=Q_0^nQ_1^n\overline{Q}_2^n+\overline{Q_0^nQ_1^n}Q_2^n$$

（2）电路的状态转换图，如解图 A.09 所示。

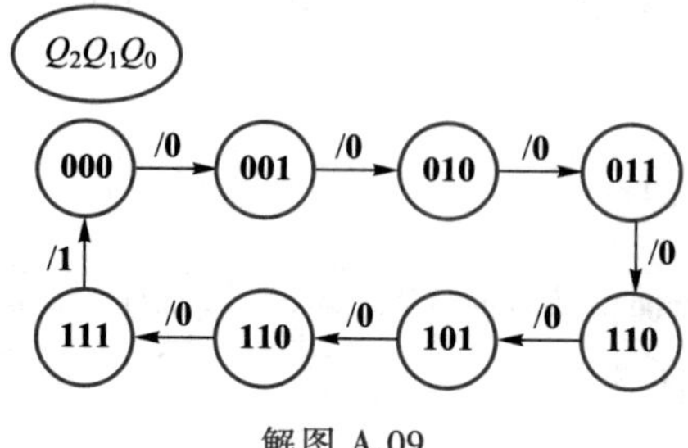

解图 A.09

该电路为二进制加法计数器，可以自启动。

电子技术模拟考试试题（多学时）解答（二）

1. 解：该题可有多种分析方法。

方法 1 戴维宁定理

图 B.01 所示电路进行等效变换，等效电路如解图 B.01 所示。

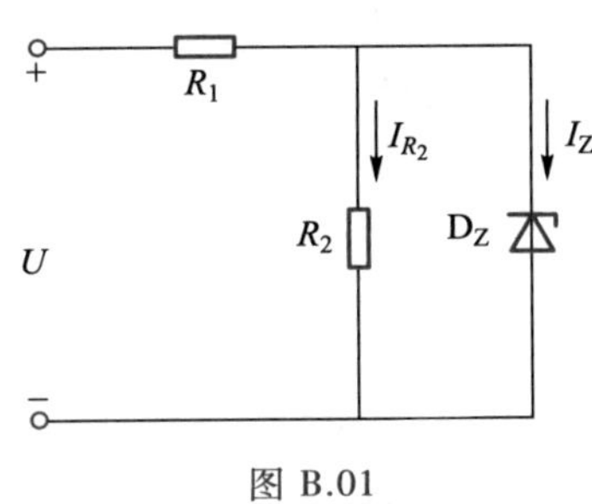

图 B.01

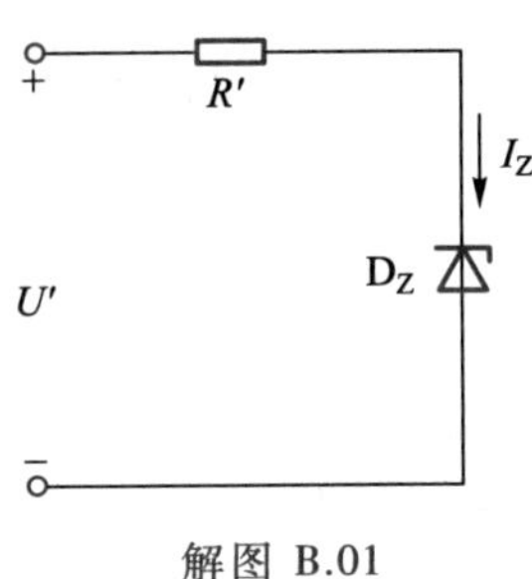

解图 B.01

根据解图 B.01 所示电路，分别有

$$U'=\frac{R_2}{R_1+R_2}U=\frac{1\ 100}{1\ 100+900}\times 20\ \text{V}=11\ \text{V}$$

$$R'=R_1//R_2=\frac{1\ 100\times 900}{1\ 100+900}\ \Omega\ =495\ \Omega$$

故稳压管电流

$$I_Z=\frac{U'-U_Z}{R'}=\frac{11-10}{495}\ \text{A}=2.02\ \text{mA}$$

方法 2 基尔霍夫电流定律

根据题意列方程，则有

$$\begin{cases}U=U_Z+R_1I_{R_1}\\ I_{R_1}=I_{R_2}+I_Z\\ U_Z=R_2I_{R_2}\end{cases}$$

代入数据求解，可得 $I_Z=2.02\ \text{mA}$。

经过上述两种方法分析求解可见，$I_Z<I_{ZM}$。

如果 I_Z 超过 I_{ZM}，应适当增大 R_1，使电流 I_{R_1} 减小，从而是 I_Z 减小。R_1 的选择可按下式进行，即

$$\frac{U_{max}-U_Z}{I_{Zmax}+I_{Lmax}}\leqslant R_1\leqslant\frac{U_{min}-U_Z}{I_{Zmin}+I_{Lmax}}$$

2. 解：(1) 放大电路的静态工作点可根据直流通路（将电路中各电容开路可得直流通路）计算，可列写输入回路电压方程。则有

$$U_{CC}=(1+\beta)R_C I_B+(R_{B1}+R_{B2})I_B+U_{BE}+(1+\beta)\times(R'_E+R''_E)I_B$$

由此可得静态工作点各值。即分别为

$$I_B=\frac{U_{CC}-U_{BE}}{(R_{B1}+R_{B2})+(1+\beta)\times(R_C+R'_E+R'')}$$
$$=\frac{(12-0.6)\text{ V}}{[(75+5)+(1+40)\times(3.9+0.1+1)]\text{ k}\Omega}=40\ \mu\text{A}$$
$$I_C=\beta I_B=40\times40\times10^{-3}\text{ A}=1.6\text{ mA}$$
$$U_{CE}=U_{CC}-(1+\beta)\times(R_C+R'_E+R'')I_B$$
$$=[12-(1+40)\times40^{-6}\times10^3\times(3.9+0.1+1)\times10^{-3}]\text{ V}=3.8\text{ V}$$

(2) 根据放大电路的微变等效电路(如解图 B.02 所示)求得动态参数。即有

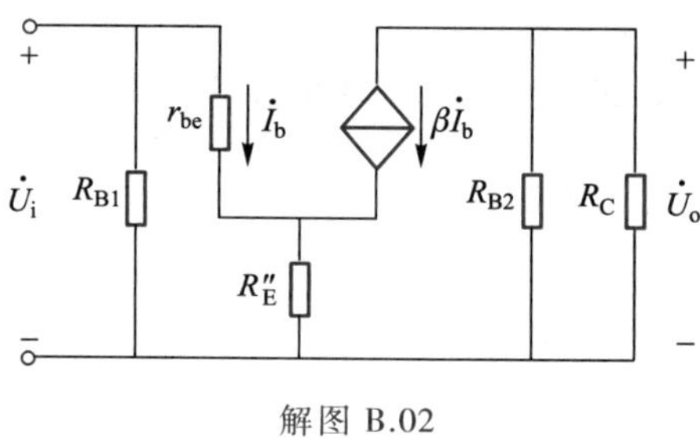

解图 B.02

晶体管的输入电阻为

$$r_{be}=200+(1+\beta_1)\times\frac{26}{I_E}=\left[200+(1+40)\times\frac{26}{1.6}\right]\Omega=866\ \Omega$$

放大电路的电压放大倍数为

$$A_u=-\frac{\beta(R_{B2}//R_C)}{r_{be}+(1+\beta)R''_E}=-\frac{40\times\frac{3.95\times5}{3.95+5}}{0.866+(1+40)\times0.1}=-17.65$$

输入电阻为

$$r_i=R_{B1}//[r_{be}+(1+\beta)R''_E]=\frac{75\times(0.866+41\times0.1)}{75+(0.866+41\times0.1)}\text{ k}\Omega=4.66\text{ k}\Omega$$

输出电阻为

$$r_o=R_C//R_{B2}=\frac{3.95\times5}{3.95+5}\times10^3\ \Omega=2.21\text{ k}\Omega$$

3. **分析**:本题图 B.03 所示是两个运放 A_1、A_2构成对称同相输入放大电路,其具有较高的输入阻抗。目的是在运用“虚短”概念分运放电路。

解:(1) 根据“虚短”($u_+=u_-$),则有

$$u_{1-}=u_{1+},\quad u_{2-}=u_{2+}$$

电阻 R_3上电压为

$$u_{R_3}=u_{1-}-u_{2-}=u_{1+}-u_{2+}=u_i$$

故有

$$u_i=u_{R_3}=\frac{R_3}{R_1+R_2+R_3}u_o$$

因此有

$$u_O=\left(1+\frac{R_1+R_2}{R_3}\right)u_I$$

(2) 电路的输出电压为

$$u_O=\left(1+\frac{R_1+R_2}{R_3}\right)u_I=\left(1+\frac{20+20}{5}\right)\times 1\ \text{V}=9\ \text{V}$$

注意:本题分析方法较灵活,也可对原电路转换如解图 B.03 所示。利用“虚短”和减法运算电路分析计算。关键在熟练掌握反相、同相比例运算电路输入、输出关系,这是分析复杂电路的基础。

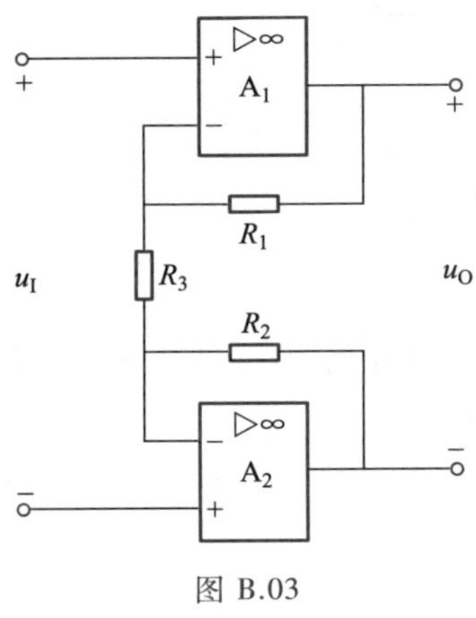

图 B.03

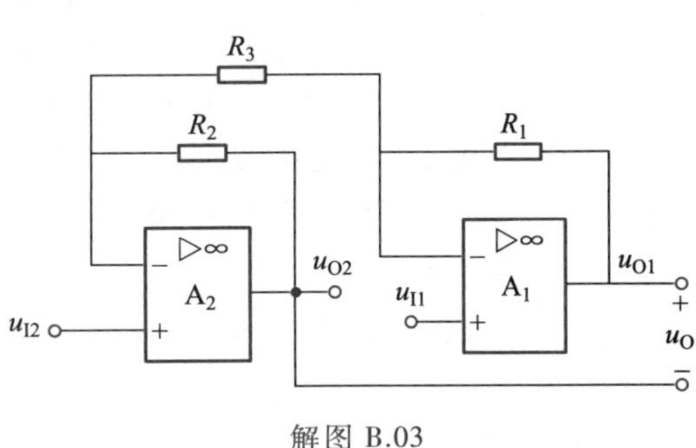

解图 B.03

(1) 解图 B.03 所示电路中 A_2输出电压为

$$u_{O2}=\left(1+\frac{R_2}{R_3}\right)u_{I2}-\frac{R_2}{R_3}u_{I1}$$

A_1输出电压为

$$u_{O1}=\left(1+\frac{R_1}{R_3}\right)u_{I1}-\frac{R_2}{R_3}u_{I2}$$

电路的输出电压为

$$\begin{aligned}u_O&=u_{O1}-u_{O2}=\left(1+\frac{R_1+R_2}{R_3}\right)u_{I1}-\frac{R_1}{R_3}u_{I2}-\left(1+\frac{R_2}{R_3}\right)u_{I2}\\&=u\left(1+\frac{R_1+R_2}{R_3}\right)\times(u_{I1}-u_{I2})=\left(1+\frac{R_1+R_2}{R_3}\right)u_I\end{aligned}$$

(2) 电路的输出电压为

$$u_O=\left(1+\frac{R_1+R_2}{R_3}\right)u_I=\left(1+\frac{20+20}{5}\right)\times 1\ \text{V}=9\ \text{V}$$

4. **分析**:本题图 B.04 所示电路是输出电压可调节的稳压电源,调节电阻 R_P可以改变输出电压 U_O的大小。

解:(1) W7805 型三端稳压器的输出电压为 5 V,故运放反相输入端电压为

$$u_-=U_O-\frac{R_3}{R_3+R_4}\times 5$$

同相输入端电压为

$$u_+=\frac{R_2+R_P}{R_1+R_2+R_P}U_O$$

根据“虚短”概念,可求得稳压电路输出电压 U_O,则有

$$U_O=\frac{R_1+R_2+R_P}{R_2+R_P}\times\frac{R_3}{R_3+R_4}\times5$$

(2) 当 R_P 调至最上端时,$R_1'=0$,$R_2'=R_P$,输出最小电压为

$$U_{Omin}=\frac{R_1+R_2'+R_2}{R_1+R_2'}\times\frac{R_3}{R_3+R_4}\times5$$

$$=\frac{0.5+1.5+2.5}{0.5+1.5}\times\frac{2.5}{2.5+2.5}\times5\ \text{V}=5.625\ \text{V}$$

当 R_P 调至最下端时,$R_1'=R_P$,$R_2'=0$,输出最大电压为 U_{Omax},则有

$$U_{Omax}=\frac{R_1+R_1'+R_2}{R_1}\times\frac{R_3}{R_3+R_4}\times5$$

$$=\frac{0.5+1.5+2.5}{0.5}\times\frac{2.5}{2.5+2.5}\times5\ \text{V}=22.5\ \text{V}$$

所以,调节 R_P 输出电压的调节范围为 5.625~22.5 V。

5. 分析:本题中两只二极管分别连接在三相四线制(对称)电源的 U 相和 V 相,经晶闸管 T 和负载电路 R_L,接在中性线 N。

解:(1) 因对称三相电源中 u_U、u_V 相位互差 120°。当 u_U、u_V 均为正,且 $u_U>u_V$ 时,二极管 D_1 可能导通,D_2 截止;

当 $u_U<u_V$ 时,D_2 可能导通,D_1 截止。

假设加入触发脉冲为 u_g,当控制角 $\alpha=0°$ 时,则输出电压 u_L 波形,如解图 B.05(a)的阴影部分所示。

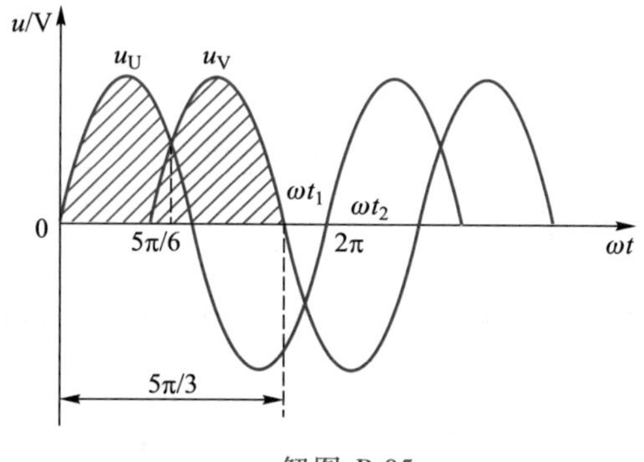

解图 B.05

(2) 当电路中 $\alpha=0°$ 时,晶闸管 T 的最大导通角为

$$\theta_{max}=\frac{5\pi}{3}=\frac{5\times180°}{3}=300°$$

最大移相范围为 $0\sim\frac{5\pi}{3}$。

(3) 不加触发脉冲时,晶闸管 T 不导通,其承受的最大正向电压约为 U_{Um}。

当 u_U 在负半周时,如果未加触发脉冲,二极管 D_1、D_2 和晶闸管 T 均不能导通,它们承受的反向电压按 D、T、R_L 三个元件的阻值分压,故晶闸管 T 承受的反向电压较小。

(4) 当电路中 $\alpha=0°$ 时,输出直流电压为

$$U_L=\frac{1}{2\pi}\left[\int_0^{\frac{5}{6}\pi}\sqrt{2}u_P\sin\omega t\mathrm{d}(\omega t)+\int_{\frac{5}{6}\pi}^{\frac{5}{3}\pi}\sqrt{2}u_P\sin\left(\omega t-\frac{2}{3}\right)\mathrm{d}(\omega t)\right]$$

$$=\frac{\sqrt{2}u_P}{2\pi}\left[-\cos\omega\Big|_0^{\frac{5}{6}\pi}-\cos\left(\omega t-\frac{2}{3}\pi\right)\Big|_{\frac{5}{6}\pi}^{\frac{5}{3}\pi}\right]$$

$$=\frac{\sqrt{2}u_P}{2\pi}(2+3)=0.83u_2$$

6. **解**:(1) 逻辑抽象。设指示灯熄灭为 **0**,亮为 **1**;电动机开机为 **1**,否则为 **0**。

(2) 列逻辑状态。逻辑状态如解表 B.06 所示。

(3) 写逻辑表达式。根据逻辑状态表可得**与或**逻辑表达式为

$$Y=A\overline{B}DC+AB\overline{C}D+ABC\overline{D}+ABCD$$

(4) 逻辑表达式化简。由卡诺图[如解图 B.06(a)所示]化简,化简后**与或**逻辑表达式为

$$Y=ABC+ABD+ACD$$

(5) 用**与非**门实现的逻辑表达式为

$$Y=\overline{\overline{ABC+ABD+ACD}}=\overline{\overline{ABC}\ \overline{ABD}\ \overline{ACD}}$$

故实现逻辑电路如解图 B.06(b)所示。

解表 B.06

A	B	C	D	Y
1	0	0	0	0
1	0	0	1	0
1	0	1	0	0
1	0	1	1	0
1	1	0	0	1
1	1	0	1	0
1	1	1	0	1
1	1	1	1	1

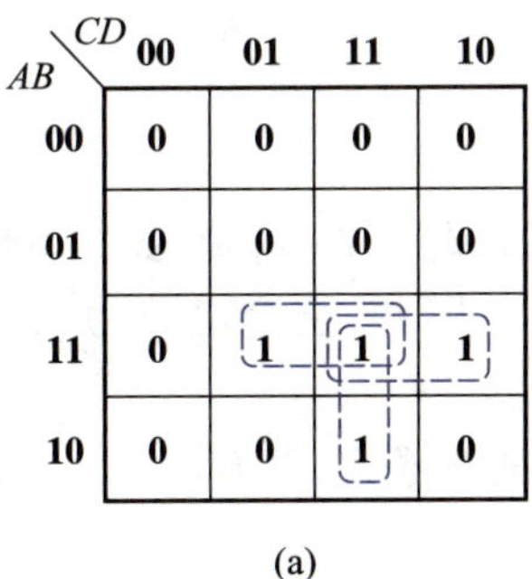

(a)

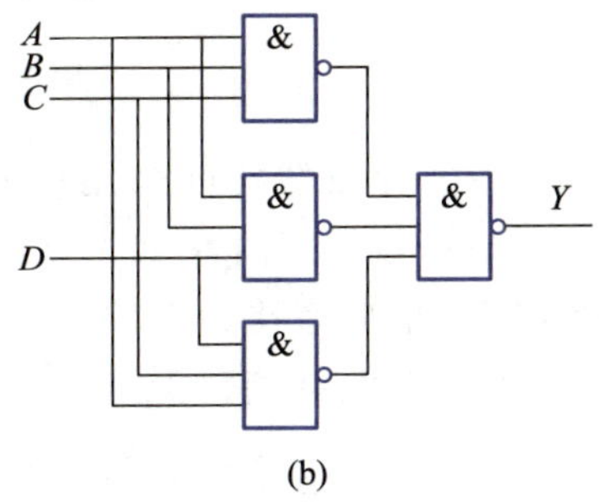

(b)

解图 B.06

7. **解**:(1) 图 B.07 所示逻辑电路的状态表,如解表 B.07 所示。

解表 B.07

CP	Q_3	Q_2	Q_1
0	**0**	**0**	**0**
1	**0**	**0**	**1**
2	**0**	**1**	**0**
3	**0**	**1**	**1**
4	**1**	**0**	**0**
5	**0**	**0**	**0**

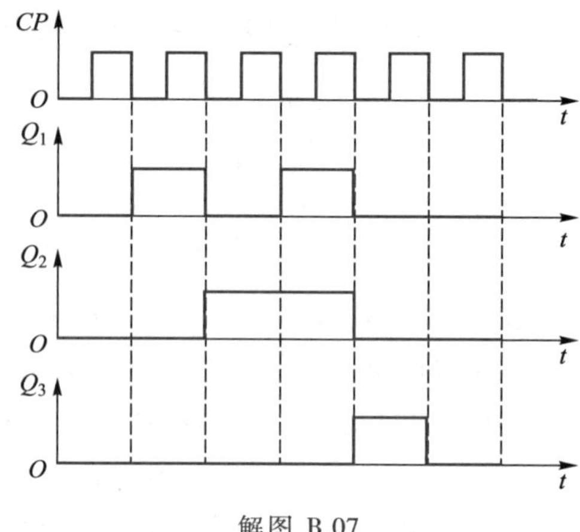

解图 B.07

(2) 图 B.07 所示逻辑电路的波形图,如解图 B.07 所示。

(3) 经上述分析,可见逻辑电路功能为同步五进制加法计数器。

8. 解:(1) 片(1)74LS161 型计数器是采用置数法接成七进制计数器。每当计数状态进入 $Q_3Q_2Q_1Q_0$ = **1111**(15)时,译出 $\overline{LD}$ = **0** 信号,置入 $D_3D_2D_1D_0$ = **1001**(9),所以是七进制计数器。其状态转换如解图 B.08(a)所示。

(2) 片(2)74LS161 型计数器是采用置数法接成九进制计数器。每当计数状态进入 $Q_3Q_2Q_1Q_0$ = **1111**(15)时,译出 $\overline{LD}$ = **0** 信号,置入 $D_3D_2D_1D_0$ = **0111**(7),所以是九进制计数器。其状态转换如解图 B.08(b)所示。

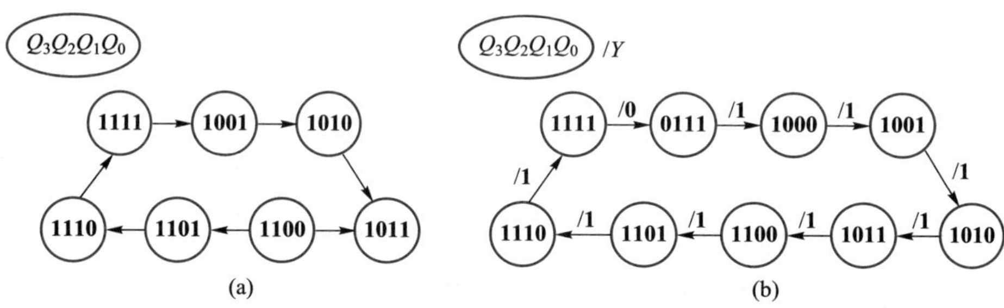

解图 B.08

(3) 片(2)74LS161 型计数器之间采用串联方式,每当片(1)状态由 **1001**~**1111** 时,给片(2)1 个计数脉冲,片(2)计数状态由 **0111**~**1111** 循环。因此,整个电路为六十三(7×9)进制计数器,且 Y 与时钟脉冲 CP 的频率比为 1∶63。

9. 解:(1) 用 PROM 实现,将函数 Y_1 和 Y_2 化为标准**与或**式,即有

$$Y_1 = ABC + A\overline{B}C + \overline{A}\,\overline{B}C$$

$$Y_2 = \overline{A}\,\overline{B}\,\overline{C} + \overline{A}\,\overline{B}C + ABC + \overline{A}BC + A\overline{B}C$$

(2) 确定存储单元内容。由函数最小项表达式可知函数和相应的存储单元中各有 4 个存储单元为 **1**。

(3) 画出用 PLA 实现只需要 5 个**与**门和两个**或**门实现逻辑函数。逻辑图如解图 B.09 所示。

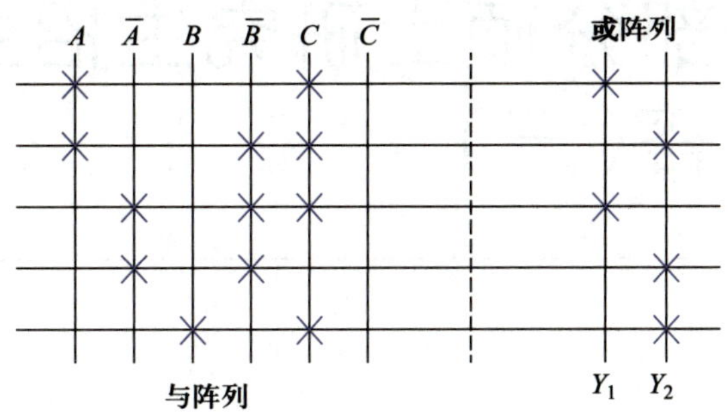

解图 B.09

电子技术部分硕士研究生招生考试模拟题解答(三)

1. 分析:本题目的是掌握二极管单向导电性及其应用,即二极管正向偏置导通,反向偏置截止。根据输入电压值的不同可分段计算。

解:(1) 当 $u_I=5V$ 时,依据图 C.01 中的参考方向,由 KVL 可得

$$u_I=u_D+u_o=u_D+u_R+5\ V=5\ V$$

由于 D 两端电压相同,故 D 截止,R 中无电流。则 $u_o=5$ V。

(2) 当 $u_I=0$ V 时,D 反向偏置,$u_D=-5$ V,D 截止,R 中无电流,$u_R=0$ V,则 $u_o=5$ V。

(3) 当 $u_I=3$ V 时,D 反向偏置,$u_D=-2$ V,D 截止,R 中无电流,$u_R=0$ V,则 $u_o=5$ V。

(4) 当 $u_I=-2$ V 时,D 反向偏置,$u_D=-7$ V,D 截止,R 中无电流,$u_R=0$ V,则 $u_o=5$ V。

(5) 当 $u_I=10$ V 时,D 正向导通,忽略 D 正向压降,$u_o=u_I=10$ V;因为 $u_o=u_R+5$,则 $u_o=5$ V。

(6) 根据上述分析,可得电压 u_o、u_R、u_D的波形,如解图 C.01 所示。

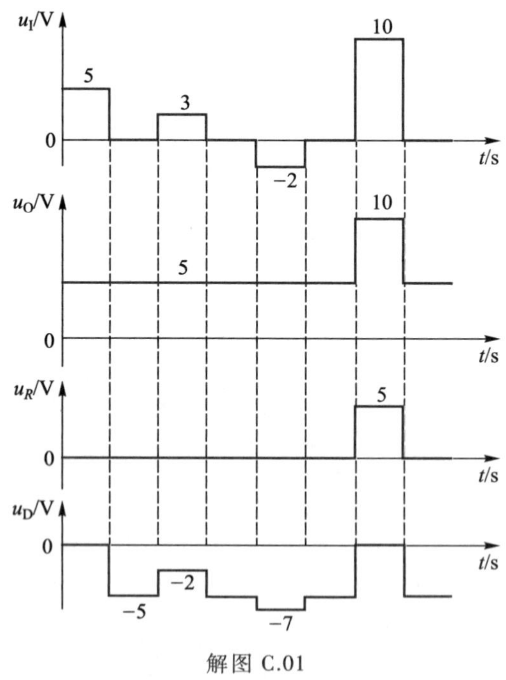

解图 C.01

2. 解:本题目的在于熟悉稳压管应用电路的分析,图 C.02 所示电路可有多种分析方法。

方法 1　戴维南定理求解

将原电路等效变换如解图 C.02 所示,分别有

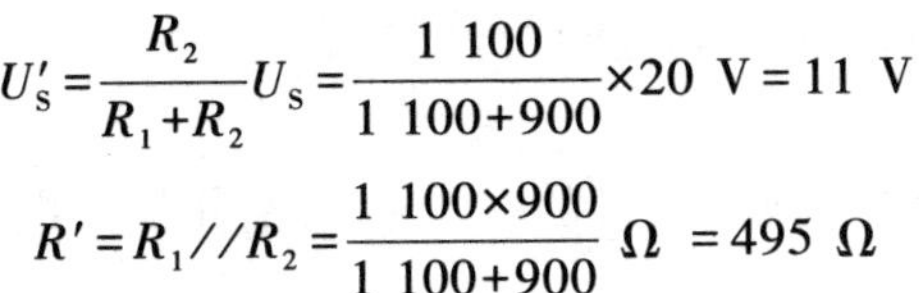

$$U_S'=\frac{R_2}{R_1+R_2}U_S=\frac{1\ 100}{1\ 100+900}\times 20\ \text{V}=11\ \text{V}$$

$$R'=R_1//R_2=\frac{1\ 100\times 900}{1\ 100+900}\ \Omega\ =495\ \Omega$$

可得流经稳压管的电流为

$$I_Z=\frac{U_S'-U_Z}{R'}=\frac{11-10}{495}\ \text{A}=2.02\ \text{mA}$$

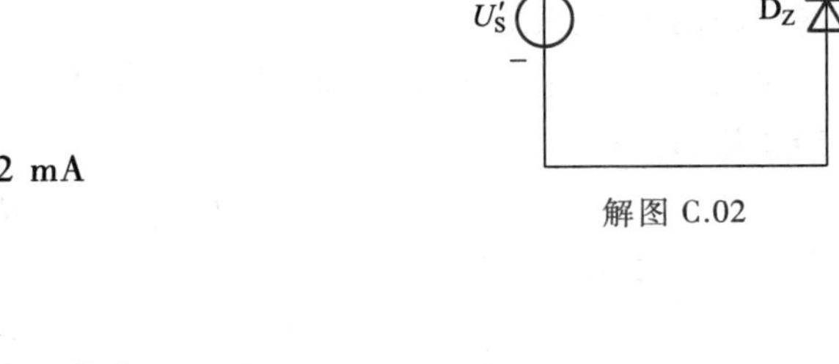

解图 C.02

方法 2　KCL 求解

根据题意列方程，则有

$$\begin{cases}U=U_Z+R_1I_{R1}\\ I_{R_1}=I_{R_2}+I_Z\\ U_Z=R_2I_{R_2}\end{cases}$$

代入数据联立求解，得 $I_Z=2.02$ mA。

经过上述两种方法分析求解可见，$I_Z<I_{ZM}$。

如果 I_Z超过 I_{ZM}，应适当增大 R_1，使电流 I_{R_1}减小，从而是 I_Z减小。R_1可根据下式进行选择，即

$$\frac{U_{\max}-U_Z}{I_{Z\max}+I_{L\max}}\leqslant R_1\leqslant\frac{U_{\min}-U_Z}{I_{Z\min}+I_{L\max}}$$

3. 解:(1) 根据图 C.03 所示电路，则有

$$R_C(I_B+I_C)_C+R_BI_B+U_{BE}=U_{CC}$$

故静态工作点各参数分别为

$$I_B=\frac{U_{CC}-U_{BE}}{(1+\beta)R_C+R_B}=\frac{20-0.6}{(1+50)\times 10\times 10^3+330\times 10^3}\ \text{A}$$

$$=\frac{19.4}{840\times 10^3}\ \text{A}=0.23\ \text{mA}$$

$$I_C=\beta I_B=50\times 0.23\ \text{mA}=1.15\ \text{mA}$$

$$U_{CE}=U_{CC}-R_CI_C=(20-10\times 10^3\times 1.15\times 10^{-3})\ \text{V}=8.45\ \text{V}$$

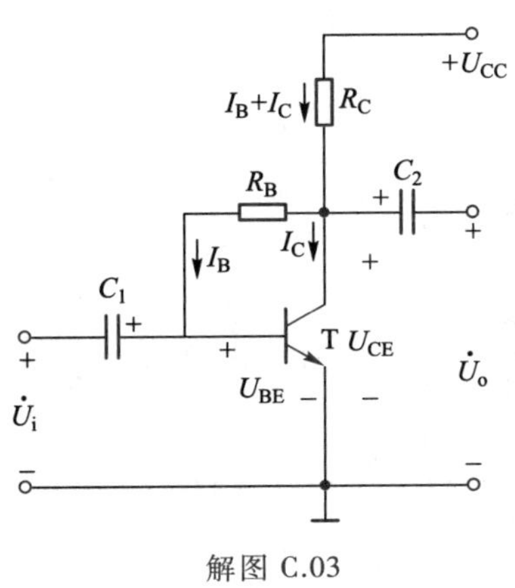

解图 C.03

(2) 稳定静态工作点物理过程(电路如解图 C.03 所示)。假设温度升高时，则有

$$I_C \uparrow \to U_{BE} \uparrow \to U_{CE} \downarrow \to I_B \downarrow$$
$$I_C \downarrow$$

4. 分析：本题是差分放大电路分析的典型例子，目的在于熟悉差分放大电路的基本概念和掌握电路的分析方法。

解：(1) 根据直流通路，如解图 C.04(a)所示。输入信号为 0 时，即 u_{I1}、u_{I2}分别对地短路。根据直流通路有

$$R_B I_B + U_{BE} + 2R_E I_E = U_{EE}$$

可得各静态电流分别为

$$I_B = \frac{U_{EE} - U_{BE}}{R_B + 2(1+\beta)R_E} = \frac{6-0.7}{10+2\times(1+50)\times5.1}\ \text{mA} = 0.01\ \text{mA}$$

$$I_C = \beta I_B = 50\times0.01\ \text{mA} = 0.5\ \text{mA}$$

$$I_E = (1+\beta)I_B = (50+1)\times0.01\ \text{mA} = 0.51\ \text{mA}$$

各静态电位分别为

$$U_C = U_{CC} - R_C I_C = (6-5.1\times0.5)\ \text{V} = 3.45\ \text{V}$$

$$U_E = -U_{EE} + 2R_E I_E = [-6+2(5.1\times0.51)]\ \text{V} = -0.8\ \text{V}$$

$$U_B = -R_B I_B = -10\times0.01\ \text{V} = -0.1\ \text{V}$$

(2) 根据已知条件，其共模、差模分量分别为

$$u_{ic1} = u_{ic2} = \frac{u_{I1}+u_{I2}}{2} = \frac{7+3}{2}\ \text{mV} = 5\ \text{mV}$$

$$u_{id1} = -u_{id2} = \frac{u_{I1}-u_{I2}}{2} = \frac{7-3}{2}\ \text{mV} = 2\ \text{mV}$$

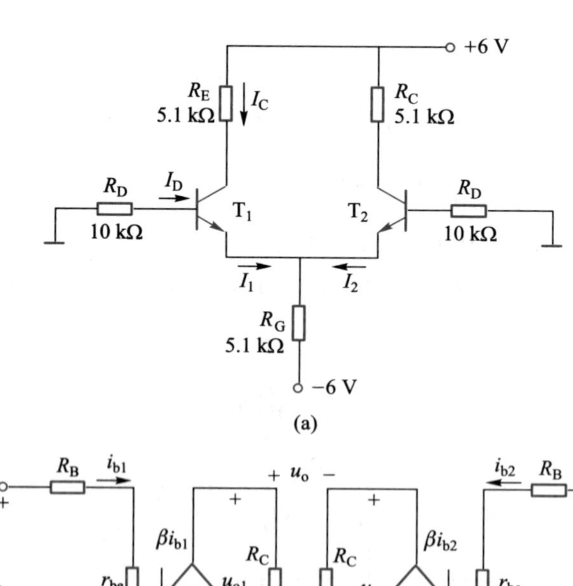

(a)

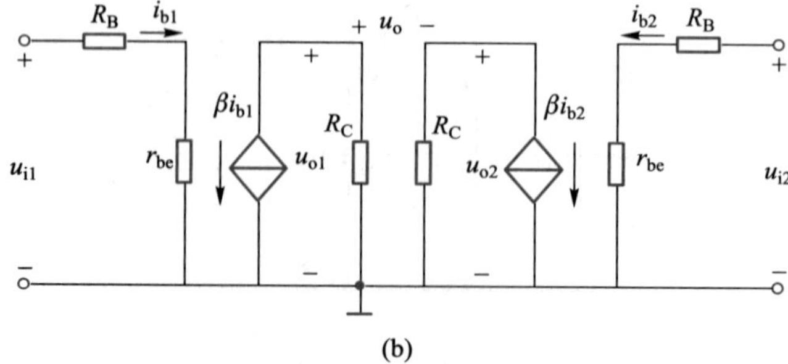

(b)

解图 C.04

(3) 单端共模输出电压为

$$u_{oc1}=u_{oc2}=\frac{-\beta R_C}{R_B+r_{be}+2(1+\beta)R_E}u_{ic1}$$

其中

$$r_{be}=200+(1+\beta)\frac{26}{I_E}=200+(1+50)\frac{26}{0.51}\ \Omega=2.8\ \text{k}\Omega$$

故有

$$u_{oc1}=u_{oc2}=\frac{-50\times5.1}{10+2.8+2(1+50)\times5.1}\times5\ \text{V}=-2.39\ \text{mV}$$

(4) 输入差模信号时,由于 i_{b1} 和 i_{b2} 的变化大小相等,方向相反,流经 R_E 的差模电流为 0,故差模信号的微变等效电路,如解图 C.04(b)所示。由等效电路可得

$$A_{ud1}=A_{ud2}=\frac{u_{od1}}{u_{id1}}=\frac{u_{od2}}{u_{id2}}=-\frac{\beta R_C}{R_B+r_{be}}$$

$$=-\frac{50\times5.1}{10+2.8}=-19.9$$

所以,差模单端输出电压分别为

$$u_{od1}=A_{ud1}\times u_{id1}=-19.9\times2\ \text{mV}=-39.84\ \text{mV}$$

$$u_{od2}=A_{ud2}\times u_{id2}=-19.9\times(-2)\text{mV}=39.84\ \text{mV}$$

(5) 单端总输出电压分别为

$$u_{o1}=u_{od1}+u_{oc1}=(-39.84-2.5)\text{mV}=-42.34\ \text{mV}$$

$$u_{o2}=u_{od2}+u_{oc2}=(39.84-2.5)\text{mV}=37.34\ \text{mV}$$

(6) 根据输出电压的参考方向,双端共模输出电压为

$$u_{oc}=u_{oc1}-u_{oc2}=(-2.5+2.5)\text{mV}=0\ \text{mV}$$

差模输出电压为

$$u_{od}=u_{od1}-u_{od2}=(-39.84-39.84)\text{mV}=-79.68\ \text{mV}$$

总输出电压为

$$u_o=u_{o1}-u_{o2}=(-42.34-37.34)\text{mV}=-79.68\ \text{mV}$$

注意:差动放大电路不仅可放大交流信号和缓慢变化的直流信号,因此在动态分析时可采用微变等效电路法分析。

5. **分析:**本题采用复合管是为了提高功率放大电路的放大倍数;同时为了提高电源的效率、克服交越失真,要求晶体管工作在甲乙类状态。

解:(1) T_4、T_6工作在甲乙类状态;

(2) T_1和 T_2的相当于两只二极管,其与电阻 R_B一起为 T_3、T_4提供适当的偏置电压,以克服交越失真;R_{E1}和 R_{E2}分别起分流作用,使 T_3和 T_5的静态电流不要全部流入 T_4和 T_6,以减小总的穿透电流,提供温度稳定性,还可减小 T_4、T_6的动态输入电阻,并使射极输出器的放大倍数接近于 1。

(3) 静态时 T_4、T_6对称,故 A 点电位为

$$U_A=0\ \text{V}$$

(4) 由于射极输出器 $A_u\approx1$,即 $u_o\approx u_i=10\sin\omega t$ V,则输出功率为

$$P_o=\frac{U_o^2}{R_L}=\frac{U_{om}^2}{2R_L}=\frac{10^2}{2\times8}\ \text{W}=6.25\ \text{W}$$

(5) 若忽略晶体管的饱和压降,则电路最大输出功率为

$$P_{omax}=\frac{U_{omax}^2}{2R_L}=\frac{15^2}{2\times 8}\ \text{W}\approx 14\ \text{W}$$

6. 分析:本题所示电路为非典型的2级集成线性运放电路,不能直接用形成的公式,应根据集成运放电路"虚短"和"虚断"特点进行分析计算。

解:(1) 根据"虚短"和"虚断"概念,则 A_1、A_2各级分别有

$$u_{1-}=u_{1+},\quad u_{2-}=u_{2+}$$
$$i_{1-}=i_{1+}=0,\quad i_{2-}=i_{2+}=0$$

(2) A_1、A_2各级支路电流可根据解图 C.06 所示的参考方向求得,故 A_1级支路电流为

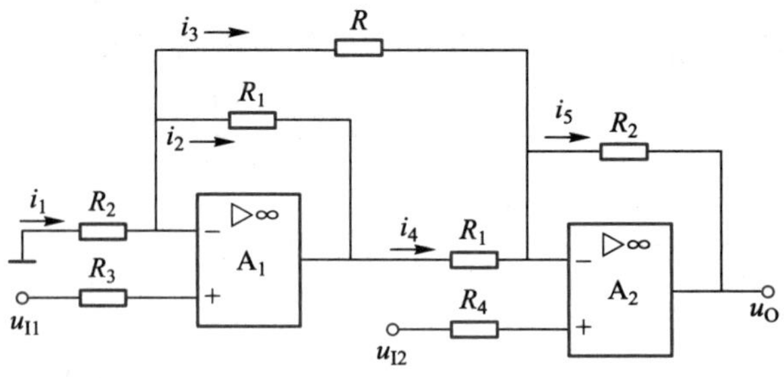

解图 C.06

$$I_1=\frac{u_{1-}-0}{R_2}=\frac{u_{I1}}{R_2}$$

$$I_2=\frac{u_{O1}-u_{1-}}{R_1}=\frac{u_{O1}-u_{I1}}{R_2}$$

电阻 R 支路电路为

$$I_3=\frac{u_{2-}-u_{1-}}{R}=\frac{u_{I2}-u_{I1}}{R}$$

A_2级支路电流为

$$I_4=\frac{u_{2-}-u_{O1}}{R_1}=\frac{u_{I2}-u_{O1}}{R_1}$$

$$I_5=\frac{u_O-u_{2-}}{R_2}=\frac{u_O-u_{I2}}{R_2}$$

(3) A_1、A_2级反相输入端的结点电流方程分别为

$$I_1=I_2+I_3$$
$$I_5=I_3+I_4$$

将各支路电流代入节点电流方程可分别得

$$\frac{u_{I1}}{R_2}=\frac{u_{O1}-u_{I1}}{R_1}+\frac{u_{I2}-u_{I1}}{R}$$

$$\frac{u_O-u_{I1}}{R_2}=\frac{u_{I2}-u_{I1}}{R}+\frac{u_{I2}-u_{O1}}{R_1}$$

联立方程可得

$$u_o=\left(1+\frac{R_2}{R_1}+\frac{2R_2}{R}\right)\times(u_{I2}-u_{I1})$$

7. 分析:本题分析集成运放构成的电路是线性应用,还是非线性应用,线性电路(输入与输

出之间为线性关系)可用"虚短"和"虚断"分析计算。而非线性电路(输入与输出之间为非线性关系)不存在"虚短"现象,但仍存在"虚断"现象。

解:(1) 因 A_1构成线性电路,实现积分运算,即有

$$u_{O1}(t)=-\frac{1}{R_1C}\int u_1\mathrm{d}t=-\frac{1}{100\times10^3\times10\times10^{-6}}\int 1\mathrm{d}t=10t\ \mathrm{V}$$

A_2加油正反馈,其工作在非线性状态,实现电压比较,即有

$$u_{2+}>u_{2-},\quad u_O=+U_{o(sat)}$$
$$u_{2+}<u_{2-},\quad u_O=-U_{o(sat)}$$

根据题意则有

$$u_{2+}=\frac{R_4}{R_4+R_5}u_O=\frac{1}{1+3}(-12)\ \mathrm{V}=-3\ \mathrm{V}$$

(2) 设从 $t=0$ 开始,经过时间 t1 后 $u_{O1}(t_1)=-10t_1=-3\ \mathrm{V}$,则 $t_1=0.3\ \mathrm{s}$,故有

$$t<t_1\ 时,u_{2-}=u_{O1}>u_{2+},\quad u_O=-U_{o(sat)}=-12\ \mathrm{V}$$
$$t>t_1\ 时,u_{2-}=u_{O1}<u_{2+},\quad u_O=-U_{o(sat)}=+12\ \mathrm{V}$$

可见,经过 0.3 s 后输出电压 u_O将由-12 V,跃变到$+12$ V。

8. **解**:(1) 当滤波电容足够大时,则有

$$U_O=1.2U_2=1.2\times10\ \mathrm{V}=12\ \mathrm{V}$$

当 U_1变动±10%时,则 U_2和 U_o也波动±10%,则有

$$\Delta U_O=(\pm0.1)\times12\ \mathrm{V}=\pm1.2\ \mathrm{V}$$

则稳压管电压为

$$U_Z=\frac{r_Z}{r_Z+R}\Delta U_o\approx\frac{r_Z}{R}\Delta U_o=\frac{20}{10^3}(\pm1.2)\ \mathrm{V}=\pm0.024\ \mathrm{V}$$

(2) 由已知条件可得负载电压为

$$U_L=U_Z-U_{BE}=(8.7-0.7)\ \mathrm{V}=8\ \mathrm{V}$$

负载电压的变化率为

$$\Delta U_L\approx\Delta U_Z=\pm0.024\ \mathrm{V}$$

故有负载电压变化范围为

$$U_{Lmax}=U_L+\Delta U_L=(8+0.024)\ \mathrm{V}=8.024\ \mathrm{V}$$
$$U_{Lmin}=U_L-\Delta U_L=(8-0.024)\ \mathrm{V}=7.976\ \mathrm{V}$$

(3) 负载电压的相对变化率为

$$\frac{\Delta U_L}{U_L}=\frac{\pm0.024}{8}=\pm0.003=\pm0.3\%$$

注意:因为忽略了 U_{BE}的影响,故$\frac{\Delta U_L}{U_L}$与实际值之间存在着一定的误差。

9. **解**:(1) 根据已知条件,可得电容 C 电压平均电压 U_I的最大、最小值,即分别有

$$U_{Imax}=1.2U_2(1+10\%)=1.2\times15\times(1+10\%)\ \mathrm{V}=19.8\ \mathrm{V}$$
$$U_{Iinx}=1.2U_2(1-10\%)=1.2\times15\times(1-10\%)\ \mathrm{V}=16.2\ \mathrm{V}$$

当 $U_I=U_{Imax}$时,稳压管的电流 I_Z不超过其额定的最大值 I_{Zmax},则电阻应满足

$$\frac{U_{Imax}-U_Z}{R}-\frac{U_Z}{R_2}<I_{Zmax}$$

故电阻 R 的下限值为

$$R>\frac{U_{\mathrm{Imax}}-U_{\mathrm{Z}}}{I_{\mathrm{Zmax}}+\frac{U_{\mathrm{Z}}}{R_1}}=\frac{19.8-5}{40+\frac{5}{10}}\ \mathrm{k\Omega}=0.365\ \mathrm{k\Omega}$$

当 $U_{\mathrm{I}}=U_{\mathrm{Imin}}$时，稳压管的电流 I_{Z}应大于额定的最小值 I_{Zmax}，则电阻应满足

$$\frac{U_{\mathrm{Imin}}-U_{\mathrm{Z}}}{R}-\frac{U_{\mathrm{Z}}}{R_2}>I_{\mathrm{Zmin}}$$

故电阻 R 的上限值为

$$R<\frac{U_{\mathrm{Imin}}-U_{\mathrm{Z}}}{I_{\mathrm{Zmax}}+\frac{U_{\mathrm{Z}}}{R_1}}=\frac{16.2-5}{5+\frac{5}{10}}\ \mathrm{k\Omega}=2.04\ \mathrm{k\Omega}$$

由此可得，限流电阻 R 的取值范围为

$$0.365\ \mathrm{k\Omega}<R<2.04\ \mathrm{k\Omega}$$

（2）当 R_1上滑动头处于最下方时，输出电压 U_{L}有 U_{Lmin}，其值为

$$U_{\mathrm{Lmin}}=5\ \mathrm{V}$$

当 R_1上滑动头处于最上方时，输出电压 U_{L}有 U_{Lmax}，其值为

$$U_{\mathrm{Lmax}}=(5+5)\ \mathrm{V}=10\ \mathrm{V}$$

所以，输出电压的调整范围为 5～10 V。

（3）当 $U_{\mathrm{I}}=U_{\mathrm{Imax}}$、$U_{\mathrm{L}}=U_{\mathrm{Omin}}$，且负载电流 $I_{\mathrm{L}}=I_{\mathrm{Lmax}}$时，三端稳压器 W7805 型有最大功耗 P_{CM}，故有

$$P_{\mathrm{CM}}=(U_{\mathrm{Imin}}-U_{\mathrm{Lmin}})\times I_{\mathrm{Lmax}}=(19.8-5)\times 1\ \mathrm{W}=14.8\ \mathrm{W}$$

10. 解：（1）图 C.10 所示电路为可控整流电路。电路为电感性负载，故增加有限流二极管 D_5，可保证晶闸管在电源电压降到零值时及时关断，使负载上不出现负电压。

（2）电路为全波桥式整流，故可得电路中其他各量的波形，如解图 C.10 所示。

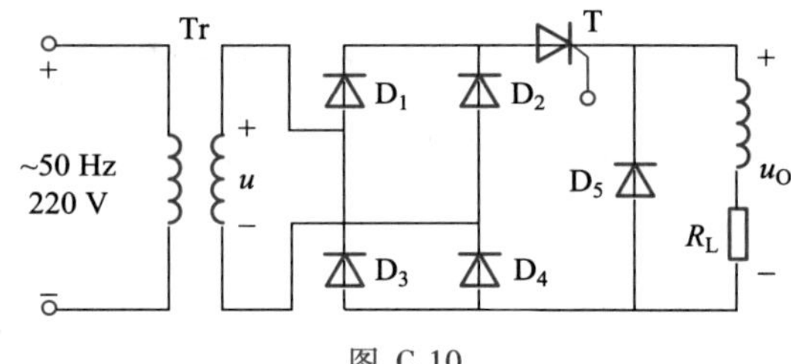

图 C.10

解图 C.10

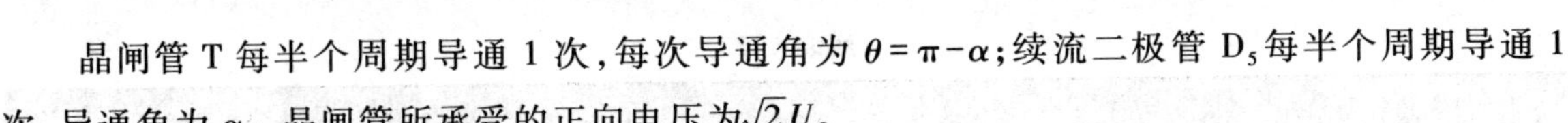

晶闸管 T 每半个周期导通 1 次,每次导通角为 $\theta=\pi-\alpha$;续流二极管 D_5 每半个周期导通 1 次,导通角为 α。晶闸管所承受的正向电压为$\sqrt{2}U$。

(3) 电路的最大移相范围 180°。

11. **解**:(1) 逻辑函数的卡诺图如解图 C.11(a)所示。化简后得到的最简**与或**式为

$$Y=BD+\overline{B}\,\overline{D}$$

由最简**与或**式可见,逻辑函数具有**与或**门逻辑功能。

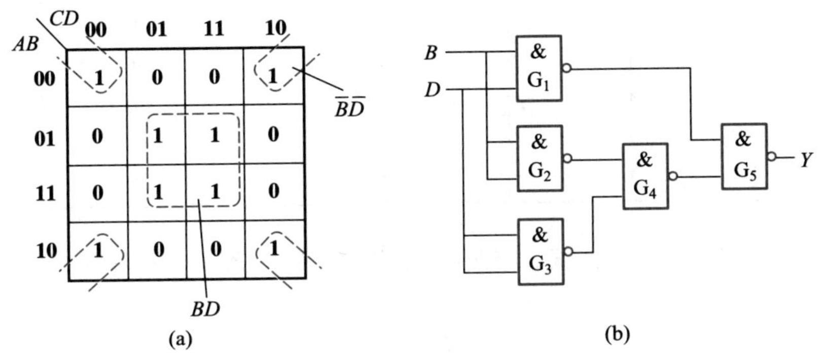

解图 C.11

(2) 用**与非**门实现的逻辑表达式则为

$$Y=\overline{\overline{BD+\overline{B}\,\overline{D}}}=\overline{\overline{BD}\;\overline{\overline{B}\,\overline{D}}}$$

所以,**与非**门实现的逻辑电路如解图 C.11(b)所示。

12. **解**:(1) 圈小方格为 **1** 的最小项,如解图 C.12(a)所示。卡诺图化简后的最简表达式为

$$Y=\overline{A}+B\overline{D}$$

(2) 最简式的逻辑电路图如解图 C.12(b)所示。

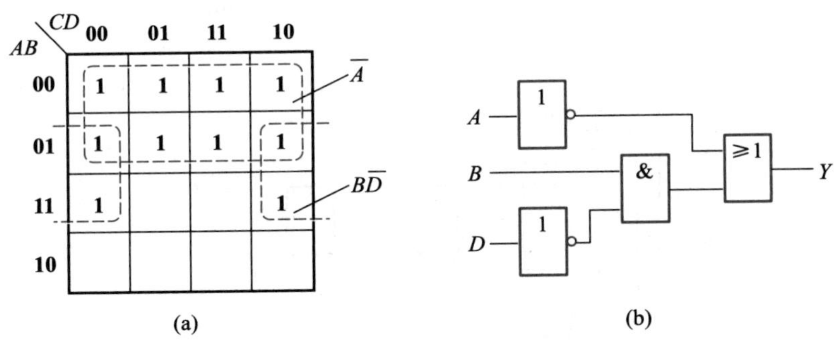

解图 C.12

13. **分析**:本题属于组合逻辑电路设计问题,要求用**与非**门电路实现题目要求的逻辑电路。

解:(1) 逻辑抽象。电动机 A 开机可表示为 $A=\mathbf{1}$,不开机 $A=\mathbf{0}$,电动机 B、C、D 相同;输出满足逻辑要求 $Y=\mathbf{1}$,不满足 $Y=\mathbf{0}$。

(2) 列逻辑状态表。根据题中逻辑功能要求,结合逻辑抽象,其逻辑状态如解表 C.13 所示。表中"×"表示可取 **1** 或 **0** 两种状态。

(3) 写逻辑表达式。根据解表 C.13 状态表,则**与或**表达式为

$$Y=A\,\overline{B}\,CD+AB\,\overline{C}\,D+ABC\,\overline{D}+ABCD$$

解表 C.13

输入				输出
A	*B*	*C*	*D*	*Y*
0	×	×	×	0
1	0	0	0	0
1	0	0	1	0
1	0	1	0	0
1	0	1	1	1
1	1	0	0	0
1	1	0	1	1
1	1	1	0	1
1	1	1	1	1

(4) 作卡诺图。根据上述**与或**式,卡诺图如解图 C.13(a)所示。对**与或**式进行化简,最简逻辑表达式为

$$Y=ABD+ACD+ABC$$

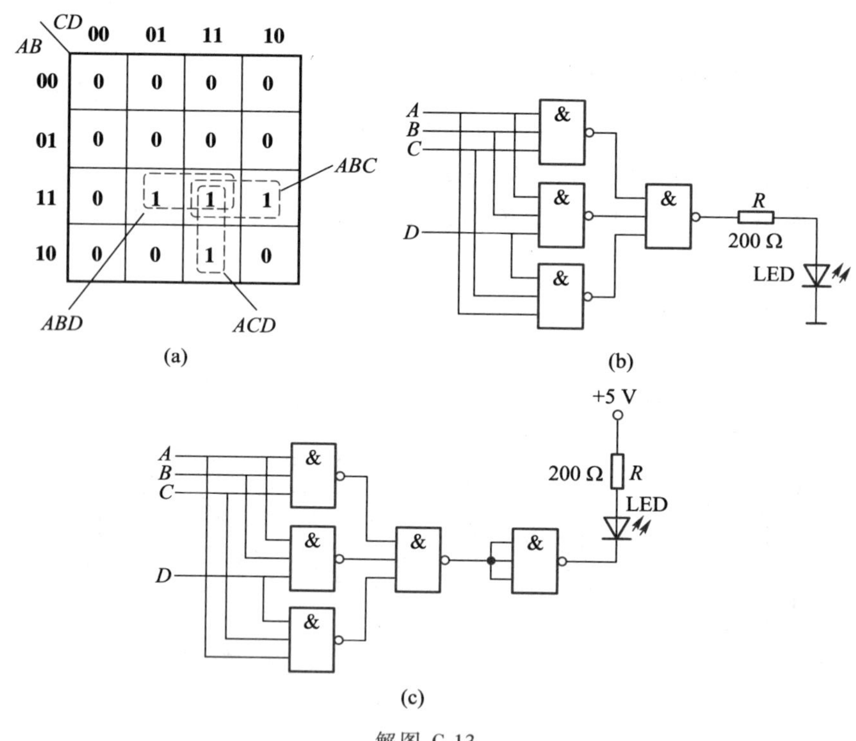

解图 C.13

(5) 画逻辑电路。因要求用**与非**门实现,故可将逻辑表达式变换为

$$Y=\overline{\overline{ABD}\cdot\overline{ACD}\cdot\overline{ABC}}$$

因此,电路如解图 C.13(b)所示。用发光二极管 LED 作为指示灯,LED 亮表示满足题中所要求的逻辑功能。

注意:解图 C.13(b)所示逻辑电路,涉及门电路应用一个实际问题——门电路的带负载能力。对于 TTL 门电路,其输出低电压时的带负载能力强于高电压时的带负载能力。故改变解图

C.13(b)所示电路结构,如解图 C.13(b)所示。为了保持指示灯亮是,满足题中逻辑功能要求,故在电路中增加一级反相器。

14. **分析**:先将两片 74LS290 型级联构成 10×10=100 进制异步加法计数器;在利用异步清 **0**(异步置 **0**)功能将一百进制计数器改接为二十三进制计数器;两片 74LS290 型级联的方法是将个位片的 Q_3连接到十位片的 CP_0端。

解:(1) 当个位片 $Q_3Q_2Q_1Q_0$,从 **0011** 变为 **0000** 时,Q_3出现一个下降沿,则 Q_3端作为高位片的计数脉冲,接至高位片的 CP_0端。

(2) 由于 23 的 8421BCD 码为 **00100011**,可将个位片的 Q_0Q_1个高位片的 Q_2进制的相**与**送到两片的清 **0** 端,即 $Q_0Q_1\ Q_2=R_0$。故当计数到 23 个脉冲下降沿之后,因 **00100011** 的出现而使两片 74LS290 型满足清 **0** 条件而返回到 **000000000**,从而实现二十三进制计数器要求。其构成的逻辑电路如解图 C.14 所示。

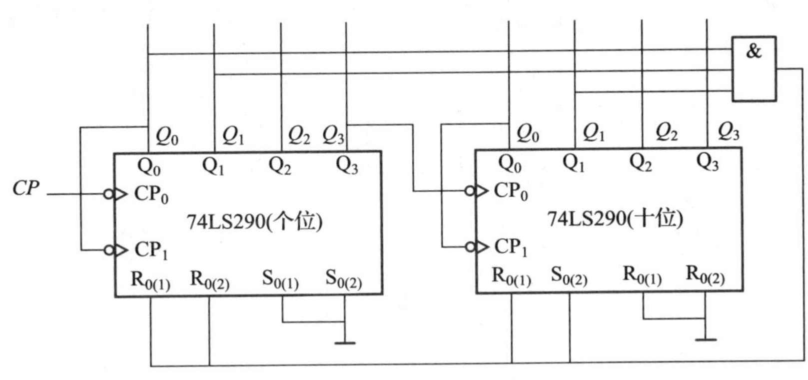

解图 C.14

15. **分析**:由于 16<174<256,故需要两片 74LS161 型构成一百七十四进制计数器。先将两片 74LS161 型级联构成二百五十六进制(8 位二进制计数器);再利用反馈置 **0** 法或反馈置数法将其改接称为 174 进制计数器。74LS161 型级联的原则是将低位片的进位输出端连接到高位片的 ET(CT_T)和 EP(CT_P)端,计数脉冲同时送到各位片的 CP 端,当低位片没有计满数时,其 CO=**0**,则高位片的 ET=EP=**0**,尽管没有计数脉冲送到各位片,其工作也在保持状态不会计数;当低位片计满脉冲数时,其 $Q_0Q_1\ Q_2\ Q_3$=**1111**,有进位脉冲输出,则高位片 ET=EP=**1**,做好计数准备,待下一个计数脉冲上升沿到达后,低位片的状态变为 0000,高位片增加 1 个计数值,相当于低位向高位进位。

解:本题可用同步置数法和异步清 **0** 法两种方法设计。

方法 1 同步置数法。

将二百五十六进制计数器改接成一百七十四进制计数器,且用 174 状态,则计数器的本态为 173,其二进制代码为 **10101101**,故需要将所有输出为 **1** 的端子相**与非**后,送到$\overline{LD}$端即可。设初始状态为 **00000000**,逻辑电路如解图 C.15(a)所示。

方法 2 异步清 **0** 法。

将二百五十六进制计数器改接成一百七十四进制计数器,则计数器的末态为 174,其二进制代码为 **10101110**,故仅需要将所有输出为 **1** 的端子相**与非**后,送到$\overline{LD}$端即可。设初始状态为 **00000000**,逻辑电路如解图 C.15(b)所示。

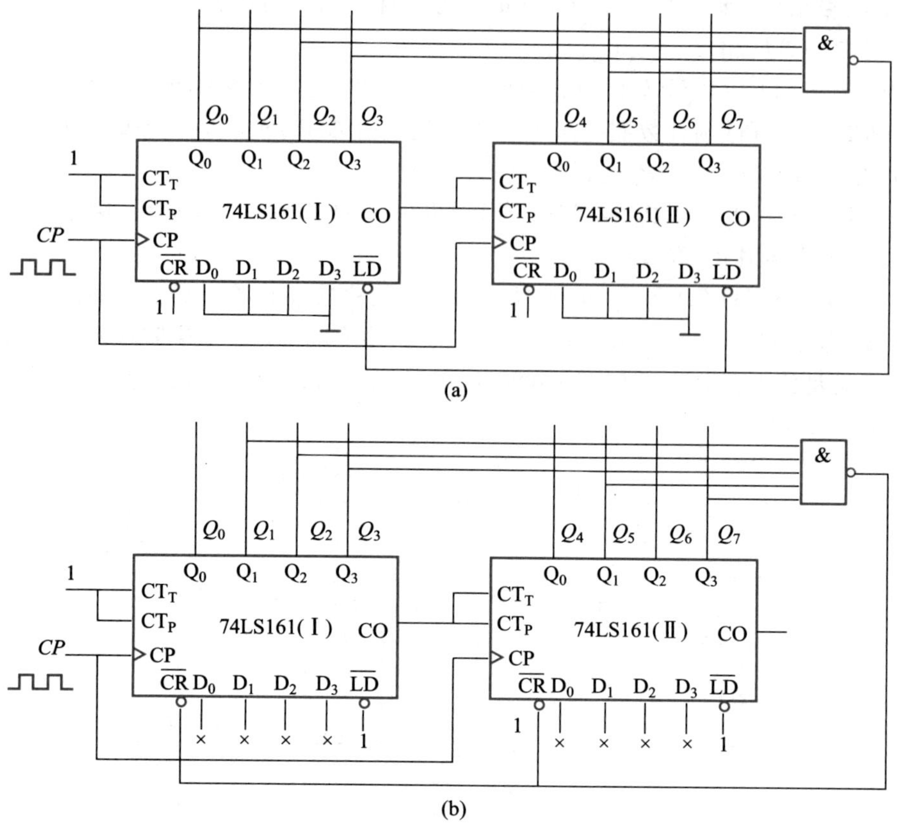
&
Q0
Q1
Q2
Q3
Q4
Q5
Q6
Q7
1
CTT
CTP
CP
CR
D0
D1
D2
D3
LD
74LS161(Ⅰ)
74LS161(Ⅱ)
CO
(a)
(b)
×
1

解图 C.15

电子技术课程学时分配建议表

学时数 / 章名称	讲课学时			实验学时
	40	48	56	16
第 1 章　常用半导体器件	4	4	5	
第 2 章　基本放大电路	6	6	7	2
第 3 章　集成运算放大器与反馈	4	5	5	
第 4 章　集成运算放大器应用	4	4	5	2
第 5 章　直流稳压电源	4	4	5	2
第 6 章　电力电子技术	2	4	6	
第 7 章　门电路与组合逻辑电路	6	6	7	2
第 8 章　触发器与时序逻辑电路	6	6	7	4
第 9 章　半导体存储器与可编程逻辑器件		5	5	2
第 10 章　数模与模数转换	4	4	4	2
合计讲课/实验学时	56	64	72	16

参考文献

[1] 史仪凯.电子技术(电工学Ⅱ)[M].3 版.北京:科学出版社,2016.

[2] 史仪凯.电工电子应用技术(电工学Ⅲ)[M].3 版.北京:科学出版社,2015.

[3] 秦曾煌.电工学(下册)电子技术[M].7 版.北京:高等教育出版社,2009.

[4] 童诗白、华成英.模拟电子技术基础[M].5 版.北京:高等教育出版社,2015.

[5] 阎石.数字电子技术基础[M].6 版.北京:高等教育出版社,2016.

[6] 王毓银.数字逻辑电路设计[M].3 版.北京:高等教育出版社,2018.

[7] 王兆安、刘进军主编.电力电子技术[M].5 版.北京:机械工业出版社,2009.

[8] Paul Horowitz, Winfield Hill. The Art of Electronics[M].Second Edition, Cambridge University Press, 2005.

[9] Anant Agarwal, Jeffrey H.Lang.Foundation of Analog and Digital Electronic Circuits[M].Elsevier Inc.All rights reserved, 2005.

[10] Edward Hughes, John Hiley, Keith Brown and Ian Mckenzie Smith.Hughes Electrical and Electronic Technology[M].11th edition, Pearson Education, 2012.

[11] Allan R. Hamley. Electrical Engineering: principles and applications [M]. 6th. Pearson Education, 2012.

[12] Bobrow, Leonard S.Fundamentals of Electrical Engineering[M].Oxford University Press, 1996.

[13] Giorgio Rizzoni.Fundamentals of Electrical Engineering[M].McGraw-Hill, 20.

读者意见反馈

为收集对教材的意见建议，进一步完善教材编写并做好服务工作，读者可将对本教材的意见建议通过如下渠道反馈至我社。

咨询电话　400-810-0598

反馈邮箱　gjdzfwb@pub.hep.cn

通信地址　北京市朝阳区惠新东街4号富盛大厦1座　高等教育出版社总编辑办公室

邮政编码　100029

防伪查询说明

用户购书后刮开封底防伪涂层，使用手机微信等软件扫描二维码，会跳转至防伪查询网页，获得所购图书详细信息。

防伪客服电话　(010)58582300

网络增值服务使用说明

一、注册/登录

访问 http://abook.hep.com.cn/，点击“注册”，在注册页面输入用户名、密码及常用的邮箱进行注册。已注册的用户直接输入用户名和密码登录即可进入“我的课程”页面。

二、课程绑定

点击“我的课程”页面右上方“绑定课程”，正确输入教材封底防伪标签上的20位密码，点击“确定”完成课程绑定。

三、访问课程

在“正在学习”列表中选择已绑定的课程，点击“进入课程”即可浏览或下载与本书配套的课程资源。刚绑定的课程请在“申请学习”列表中选择相应课程并点击“进入课程”。

如有账号问题，请发邮件至：abook@hep.com.cn。